消防安全技术与管理研究

商璐　王振鑫　梁一铭◎著

U0335793

吉林科学技术出版社

图书在版编目（CIP）数据

消防安全技术与管理研究 ／ 商璐，王振鑫，梁一铭
著. -- 长春 ：吉林科学技术出版社，2023.3
ISBN 978-7-5744-0247-8

Ⅰ．①消… Ⅱ．①商… ②王… ③梁… Ⅲ．①消防－
安全技术－研究②消防－安全管理－研究 Ⅳ.
①TU998.1

中国国家版本馆 CIP 数据核字（2023）第 062078 号

消防安全技术与管理研究

作　　者	商　璐　王振鑫　梁一铭
出 版 人	宛　霞
责任编辑	管思梦
幅面尺寸	185mm×260mm　1/16
字　　数	373 千字
印　　张	16.25
印　　数	1—200 册
版　　次	2023 年 3 月第 1 版
印　　次	2023 年 3 月第 1 次印刷

出　　版	吉林科学技术出版社
发　　行	吉林科学技术出版社
地　　址	长春市净月区福祉大路 5788 号
邮　　编	130118

发行部电话/传真　 0431-81629529　 81629530　 81629531
　　　　　　　　　 81629532　 81629533　 81629534

储运部电话　 0431-86059116

编辑部电话　 0431-81629518

印　　刷　 北京四海锦诚印刷技术有限公司

书　　号	ISBN 978-7-5744-0247-8
定　　价	100.00 元

前言

火灾是严重危害人类生命财产，直接影响社会发展及稳定的最为常见的灾害之一。近年来，随着社会和经济建设的发展，高层建筑不断增多，高层和超高层建筑火灾在世界各地屡见不鲜，尽管这些建筑一般都配备了较先进的消防设施，可一旦起火，人们往往还是措手不及。火灾的严重性，时刻提醒人们要加大消防工作的力度，做到防患于未然。这就对从事消防工程的设计、施工、监测、运行维护人员的要求大大提高，对从业人员的知识积累、技能要求、学习能力提出了更高的要求。

安全工作涉及各行各业、千家万户，与经济发展、社会稳定和人民群众安居乐业密切相关。只有全社会普及安全法规和科技知识，提高全民安全意识，增强全民防范能力，才能有效地预防和减少火灾的危害。消防安全工作是一项科学性、技术性、群众性和专业性都很强的工作。社会单位的法定代表人、消防安全管理人员以及特殊工种操作人员等，不仅要有较高的思想觉悟和修养，还必须具有较好的消防安全管理素质和技术水平，而管理素质和技术水平的提高需要有消防安全技术知识做基础。所以，要把机关、团体、企业、事业单位的消防安全工作做好，单位的法定代表人、消防安全管理人员以及消防重点工种操作人员等，除应掌握必要的消防安全管理知识外，还必须学习和掌握火灾燃烧原理、物料和生产工艺的火灾危险性类别、危险品物品、生产过程、生产设备、电气、建筑和消防设施等基本防火、灭火技术知识。

本书是消防安全技术与管理研究方向的著作，简要介绍了消防基础知识、建筑防火、建筑消防设施等相关内容。另外，本书还介绍了特殊建筑、场所防火，对消防安全检查、消防安全评估方法与技术及消防安全管理也做了一定的介绍，最后阐述了特殊场所的消防安全管理。本书结合技术实务内容进行重点阐述和引用，希望可以让消防安全人员快速、全面地了解消防安全技术与管理的意义，旨在摸索出一条适合现代消防安全技术及管理工作创新的科学道路，帮助其工作者在实际应用中少走弯路，运用科学方法，提高效率。

在本书的撰写过程中，作者花费了大量时间，翻阅了大量资料，并且就有些问题咨询了相关的专家，以求提高本书的价值。但是，由于个人能力有限，本书可能还存在许多不足之处，希望广大读者批评指正。

目录

第一章　消防基础知识

第一节　燃烧

一、燃烧的本质与条件

（一）燃烧的本质

通常把可燃物与氧化剂作用发生放热反应，并伴有火焰、发光和（或）发烟的现象称为燃烧。燃烧应具备三个特征，即化学反应、放热和发光。

燃烧过程中的化学反应十分复杂。可燃物质在燃烧过程中，生成了与原来完全不同的新物质。燃烧不仅在空气（氧）存在时能发生，有的可燃物在其他氧化剂中也能发生燃烧。近代连锁反应理论认为：燃烧是一种游离基的连锁反应（也称链反应），即由游离基在瞬间进行的循环连续反应。游离基又称自由基或自由原子，是化合物或单质分子中的共价键在外界因素（如光、热）的影响下，分裂而成含有不成对电子的原子或原子基团，它们的化学活性非常强，在一般条件下是不稳定的，容易自行结合成稳定分子或与其他物质的分子反应生成新的游离基。当反应物产生少量的活化中心——游离基时，即可发生链反应。只要反应一经开始，就可经过许多连锁步骤自行加速发展下去（瞬间自发进行若干次），直至反应物燃尽为止。当活化中心全部消失（游离基消失）时，链反应就会终止。链反应机理大致分为链引发、链传递和链终止三个阶段。

链反应过程用方程表示如下：

$$H \cdot + O_2 \rightarrow HO \cdot + O \cdot$$
$$RCH \cdot + O_2 \rightarrow RCHO + HO \cdot$$
$$HO \cdot + RH \rightarrow R \cdot + H_2O$$

$$RH \rightarrow R \cdot + H \cdot$$

其中，元素符号后带点的即为反应过程中产生的自由基，只要反应过程中不断提供可燃物质，自由基就能使燃烧自动传播和扩散，火焰会越来越大，直至可燃物燃尽为止。

综上所述，物质燃烧是氧化反应，而氧化反应不一定是燃烧，能被氧化的物质不一定都是能够燃烧的物质。可燃物质的多数氧化反应不是直接进行的，而是经过一系列复杂的

1

中间反应阶段，不是氧化整个分子，而是氧化链反应中间产物——游离基或原子。可见，燃烧是一种极其复杂的化学反应，游离基的链反应是燃烧反应的实质，光和热是燃烧过程中发生的物理现象。

（二）燃烧的条件

1. 燃烧的必要条件

任何物质燃烧过程的发生和发展都必须具备以下三个必要条件，即可燃物、助燃物（又称氧化剂，一般意义上是指助燃气体）和引火源。上述三个条件通常被称为燃烧三要素。燃烧的三个必要条件可用"燃烧三角形"来表示，即我们把燃烧的三个要素看作三角形的三个边，缺少任何一个要素，这个三角形都构建不起来。只有这三个要素同时具备且发生相互作用的情况下，可燃物才能够发生燃烧，无论缺少哪一个燃烧都不能发生。也就是说，只有火源和可燃物而没有助燃气体，相当于窒息状态；只有可燃物和助燃气体而没有火源，相当于隔离或冷却状态；只有火源和助燃气体而没有可燃物，相当于无米之炊，火源能量无以为继，自然不能形成火灾。

（1）可燃物

凡是能与空气中的氧或其他氧化剂起燃烧反应的物质，均称为可燃物。自然界中的可燃物种类繁多，若按其物理状态分，有固体、液体和气体三类可燃物。

①固体可燃物。凡是遇明火、热源能在空气（氧化剂）中燃烧的固体物质，都称为可燃固体。如棉、麻、木材、稻草等天然植物纤维，动物皮毛、植物果实等蛋白或脂类及其制品，稻谷、大豆、苞米等谷物及其制品，涤纶、维纶、锦纶、腈纶等合成纤维及其制品，聚乙烯、聚丙烯、聚苯乙烯等合成树脂及其制品，天然橡胶、合成橡胶及其制品等。

②液体可燃物。凡是在空气中能发生燃烧的液体，都称为可燃液体。液体可燃物大多数是有机化合物，分子中都含有碳、氢原子，有些还含有氧原子。其中有不少是石油化工产品，有的产品本身或燃烧时的分解产物都具有一定的毒性。如烷烃类、烯烃类、醚类、醇类等液态物质。

③气体可燃物。凡是在空气中能发生燃烧的气体，都称为可燃气体。可燃气体在空气中需要与空气的混合比在一定浓度范围内（燃烧最低浓度），并还要一定的温度（着火温度）才能发生燃烧。如天然气、煤气、液化石油气、乙炔气等。

此外，有些物质在通常情况下不燃烧，但在一定的条件下又可以燃烧。如：赤热的铁在纯氧中能发生剧烈燃烧；赤热的铜能在纯氯气中发生剧烈燃烧；铁、铝本身不燃烧，但把铁、铝粉碎成粉末，不但能燃烧，而且在一定条件下还能发生爆炸。

（2）助燃物

凡与可燃物质相结合能导致燃烧的物质称为助燃物（也称氧化剂）。通常燃烧过程中的助燃物主要是氧，它包括游离的氧或化合物中的氧。空气中含有大约21%的氧，可燃物在空气中的燃烧以游离的氧作为氧化剂，这种燃烧是最普遍的。此外，某些物质也可作为燃烧反应的助燃物，如氯、氟、氯酸钾等。也有少数可燃物，如低氮硝化纤维、硝酸纤维、赛璐珞等含氧物质，一旦受热后，能自动释放出氧，无须外部助燃物就可发生燃烧。此外，天然的动植物纤维由于其中空结构本身也自带一定量的氧，即使打包捆紧，当内部夹带火种或受潮发热也能维持阻燃或发生自燃。

（3）引火源

凡使物质开始燃烧的外部热源，统称为引火源（也称着火源）。引火源温度越高，越容易点燃可燃物质。根据引起物质着火的能量来源不同，在生产生活实践中引火源通常有明火、高温物体、化学（聚合、分解、氧化）热能、电（静电、雷电）热能、机械（摩擦、加压）热能、生物能、光能和核能等。

2. 燃烧的充分条件

具备了燃烧的必要条件，并不意味着燃烧必然发生。发生燃烧还应有"量"方面的要求，这就是发生燃烧或持续燃烧的充分条件。可见，"三要素"彼此要达到一定的量变才能发生质变。

燃烧发生的充分条件如下：

（1）一定的可燃物浓度

可燃气体或蒸汽只有达到一定浓度，才会发生燃烧或爆炸。例如，在常温下用火柴等明火接触煤油，煤油并不立即燃烧，这是因为在常温下煤油表面挥发的煤油蒸汽量不多，没有达到燃烧所需的浓度，虽有足够的空气和火源接触，也不能发生燃烧。

（2）一定的氧气含量

实验证明，各种不同可燃物发生燃烧，均有本身固定的最低含氧量要求。低于这一浓度，就算燃烧的其他条件全部具备，燃烧仍然不能发生。如将点燃的蜡烛用玻璃罩罩起来，周围空气不能进入，这样经过较短的时间，蜡烛的火焰就会熄灭，因为蜡烛的燃烧要消耗氧气，当氧气浓度不能维持燃烧时，燃烧即可终止。可燃物发生燃烧需要有一个最低含氧量要求，低于这一浓度，燃烧就不会发生。可燃物质不同，燃烧所需要的含氧量也不同，如汽油燃烧的最低含氧量为14.4%，煤油为15%。

（3）一定的点火能量

不管何种形式的引火源，都必须达到一定的强度才能引起燃烧反应。所需引火源的强度，取决于可燃物质的最小点火能量，即引燃温度，低于这一能量，燃烧便不会发生。不同可燃物质燃烧所需的引燃温度各不相同。例如，汽油的最小点火能量为0.2mJ，乙醚的最小点火能量为0.19mJ。再如，一个烟头引燃不了一块木板，但能引燃松散的木屑。

（4）相互作用

燃烧不仅须具备必要和充分条件，而且还必须使燃烧条件相互结合、相互作用，燃烧才会发生或持续。否则，燃烧也不能发生。例如，在办公室里有桌、椅、门、窗帘等可燃物，有充满空间的空气，有火源（电源），存在燃烧的基本要素，可并没有发生燃烧现象，这就是因为这些条件没有相互结合、相互作用。

二、燃烧类型

燃烧按其发生瞬间的特点不同，分为闪燃、着火、自燃、爆炸四种类型。爆炸详细内容见本章第三节。

（一）闪燃

1. 闪燃与闪点

当液体表面上形成了一定量的可燃蒸汽，遇火能产生一闪即灭的燃烧现象，称为闪燃。在一定温度条件下，液态可燃物表面会产生可燃蒸汽，这些可燃蒸汽与空气混合形成一定浓度的可燃性气体，当其浓度不足以维持持续燃烧时，遇火源能产生一闪即灭的火苗或火光，形成一种瞬间燃烧现象。可燃液体之所以会发生一闪即灭的闪燃现象，是因为液体在闪燃温度下蒸发速度较慢，所蒸发出来的蒸汽仅能维持短时间的燃烧，而来不及提供足够的蒸汽补充维持稳定的燃烧，故闪燃一下就熄灭了。闪燃往往是可燃液体发生着火的先兆。通常把在规定的试验条件下，可燃液体挥发的蒸汽与空气形成混合物，遇火源能够产生闪燃的液体最低温度，称为闪点，以"℃"为单位。液体闪点的确定有开口杯和闭口杯两种试验方式，在工程实践中如无特殊说明，一般说某物质的闪点就是指该物质在开口杯试验条件下获得的。表1-1列出的是以开口杯方式确定的部分易燃和可燃液体的闪点。

表1-1 部分易燃和可燃液体的闪点

名称	闪点 /℃	名称	闪点 /℃	名称	闪点 /℃
汽油	-50	甲醇	11.1	苯	-14
煤油	37.8	乙醇	12.78	甲苯	5.5
柴油	60	正丙醇	23.5	乙苯	23.5
原油	-6.7	乙烷	-20	丁苯	30.5

2. 物质的闪点在消防上的应用

从消防角度来说，闪燃就是危险的警告，在工程设计中，一般都以液体发生闪燃的温度作为衡量可燃液体火灾危险性大小的依据。闪点越低，火灾危险性就越大；反之，则越小。闪点在消防上有着重要作用，根据闪点，将能燃烧的液体分为易燃液体和可燃液体。其中，把闪点小于60℃的液体称为易燃液体，大于60℃的液体称为可燃液体。根据闪点，将液体生产、加工、储存场所的火灾危险性分为甲（闪点小于28℃的液体）、乙（闪点大于等于28℃，但小于60℃的液体）、丙（闪点大于等于60℃的液体）三个类别，以便根据其火灾危险性的大小采取相应的消防安全措施。

（二）着火

1.着火与物质的燃点

可燃物质在空气中与火源接触，达到某一温度时，开始产生有火焰的燃烧，并在火源移去后仍能持续并不断扩大的燃烧现象，称为着火。着火就是燃烧的开始，且以出现火焰为特征，这是日常生产、生活中最常见的燃烧现象。

通常在规定的试验条件下，应用外部热源使物质表面起火并持续燃烧一定时间所需的最低温度，称为燃点或着火点，以"℃"为单位。表1-2中列出部分可燃物质的燃点。

表1-2 部分可燃物质的燃点

物质名称	燃点/℃	物质名称	燃点/℃	物质名称	燃点/℃
松节油	53	漆布	165	松木	250
樟脑	70	蜡烛	190	有机玻璃	260
赛璐珞	100	麦草	200	醋酸纤维	320
纸	130	豆油	220	涤纶纤维	390
棉花	150	黏胶纤维	235	聚氯乙烯	391

2.物质燃点的意义

物质的燃点在消防中有着重要的意义，根据可燃物的燃点高低，可以衡量其火灾危险的程度。物质的燃点越低，则越容易着火，火灾危险性也就越大。

一切可燃液体的燃点都高于闪点。燃点对于分析和控制可燃固体和闪点较高的可燃液体火灾具有重要意义，控制可燃物质的温度在其燃点以下，就可以防止火灾的发生。用水冷却灭火，其原理就是将着火物质的温度降低到燃点以下。

（三）自燃

1.自燃与自燃点

自燃是指物质在常温常压下和有空气存在但无外来火源作用的情况下发生化学反应、

生物作用或物理变化过程而放出热量并积蓄，使温度不断上升，自行燃烧起来的现象。由于热的来源不同，物质自燃可分为受热自燃和本身自燃两类，其中受热自燃是指引起可燃物燃烧的热能来自外来物体，如光能、环境温度或热物体等激活或诱发可燃物自燃；本身自燃又分为分解热引起的自燃、氧化热引起的自燃、聚合热引起的自燃、发酵热引起的自燃、吸附热引起的自燃以及氧化还原热引起的自燃等。

自燃现象引发火灾在自然界并不少见，如有些含硫、磷成分高的煤炭遇水常常发生氧化反应释放热量，如果煤层堆积过厚则积热不散，就容易发生自燃火灾；赛璐珞在夏季高温下，若通风不畅也易产生分解引发自燃；草垛水分大，长时间堆集，散热不畅而引起微生物繁殖腐烂，也易发生自燃；工厂的油抹布堆积由于氧化发热并蓄热也会发生自燃，引发火灾。

通常，把在规定的条件下可燃物质产生自燃的最低温度，称为自燃点。在这一温度时，物质与空气（氧）接触，不需要明火的作用，就能发生燃烧。自燃点是衡量可燃物质受热升温形成自燃危险性的依据。可燃物的自燃点越低，发生自燃的危险性就越大。表1-3列出了部分可燃物的自燃点。

表1-3 部分可燃物的自燃点

物质名称	自燃点/℃	物质名称	自燃点/℃	物质名称	燃点/℃
黄磷	34～35	乙醚	170	棉籽油	370
三硫化四磷	100	溶剂油	235	桐油	410
赛璐珞	150～180	煤油	240～290	芝麻油	410
赤磷	200～250	汽油	280	花生油	445
松香	240	石油沥青	270～300	菜籽油	446
锌粉	360	柴油	350～380	豆油	460
丙酮	570	重油	380～420	亚麻籽油	343

2. 物质的自燃点在消防上的应用

物质的自燃点在消防上的应用主要在以下三个方面：

（1）在火灾调查中根据现场物质的温度、湿度、油渍污染度、堆放形式等物理状态来判断这些物质是否有自燃起火的可能；

（2）在灭火救援中根据火灾现场可燃物的种类和数量来判断现场发生轰燃（一般把火灾现场可燃物质达到自燃点后瞬间产生大面积或大量物质同时燃烧的现象称为轰燃）的可能和时间，作为灭火指挥员采取何种战术和配置灭火力量的依据；

（3）在工程设计时针对存储物质的自燃点和周围的环境情况，确定库房、堆垛应当采取何种通风降温措施等。

第二节 火灾基础知识

一、火灾的定义、分类与危害

(一) 火灾定义

火灾是指在时间上或空间上失去控制的燃烧。

(二) 火灾分类

1. 按照燃烧对象的性质分类

根据《火灾分类》(GB/T 4968-2008) 第二条规定,火灾分类如表1-4所示。

表1-4 燃烧对象性质火灾分类表

火灾类别	燃烧对象性质	燃烧对象举例
A	固体物质	木材、棉、毛、麻、纸张
B	液体物质	汽油、煤油、原油、甲醇、乙醇
	可熔化固体	沥青、石蜡
C	气体	煤气、天然气、甲烷、乙烷、氢气、乙炔
D	金属	钾、钠、镁、锂、钛、锆
E	带电物体	变压器设备
F	烹饪器具内的烹饪物	动物油、植物油

2. 按照火灾事故所造成的灾害损失程度分类

根据《生产安全事故报告和调查处理条例》(国务院第493号令) 第三条的规定,火灾等级分类如表1-5所示。

表1-5 事故造成损失程度火灾分类表

火灾等级	死亡/人	重伤/人	直接经济损失/万元
特别重大	$P \geqslant 30$	$P \geqslant 100$	$M \geqslant 10000$
重大	$10 \leqslant P < 30$	$50 \leqslant P < 100$	$5000 \leqslant M < 10000$
较大	$3 \leqslant P < 10$	$10 \leqslant P < 50$	$1000 \leqslant M < 5000$
一般	$P < 3$	$P < 10$	$M < 1000$

同一火灾事故中的死亡人数、重伤人数、直接经济损失应分别进行判断,取其中最高的等级作为火灾事故的火灾等级。

二、建筑火灾发展蔓延机理

(一)建筑火灾蔓延的传热基础

热量传递的三种基本方式:热传导、热对流、热辐射。

(二)建筑火灾的烟气蔓延

烟气流动方向是火势蔓延的主要方向。

1.烟气的扩散路线

(1)烟气扩散流动速度:水平方向<垂直方向<楼梯间或管道竖井。

(2)高层建筑内烟气流动扩散三条路线如下:

①主要路线:着火房间→走廊→楼梯间→上层各楼层→室外。

②着火房间→室外。

③着火房间→相邻上层房间→室外。

2.烟气流动驱动力

烟囱效应(主要因素)、火风压、外界风作用。

3.烟气蔓延的途径

(1)主体为耐火结构的建筑,烟气蔓延的主要原因:未设有效的防火分区;洞口处的分隔处理不完善;防火隔墙和房间隔墙未砌至顶板;采用可燃构件与装饰物。

(2)烟气蔓延主要途径:空洞开口蔓延;穿越墙壁的管线和缝隙蔓延;闷顶内蔓延;外墙面蔓延。

四、灭火的基本原理和防火的基本方法

灭火的基本原理:冷却、窒息、隔离、化学抑制。

防火的基本方法:控制自燃物;隔绝助燃物;控制引火源。

第三节　爆炸

一、爆炸的定义及分类

(一)爆炸的定义

由于物质急剧氧化或分解反应产生温度、压力增加或两者同时增加的现象。

（二）爆炸的分类

表 1-6 爆炸的分类

分类	特点	种类
物理爆炸	发生前后化学成分不变	蒸汽锅炉爆炸
		压缩气体或液化气钢瓶、油桶受热爆炸
化学爆炸	氧化或分解反应剧烈；温度和（或）压力增加	炸药爆炸
		可燃气体、液体蒸汽爆炸
		可燃粉尘爆炸
核爆炸	原子核裂变或核聚变	原子弹、氢弹、中子弹爆炸

二、爆炸极限

可燃气体、液体蒸汽、粉尘与空气混合后的体积分数或单位体积中的质量，用来表示遇火源会发生爆炸的最高或最低浓度范围，称为爆炸浓度极限，简称爆炸极限。

能引起爆炸的最高浓度称为爆炸上限，能引起爆炸的最低浓度称为爆炸下限，上限和下限之间的间隔称为爆炸范围。

（一）气体和液体的爆炸极限

气体和液体的爆炸极限用体积分数（%）表示。

在氧气中的爆炸极限比在空气中的爆炸极限范围宽。

影响同种可燃气体爆炸极限的因素有以下几点：

一是引火源能量越大，可燃混合气体的爆炸极限范围越宽，爆炸危险性越大。

二是初温越高，可燃混合气体的爆炸极限范围越宽，爆炸危险性越大。

三是初始压力增加，爆炸范围增大，爆炸危险性增加（CO与空气混合气体相反：压力上升，爆炸极限范围缩小）。

四是加入惰性气体，爆炸极限范围变窄，超量后不能发生爆炸。

可燃粉尘的爆炸极限用单位体积中所含粉尘的质量（g/m³）表示。只应用粉尘爆炸下限。下限越低，粉尘爆炸的危险性越大。

（二）爆炸极限在消防上的应用

一是评定可燃气体火灾危险性，爆炸范围越大、下限越低，火灾危险性越大。

二是评定气体生产、储存场所火险类别，选择电气防爆形式。

三是确定建筑物耐火等级、层数、面积；防火墙占地面积、安全疏散距离、灭火设施。

四是确定安全操作规程。

三、爆炸危险源

（一）引起爆炸的直接原因

引起爆炸的直接原因有：物料、作业行为、生产设备、生产工艺等。

（二）常见爆炸引火源

表 1-7　常见引发爆炸的引火源

火源类别	火源举例
机械火源	撞击、摩擦
热火源	高温热表面、日光照射并聚焦
电火源	电火花、静电火花、雷电
化学火源	明火、化学反应热、发热自燃

（三）最小点火能

定义：在一定条件下，每一种爆炸混合物的起爆最小点火能量。单位：毫焦（mJ）。

第四节　易燃易爆危险品

一、爆炸品

（一）易燃易爆危险品

容易燃烧爆炸的危险品即为易燃易爆危险品，分为爆炸品、易燃气体、易燃液体、易燃固体、易于自燃的物质和遇水放出易燃气体的物质、氧化性物质和有机过氧化物。

（二）爆炸品

火药、炸药、爆炸性药品及其制品总称为爆炸品。

爆炸品主要危险特性包括爆炸性和敏感性。

二、易燃气体

（一）易燃气体的分级

易燃气体分为两级。

Ⅰ级：爆炸下限＜10%；爆炸极限范围≥12 个百分点。

Ⅱ级：10%≤爆炸下限＜13%，且爆炸极限范围＜12个百分点。

爆炸下限＜10%的气体为甲类火险物质；爆炸下限≥10%的气体为乙类火险物质。

（二）易燃气体的火灾危险性

易燃易爆性、扩散性、可缩性、膨胀性、带电性、腐蚀性、毒害性。

三、易燃液体

（一）易燃液体的分级

易燃液体分为三级。

Ⅰ级：初沸点≤35℃，如汽油、乙醚、丙酮、二硫化碳。

Ⅱ级：闪点＜23℃，初沸点＞35℃，如原油、石脑油、苯、甲醇、乙醇、香蕉水。

Ⅲ级：23℃≤闪点＜60℃，初沸点＞35℃，如煤油、樟脑油、松节油。

闪点＜28℃的液体为甲类火险物质；28℃≤闪点＜60℃的液体为乙类火险物质；闪点≥60℃的液体为丙类火险物质。

（二）易燃液体的火灾危险性

易燃性、爆炸性、受热膨胀性、流动性、带电性、毒害性。

四、易燃固体、易于自燃的物质、遇水放出易燃气体的物质

（一）易燃固体

分类：燃点高于300℃的固体称为可燃固体；燃点低于300℃的固体称为易燃固体。

火灾危险性：燃点低、易点燃；遇酸、氧化剂易燃易爆；本身或燃烧产物有毒。

（二）易于自燃的物质

分类：发火物质、自热物质。

火灾危险性：遇空气自燃性、遇湿易燃性、积热自燃性。

（三）遇水放出易燃气体的物质

火灾危险性：遇水或遇酸燃烧性；自燃性、爆炸性。

五、氧化性物质和有机过氧化物

(一)氧化性物质

分类:固体氧化性物质、液体氧化性物质。

火灾危险性:受热、被撞分解性;可燃性;与可燃液体作用自燃性、与酸作用分解性;强氧化性物质与弱氧化性物质作用分解性;腐蚀毒害性。

(二)有机过氧化物

火灾危险性:分解危险性、易燃性。

第二章 建筑防火

第一节 生产和储存物品的火灾危险性分类

本章主要引用《建筑设计防火规范》（GB 50016-2014），简称《建规》。

一、生产的火灾危险性分类

（一）评定物质火灾危险性的主要指标

评定物质火灾危险性主要依据是物质的理化性质。

表 2-1 评定物质火灾危险性的主要指标

物质类别		主要评定指标
可燃气体		爆炸极限、自燃点
可燃液体		闪点、自燃点
可燃固体	绝大多数可燃固体	熔点、燃点
	粉状可燃固体	爆炸浓度下限
	遇水燃烧固体	与水反应速度、放热量
	自燃性固体	自燃点
	受热分解固体	分解温度

气体的比重、扩散性、化学性质、带电性、受热膨胀性也是判定气体火灾危险性的指标。

液体的爆炸温度极限、受热蒸发性、流动扩散性、带电性也是衡量液体火灾危险性的指标。

（二）生产的火灾危险性分类方法

1. 根据生产中使用或产生的物质性质及其数量等因素划分生产的火灾危险性。

表 2-2　生产的火灾危险性分类及举例

生产的火灾危险性类别	使用或产生下列物质生产的火灾危险性特征	火灾危险性分类举例
甲类	1 项：闪点＜28℃的液体	甲醇、乙醇、丙酮、丁酮异丙醇、醋酸乙酯、苯合成厂房
		植物油加工厂的浸出车间，集成电路厂化学清洗车间
		液态法白酒酿酒车间、酒精蒸馏塔，白兰地蒸馏车间，白兰地和 38 度及以上白酒的勾兑车间、灌装车间、酒泵房
	2 项：爆炸下限小于 10% 的气体	氢气站、乙炔站、石油气体分馏（离）厂房
		天然气、石油伴生气、矿井气、水煤气、焦炉煤气压缩机室或鼓风机室，化肥厂的氢氮气压缩厂房
		电解水（食盐）厂房、半导体厂拉晶车间、硅烷热分解室
		氯乙烯、乙烯聚合、醋酸乙烯、环己酮、乙基苯、苯乙烯、丁二烯聚合厂房
	3 项：常温下自行分解的物质；在空气中氧化导致迅速自燃、爆炸的物质	硝化棉、黄磷制备厂房及其应用部位
		赛璐珞、三乙基铝、甲胺、丙烯氢厂房
		染化厂某些能自行分解的重氮化合物生产车间
	4 项：常温下受到水或空气中水蒸气的作用，能产生可燃气体并引起燃烧或爆炸的物质	钾、钠加工厂房及其应用部位，五氧化二磷厂房，三氯化磷厂房
	5 项：遇酸、受热、撞击、摩擦、催化以及遇有机物或硫黄等易燃的无机物，极易引起燃烧或爆炸的强氧化剂	氯酸钠、氯酸钾厂房及其应用部位，过氧化氢厂房，过氧化钠、过氧化钾厂房，次氯酸钙厂房
	6 项：受撞击、摩擦或与氧化剂、有机物质接触时能引起燃烧或爆炸的物质	赤磷制备、五硫化二磷厂房及其应用部位
	7 项：在密闭设备内操作温度不小于物质本身自燃点的生产	洗涤剂厂房石蜡裂解部位，冰醋酸裂解厂房

生产的火灾危险性类别	使用或产生下列物质生产的火灾危险性特征	火灾危险性分类举例
乙类	1项：28℃≤闪点＜60℃的液体	甲酚、氯丙醇、环氧氯丙烷、己内酰胺、醋酸精馏厂房
		樟脑油提取、松针油精制部位，松节油、松香蒸馏厂房
		煤油灌桶间，28℃≤闪点＜60℃油品、有机溶剂提炼部位
	2项：爆炸下限≥10%的气体	一氧化碳、氨压缩机房，发生炉、鼓风炉煤气净化部位
	3项：不属于甲类的氧化剂	发烟硫（硝）酸浓缩部位，高锰酸钾、重铬酸钠厂房
	4项：非甲类的易燃固体	樟脑、松香提炼厂房，硫黄回收厂房，焦化厂精萘厂房
	5项：助燃气体	氧气站，空分厂房
	6项：能与空气形成爆炸性混合物的浮游状态的粉尘、纤维，闪点≥60℃的液体雾滴	铝粉、镁粉、煤粉厂房，金属制品抛光部位，面粉厂的碾磨部位，活性炭制造及再生厂房，谷物筒仓工作塔，亚麻厂的除尘器、过滤器室
丙类	1项：闪点＞60℃的液体	植物油的精炼部位，沥青加工厂房，甘油、桐油制备厂房
		柴油、机器油、变压器油灌桶间，润滑油再生部位
		油浸变压器室，配电室（每台装油量＞60 kg的设备）
		松油醇、乙酸松油脂部位，焦油、苯甲酸、苯乙酮厂房
		闪点≥60℃油品、有机溶剂提炼部位
	2项：可燃固体	煤、焦炭、油母页岩生产储仓，橡胶制品厂房
		服装、针织、纺织、印染、化纤、棉毛丝麻厂房
		造纸、印刷厂房，木、竹、藤加工厂
		家电厂房，集成电路氧化扩散、光刻间
		饲料加工、畜禽加工、鱼加工车间
		泡沫塑料厂发泡、成型、印片压花部位

生产的火灾危险性类别	使用或产生下列物质生产的火灾危险性特征	火灾危险性分类举例
丁类	1 项：加工不燃烧物质，并在高温、熔化状态下经常产生强辐射热、火花、火焰	金属冶炼、锻造、铆焊、热轧、铸造、热处理厂房
丁类	2 项：利用气体、液体、固体作为燃料或将气体、液体进行燃烧做其他用的各种生产	锅炉房，玻璃原料熔化厂房，灯丝烧拉部位，保温瓶胆厂房，陶瓷制品烘干、烧成厂房，蒸汽机车库，石灰焙烧厂房，电石炉部位，耐火材料烧成部位，转炉厂房，硫酸车间焙烧部位，电极燃烧供电配电室（每台装油量≤60 kg 的设备）
丁类	3 项：常温下使用或加工难燃烧物质的生产	难燃铝塑料加工厂房，酚醛泡沫塑料加工厂房，印染厂漂炼部位，化纤厂后加工润湿部位
戊类	常温下使用或加工不燃烧物质的生产	制砖、石棉加工车间，氟利昂厂房，仪表、器械、车辆装配车间，电动车库，卷扬机室，不燃液体的泵房、阀门室、净化处理工段，镁合金除外的金属冷加工车间，钙镁磷肥车间（焙烧炉除外），造纸厂、化学纤维厂的浆粕蒸煮工段，水泥厂轮窑厂房，加气混凝土厂厂房

2. 不同火灾危险性场所应符合《建规》"3.1.2"的要求

（1）同一座厂房或厂房的任一防火分区内有不同火灾危险性生产时，厂房或防火分区内的生产火灾危险性类别应按火灾危险性较大的部分确定。

（2）当生产过程中使用或产生易燃、可燃物的量较少，不足以构成爆炸或火灾危险时，可按实际情况确定。

（3）当符合下述条件之一时，可按火灾危险性较小的部分确定：

①火灾危险性较大的生产部分占本层或本防火分区建筑面积的比例＜5% 或丁、戊类厂房内的油漆工段＜10%，且发生火灾事故时不足以蔓延至其他部位或火灾危险性较大的生产部分采取了有效的防火措施。

②丁、戊类厂房内的油漆工段，当采用封闭喷漆工艺，封闭喷漆空间内保持负压，油漆工段设置可燃气体探测报警系统或自动抑爆系统，且油漆工段占所在防火分区建筑面积的比例≤20%。

（三）厂房内可不按危险物质火灾危险性特性确定危险类别的最大允许量

表 2-3　不按物质火灾危险性特性确定生产火灾危险性危险类别的最大允许量

火灾危险性类别	火灾危险性特性	物质名称举例	最大允许总量
甲类	1 项：闪点＜28℃的液体	汽油、丙酮、乙醚	100L
	2 项：爆炸下限小于10%的气体	乙炔、氢、甲烷、乙烯、硫化氢	25m³
	3 项：常温下自行分解物质	硝化棉、硝化纤维胶片、喷漆棉、火胶棉、赛璐珞棉	10kg
	3 项：在空气中氧化导致迅速自燃的物质	黄磷	20kg
	4 项：常温下受到水或空气中水蒸气的作用，能产生可燃气体并引起燃烧或爆炸的物质	钾、钠、锂	5kg
	5 项：遇酸、受热、撞击、摩擦、催化，及遇有机物或硫黄等易燃的无机物，极易引起爆炸的强氧化剂	硝基胍、高氯酸铵	20kg
	5 项：遇酸、受热、撞击、摩擦、催化，及遇有机物或硫黄等极易分解引起燃烧的强氧化剂	氯酸钠、氯酸钾、过氧化钠	50kg
	6 项：与氧化剂、有机物质接触能引起燃烧或爆炸的物质	赤磷、五硫化二磷	50kg
	7 项：受到水或空气中水蒸气的作用能产生爆炸下限小于10%的气体的固体物质	电石	100kg
乙类	1 项：闪点＞28℃液体	煤油、松节油	200L
	2 项：爆炸下限≥10%气体	氨	50m³
	3 项：不属于甲类的氧化剂	硝酸、硝酸铜、铬酸、发烟硫酸、铬酸钾	80kg
	4 项：非甲类的易燃固体	赛璐珞板、硝化纤维色片、镁粉、铝粉	50kg
		硫黄、生松香	100kg

二、储存物品的火灾危险性分类

(一) 储存物品的火灾危险性分类方法

1. 根据储存物品本身的火灾危险性，将储存物品划分为五类

表 2-4　储存物品的火灾危险性分类及举例

储存物品的火灾危险性类别	储存物品的火灾危险性特征	火灾危险性分类举例
甲类	1 项：闪点＜28℃的液体	甲醇、乙醇、丙酮、丙烯、乙醚、乙烷、戊烷、环戊烷
		汽油、石脑油、二硫化碳、苯、甲苯
		38 度以上白酒、乙酸甲酯、醋酸甲酯、硝酸乙酯
	2 项：爆炸下限小于 10% 的气体，受到水或空气中水蒸气的作用能产生爆炸下限小于 10% 的气体的固体物质	氢气、乙炔、液化石油气
		水煤气、甲烷
		电石、硫化氢、碳化铝
		氯乙烯、乙烯、丙烯、丁二烯
	3 项：常温下自行分解物质；在空气中氧化导致迅速自燃、爆炸的物质	硝化棉、硝化纤维胶片、黄磷
		赛璐珞
		喷漆棉、火胶棉
	4 项：常温下受到水或空气中水蒸气的作用，能产生可燃气体并引起燃烧或爆炸的物质	钾、钠、锂、钙、锶、氢化锂、氢化钠、四氢化锂铝
	5 项：遇酸、受热、撞击、摩擦、催化以及遇有机物或硫黄等易燃的无机物，极易引起燃烧或爆炸的强氧化剂	氯酸钠、氯酸钾，过氧化钠、过氧化钾、硝酸铵
	6 项：受撞击、摩擦或与氧化剂、有机物质接触时能引起燃烧或爆炸的物质	赤磷、五硫化二磷、三硫化二磷

储存物品的火灾危险性类别	储存物品的火灾危险性特征	火灾危险性分类举例
乙类	1项：28℃≥闪点＜60℃液体	丁醚、丁烯醇、异戊醇、醋酸丁酯、硝酸戊脂、乙酰丙酮
		冰醋酸、环己胺
		煤油、樟脑油、松节油、溶剂油
	2项：爆炸下限≥10%气体	一氧化碳、氨气
	3项：不属于甲类的氧化剂	硝酸铜、发烟硫酸、漂白粉、硝酸、铬酸、亚硝酸钾、重铬酸钠、硝酸汞、硝酸钴
	4项：非甲类的易燃固体	樟脑、松香、硫黄、镁粉、铝粉、赛璐珞板、萘、硝化纤维
	5项：助燃气体	氧气、氟气、液氯
	6项：常温下与空气接触能缓慢氧化，积热不散引起自燃的物品	漆布、油布、油纸、油绸及其制品
丙类	1项：闪点≥60℃的液体	动物油、植物油、沥青
		柴油、机油、重油、润滑油
		蜡、糖醛
		白兰地成品库
	2项：可燃固体	橡胶制品、家电、鱼肉间
		化纤、纸张、棉毛丝麻
		木、竹、中药材
丁类	难燃烧物品	自熄性塑料、酚醛泡沫塑料、水泥刨花板
戊类	不燃烧物品	钢材、铝材、玻璃、搪瓷、陶瓷及制品、不燃气体、玻璃棉、岩棉、陶瓷棉、硅酸铝纤维、矿棉、石膏、水泥、石材、膨胀珍珠岩

2. 不同火灾危险性场所应符合《建规》"3.1.4"

同一座仓库或仓库的任一防火分区内储存不同火灾危险性物品时，仓库或防火分区的火灾危险性应按火灾危险性最大的物品确定。

3.《建规》"3.1.5"

丁、戊类储存物品仓库的火灾危险性，当可燃包装重量大于物品本身重量25%或可燃包装体积大于物品本身体积的50%时，应按丙类确定。

（二）储存物品的火灾危险性特征

甲、乙、丙、丁、戊类储存物品的火灾危险性特征详见表 2-4。石油库储存油品的火灾危险性分为甲、乙、丙三类。

第二节　建筑分类与耐火等级

一、建筑分类

（一）按使用性质分类

按建筑使用性质，可分为民用建筑、工业建筑、农业建筑。民用建筑可分为住宅建筑、公共建筑。住宅建筑是指供单身或家庭成员短期或长期居住使用的建筑。公共建筑是指供人们进行各种公共活动的建筑，包括教育、办公、科研、文化、商业、服务、体育、医疗、交通、纪念、园林、综合类建筑等。

1.《建规》"2.1.1"规定

高层建筑：建筑高度大于 27m 的住宅建筑和建筑高度大于 24m 的非单层厂房、仓库和其他民用建筑。

2.《建规》"2.1.2"规定

裙房：在高层建筑主体投影范围外，与建筑主体相连且建筑高度不大于 24m 的附属建筑。

3.《建规》"2.1.3"规定

重要公共建筑：发生火灾可能造成重大人员伤亡、财产损失和严重社会影响的公共建筑。一般包括党政机关办公楼，人员密集的大型公共建筑或集会场所，较大规模的中小学校教学楼、宿舍楼，重要的通信、调度和指挥建筑，广播电视建筑，医院以及城市集中供水设施、主要的电力设施等涉及城市或区域生命线的支持性建筑或工程。

4.《建规》"2.1.4"规定

商业服务网点：设置在住宅建筑的首层或首层及二层，每个分隔单元建筑面积 S＜300m² 的小型营业性用房，包括百货店、副食店、粮店、邮政所、储蓄所、理发店、洗衣店、药店、洗车店、餐饮店等。"建筑面积"是指设置在住宅建筑首层或一层及二层，且相互完全分隔后的每个小型商业用房的总建筑面积。比如，一个上下两层室内直接相通的商业服务网点，该"建筑面积"为该商业服务网点一层和二层商业用房的建筑面积之和。

5.《建规》"5.1.1"规定

民用建筑的分类应符合表 2-5 的规定。

表 2-5 民用建筑的分类

名称	高层民用建筑		单、多层民用建筑
	一类	二类	
住宅建筑	H＞54m	27m＜H≤54m	H≤27m
公共建筑	1. H＞50m 的公共建筑 2. H＞24m 且任一楼层面积 S＞1000m² 的商店、展览、电信、邮政、财贸金融建筑和其他多种功能组合建筑； 3. 医疗建筑、重要公共建筑、独立建造的老年人照料设施； 4. 省级及以上的广播电视和防灾指挥调度建筑、网局级和省级电力调度建筑； 5. 藏书超过 100 万册的图书馆、书库	除住宅建筑、一类高层建筑外的其他高层民用建筑	H＞24 米的单层公共建筑； H≤24 米的其他公共建筑
备注：①H 为民用建筑的建筑高度，单位 m；S 为楼层建筑面积，单位 m² ②表中"住宅建筑"均包括设置商业服务网点的住宅建筑； ③除另有规定外，裙房的防火要求应符合有关高层民用建筑的规定； ④除另有规定外，宿舍、公寓等非住宅类居住建筑应符合有关公共建筑的防火要求；			

6.《密集场所》"3.2"规定

人员密集场所是人员聚集的室内场所。如：宾馆、饭店等旅馆，餐饮场所，商场、市场、超市等商店，体育场馆，公共展览馆、博物馆的展览厅，金融证券交易场所，公共娱乐场所，医院的门诊楼、病房楼，老年人照料设施、托儿所、幼儿园，学校的教学楼、图书馆和集体宿舍，公共图书馆的阅览室，客运车站、码头、民用机场的候车、候船、候机厅（楼），人员密集的生产加工车间、员工集体宿舍等。

（二）按建筑结构分类

按建筑结构形式和建造材料，可分为木结构、砖木结构、砖混结构、钢筋混凝土结构、钢结构、钢混结构。

（三）按建筑高度分类

1. 分类

按建筑高度可分为单层、多层、高层建筑。

（1）单层、多层建筑：建筑高度 H ≤ 27m 的住宅建筑、建筑高度 H ≤ 24m（或 H > 24m 的单层）的公共建筑和工业建筑。

（2）高层建筑：建筑高度 H > 27m 的住宅建筑和建筑高度 H > 24m 的其他非单层建筑。

（3）建筑高度 H > 100m 的高层建筑为超高层建筑。

2. 建筑高度和建筑层数

（1）建筑高度计算方法

《建规》附录"A.0.1"

建筑高度的计算应符合下列规定：

①建筑屋面为坡屋面时，建筑高度应为建筑室外设计地面至其檐口与屋脊的平均高度。

②建筑屋面为平屋面（包括有女儿墙的平屋面）时，建筑高度应为建筑室外设计地面至其屋面面层的高度。

③同一座建筑有多种形式的屋面时，建筑高度应按上述方法分别计算后，取其中最大值。

④对于台阶式地坪，当位于不同高程地坪上的同一建筑之间有防火墙分隔，各自有符合规范规定的安全出口，且可沿建筑的两个长边设置贯通式或尽头式消防车道时，可分别计算各自的建筑高度。否则，应按其中建筑高度最大者确定该建筑的建筑高度。

⑤局部凸出屋顶的瞭望塔、冷却塔、水箱间、微波天线间或设施、电梯机房、排风和排烟机房以及楼梯出口小间等辅助用房占屋面面积 ≤ 25% 者，可不计入建筑高度。

⑥对于住宅建筑，设置在底部且室内高度 ≤ 2.2m 的自行车库、储藏室、敞开空间，室内外高差或建筑的地下或半地下室的顶板面高出室外设计地面的高度 ≤ 1.5m 的部分，可不计入建筑高度。

（2）建筑层数的计算方法

《建规》附录"A.0.2"

建筑层数应按建筑的自然层数计算，下列空间可不计入建筑层数：

①室内顶板面高出室外设计地面的高度 ≤ 1.5m 的地下或半地下室。

②设置在建筑底部且室内高度 ≤ 2.2m 的自行车库、储藏室、敞开空间。

③建筑屋顶上凸出的局部设备用房、出屋面的楼梯间等。

二、建筑材料的燃烧性能及分级

（一）建筑材料燃烧性能分级

1.建筑材料及制品的燃烧性能分级

（1）《建材分级》3.1：制品是要求给出相关信息的建筑材料、复合材料或组件。

（2）《建材分级》3.2：材料是单一物质或均匀分布的混合物，如金属、石材、木材、混凝土、矿纤、聚合物。

（3）《建材分级》4.0：建筑材料及制品的燃烧性能等级见表2-6。

表 2-6 建筑材料及制品的燃烧性能等级

燃烧性能等级	名称	燃烧性能等级	名称
A	不燃材料（制品）	B2	可燃材料（制品）
B1	难燃材料（制品）	B3	易燃材料（制品）

2.建筑材料燃烧性能等级判据的主要参数

（1）《建材分级》3.13：燃烧滴落物／微粒是在燃烧试验过程中，从试样上分离的物质或微粒。

（2）《建材分级》3.14：临界热辐射通量是火焰熄灭处的热辐射通量或试验30min时火焰传播到的最远处的热辐射通量。

（3）《建材分级》3.15：燃烧增长速率指数是试样燃烧的热释放速率值与其对应时间比值的最大值，用于燃烧性能分级。

（4）《建材分级》3.19：烟气毒性是烟气中的有毒有害物质引起伤害的程度。

（二）建筑材料燃烧性能等级的附加信息

建筑材料及制品燃烧性能等级的附加信息包括：产烟特性、燃烧滴落物／微粒等级、烟气毒性等级。

三、建筑构件的燃烧性能和耐火极限

（一）建筑构件的燃烧性能

建筑构件的燃烧性能，主要是指组成建筑构件材料的燃烧性能。把建筑构件按其燃烧性能分为三类：不燃性、难燃性、可燃性。

（二）有关术语

1. 防火墙

防止火灾蔓延至相邻建筑或相邻水平防火分区且耐火极限不低于3.00 h的不燃性墙体。

2. 防火隔墙

建筑内防止火灾蔓延至相邻区域且耐火极限不低于规定要求的不燃性墙体。

（三）建筑构件的耐火极限

1. 耐火极限

（1）耐火极限是指在标准耐火试验条件下，建筑构件、配件或结构从受到火的作用时起，至失去支持能力、完整性或隔热性时止所用时间，用小时（h）表示。

（2）隔热性是在标准耐火试验条件下，建筑构件当某一面受火时，在一定时间内背火面温度不超过规定极限值的能力。

（2）完整性是在标准耐火试验条件下，建筑构件当某一面受火时，在一定时间内阻止火焰和热气穿透或在背火面出现火焰的能力。

（4）支持能力是在标准耐火试验条件下，承重或非承重建筑构件在一定时间内抵抗垮塌的能力。

2. 影响耐火极限的要素

影响建筑构配件耐火性能的主要因素有：材料本身的属性、构配件的结构特性、材料与结构间的构造方式、标准所规定的试验条件、材料的老化性能、火灾的种类和使用环境要求。

四、建筑耐火等级要求

（一）建筑耐火等级

建筑耐火等级是由组成建筑物的墙、柱、楼板、屋顶承重构件和吊顶等主要构件的燃烧性能和耐火极限决定的，共分为四级。

（二）厂房和仓库的耐火等级

1. 除炸药厂（库）、花炮厂（库）、炼油厂外，厂房及仓库的耐火极限等级不应低于表2-7的规定。

表 2-7 不同耐火等级厂房和仓库建筑构件的燃烧性能和耐火极限

构件名称	耐火等级 /h			
	一级	二级	三级	四级
屋顶承重构件	1.50	1.00	0.50	可燃性
疏散楼梯	1.50	1.00	0.75	可燃性
楼板	1.50	1.00	0.75	0.50
梁	2.00	1.50	1.00	0.50
柱	3.00	2.50	2.00	0.50
承重墙	3.00	2.50	2.00	0.50
防火墙	3.00	3.00	3.00	3.00
疏散走道两侧的隔墙	1.00	1.00	0.50	0.25
楼梯间、前室的墙，电梯井的墙	2.00	2.00	1.50	0.50
非承重外墙、房间隔墙	0.75	0.50	0.50	0.25
吊顶（包括吊顶搁栅）	0.25	0.25	0.15	可燃性

注：二级耐火等级建筑内采用不燃烧材料的吊顶，其耐火极限不限。

表中，耐火极限≥0.50h 的构件为不燃性构件，0.15h≤耐火极限＜0.50h 的构件为难燃性构件。

2. 高层厂房，甲、乙类厂房的耐火等级不应低于二级，建筑面积≤300m² 的独立甲、乙类单层厂房可采用三级耐火等级的建筑。

3. 单层、多层丙类厂房和多层丁、戊类厂房的耐火等级不应低于三级。

使用或产生丙类液体的厂房和有火花、赤热表面、明火的丁类厂房，其耐火等级均不应低于二级。当为建筑面积≤500m² 的单层丙类厂房或建筑面积≤1000m² 的单层丁类厂房时，可采用三级耐火等级的建筑。

4. 使用或储存特殊贵重的机器、仪表、仪器等设备或物品的建筑耐火等级不应低于二级。

5. 锅炉房的耐火等级不应低于二级，当为燃煤锅炉房且锅炉的总蒸发量≤4t/h 时，可采用三级耐火等级的建筑。

6. 油浸变压器室、高压配电装置室的耐火等级不应低于二级，其他防火设计应符合现行国家标准《火力发电厂与变电站设计防火规范》（GB 50229）等标准的规定。

7. 高架仓库、高层仓库、甲类仓库、多层乙类仓库和储存可燃液体的多层丙类仓库耐火等级不应低于二级。单层乙类仓库，单层丙类仓库，储存可燃固体的多层丙类仓库和多层丁、戊类仓库，其耐火等级不应低于三级。

8. 甲、乙类厂房和甲、乙、丙类仓库内的防火墙，其耐火极限应≥4.00h。

9. 一、二级耐火等级单层厂房（仓库）的柱，其耐火极限分别应≥2.50h 和

≥2.00h。

10. 采用自动喷水灭火系统全保护的一级耐火等级单、多层厂房（仓库）的屋顶承重构件，其耐火极限应≥1.00h。

11. 除甲、乙类仓库和高层仓库外，一、二级耐火等级建筑的非承重外墙，当采用不燃性墙体时，其耐火极限应≥0.25h；当采用难燃性墙体时，应≥0.50h。4层及4层以下的一、二级耐火等级丁、戊类地上厂房（仓库）的非承重外墙，当采用不燃性墙体时，其耐火极限不限。

12. 二级耐火等级厂房（仓库）内的房间隔墙，当采用难燃性墙体时，其耐火极限应提高0.25h。

13. 二级耐火等级多层厂房和多层仓库内采用预应力钢筋混凝土的楼板，其耐火极限应≥0.75h。

14. 一、二级耐火等级厂房（仓库）的上人平屋顶，其屋面板的耐火极限分别应≥1.50h 和≥1.00 h。

15. 一、二级耐火等级厂房（仓库）的屋面板应采用不燃材料。屋面防水层宜采用不燃、难燃材料，当采用可燃防水材料且铺设在可燃、难燃保温材料上时，防水材料或可燃、难燃保温材料应采用不燃材料做防护层。

16. 建筑中的非承重外墙、房间隔墙和屋面板，当确须采用金属夹芯板材时，其芯材应为不燃材料，且耐火极限应符合本规范有关规定。

（二）民用建筑的耐火等级

1. 民用建筑的耐火等级可分为一、二、三、四级。除本规范另有规定外，不同耐火等级建筑相应构件的燃烧性能和耐火极限不应低于表2-8的规定。

表 2-8 不同耐火等级民用建筑相应构件的燃烧性能和耐火极限

构件名称	耐火等级 /h			
	一级	二级	三级	四级
屋顶承重构件	1.50	1.00	0.50	可燃性
疏散楼梯	1.50	1.00	0.50	可燃性
楼板	1.50	1.00	0.50	可燃性
梁	2.00	1.50	1.00	0.50
柱	3.00	2.50	2.00	0.50
承重墙	3.00	2.50	2.00	0.50
防火墙	3.00	3.00	3.00	3.00
疏散走道两侧的隔墙	1.00	1.00	0.50	0.25

构件名称	耐火等级 /h			
	一级	二级	三级	四级
非承重外墙	1.00	1.00	0.50	可燃性
楼梯间、前室的墙，电梯井的墙，住宅建筑单元之间的墙和分户墙	2.00	2.00	1.50	0.50
房间隔墙	0.75	0.50	0.50	0.25
吊顶（包括吊顶搁栅）	0.25	0.25	0.15	可燃性

表中耐火极限＞0.50h 的构件为不燃性构件，0.15h ≤耐火极限＜0.50h 的构件为难燃性构件。

2. 民用建筑的耐火等级应根据其建筑高度、使用功能、重要性和火灾扑救难度等确定，并应符合下列规定：

（1）地下或半地下建筑（室）和一类高层建筑的耐火等级不应低于一级。

（2）单、多层重要公共建筑和二类高层建筑的耐火等级不应低于二级。

3. 除木结构外，老年人照料设施的耐火等级不应低于三级。

4. 建筑高度大于 100m 的民用建筑，其楼板的耐火极限应≥ 2.00h。一、二级耐火等级建筑的上人平屋顶，其屋面板的耐火极限分别应≥ 1.50h 和≥ 1.00h。

5. 一、二级耐火等级建筑的屋面板应采用不燃材料。屋面防水层宜采用不燃、难燃材料，当采用可燃防水材料且铺设在可燃、难燃保温材料上时，防水材料或可燃、难燃保温材料应采用不燃材料做防护层。

6. 二级耐火等级建筑内采用难燃性墙体的房间隔墙，其耐火极限应≥ 0.75h；当房间的建筑面积≤ 100m^2 时，房间隔墙可采用耐火极限≥ 0.50h 的难燃性墙体或耐火极限≥ 0.30h 的不燃性墙体。二级耐火等级多层住宅建筑内采用预应力钢筋混凝土的楼板，其耐火极限应≥ 0.75h。

7. 建筑中的非承重外墙、房间隔墙和屋面板，当确采用金属夹芯板材时，其芯材应为不燃材料，且耐火极限应符合本规范有关规定。

8. 二级耐火等级建筑内采用不燃材料的吊顶，其耐火极限不限。三级耐火等级的医疗建筑、中小学校的教学建筑、老年人照料设施及托儿所、幼儿园的儿童用房和儿童游乐厅等儿童活动场所的吊顶，应采用不燃材料；当采用难燃材料时，其耐火极限应≥ 0.25 h。二、三级耐火等级建筑内门厅、走道的吊顶应采用不燃材料。

第三节 灭火救援设施

本节引用《建筑设计防火规范》（GB 50016-2014）（2018年版），简称《建规》。

一、消防车道

（一）消防车道总平面布局

1. 民用建筑区

（1）《建规》第7.1.1条：街区内的道路应考虑消防车的通行，道路中心线间的距离≤160m。当建筑物沿街道部分的长度＞150m或总长度＞220m时，应设置穿过建筑物的消防车道。确有困难时，应设置环形消防车道。

（2）《建规》第7.1.2条：高层民用建筑，超过3000个座位的体育馆，超过2000个座位的会堂，占地面积大于3000m²的商店建筑、展览建筑等单、多层公共建筑应设置环形消防车道，确有困难时，可沿建筑的两个长边设置消防车道；对于高层住宅建筑和山坡地或河道边临空建造的高层民用建筑，可沿建筑的一个长边设置消防车道，但该长边所在建筑立面应为消防车登高操作面。

（3）《建规》第7.1.4条：有封闭内院或天井的建筑物，当内院或天井的短边长度＞24m时，宜设置进入内院或天井的消防车道；当该建筑物沿街时，应设置连通街道和内院的人行通道（可利用楼梯间），其间距≤80m。

（4）《建规》第7.1.5条：在穿过建筑物或进入建筑物内院的消防车道两侧，不应设置影响消防车通行或人员安全疏散的设施。

2. 工厂、仓库区

《建规》第7.1.5条：工厂、仓库区内应设置消防车道。

高层厂房，占地面积大于3000m³的甲、乙、丙类厂房和占地面积大于1500m²的乙、丙类仓库，应设置环形消防车道，确有困难时，应沿建筑物的两个长边设置消防车道。

3. 天然水源和消防水池

《建规》第7.1.7条：供消防车取水的天然水源和消防水池应设置消防车道。消防车道的边缘距离取水点≤2m。

（二）消防车道设置要求

1.《建规》第7.1.8条，消防车道应符合下列要求：

（1）车道的净宽度和净空高度均不应小于4.0m。

（2）转弯半径应满足消防车转弯的要求。

（3）消防车道与建筑之间不应设置妨碍消防车操作的树木、架空管线等障碍物。

（4）消防车道靠建筑外墙一侧的边缘距离建筑外墙不宜小于5m。

⑤消防车道的坡度不宜大于8%。

2.《建规》第7.1.9条，环形消防车道至少应有两处与其他车道连通。

尽头式消防车道应设置回车道或回车场，回车场的尺寸不应小于12m×12m；对于高层建筑，不宜小于15m×15m；供重型消防车使用时，不宜小于18m×18m。

二、消防登高面、消防救援场地和灭火救援窗

1.《建规》7.2.1：高层建筑应至少沿一个长边或周边长度的1/4且不小于一个长边长度的底边连续布置消防车登高操作场地，该范围内的裙房进深不应大于4m。建筑高度不大于50m的建筑，连续布置消防车登高操作场地确有困难时，可间隔布置，但间隔距离不宜大于30m，且消防车登高操作场地的总长度仍应符合上述规定。

2.《建规》7.2.2：消防车登高操作场地应符合下列规定：

（1）场地与厂房、仓库、民用建筑之间不应设置妨碍消防车操作的树木、架空管线等障碍物和车库出入口。

（2）场地的长度和宽度分别不应小于15m和10m。对于建筑高度大于50m的建筑，场地的长度和宽度分别不应小于20m和15m。

（3）场地及其下面的建筑结构、管道和暗沟等，应能承受重型消防车的压力。

（4）场地应与消防车道连通，场地靠建筑外墙一侧的边缘距离建筑外墙不宜小于5m，且不应大于10m，场地的坡度不宜大于3%。

3.《建规》7.2.3：建筑物与消防车登高操作场地相对应的范围内，应设置直通室外的楼梯或直通楼梯间的入口。

4.《建规》7.2.1：厂房、仓库、公共建筑的外墙应在每层的适当位置设置可供消防救援人员进入的窗口。

5.《建规》7.2.5：窗口的净高度和净宽度均不应小于1.0m，下沿距室内地面不宜大于1.2m，间距不宜大于20m且每个防火分区不应少于2个，设置位置应与消防车登高操作场地相对应。窗口的玻璃应易于破碎，并应设置可在室外易于识别的明显标志。

三、消防电梯

（一）消防电梯的设置范围

1.《建规》7.3.1：下列建筑应设置消防电梯：

（1）建筑高度大于 33m 的住宅建筑。

（2）一类高层公共建筑和建筑高度大于 32m 的二类高层公共建筑。

（3）设置消防电梯的建筑的地下或半地下室，埋深大于 10m 且总建筑面积大于 3000m² 的其他地下一或半地下建筑（室）。

2.《建规》7.3.2：消防电梯应分别设置在不同防火分区内，且每个防火分区不应少于 1 台。

（二）消防电梯的设置要求

1《建规》7.3.4：符合消防电梯要求的客梯或货梯可兼做消防电梯。

2.《建规》7.3.5：除设置在仓库连廊、冷库穿堂或谷物筒仓工作塔内的消防电梯外，消防电梯应设置前室，并应符合下列规定：

（1）前室宜靠外墙设置，并应在首层直通室外或经过长度不大于 30m 的通道通向室外。

（2）前室的使用面积不应小于 6.0m²，前室的短边不应小于 2.4m；与防烟楼梯间合用的前室，其使用面积尚应符合本规范第 5.5.28 条和第 6.4.3 条的规定。

（3）除前室的出入口、前室内设置的正压送风口和本规范第 5.5.27 条规定的户门外，前室内不应开设其他门、窗、洞口。

（4）前室或合用前室的门应采用乙级防火门，不应设置卷帘。

3.《建规》7.3.6：消防电梯井、机房与相邻电梯井、机房之间口设置耐火极限不低于 2.00h 的防火隔墙。隔墙上的门应采用甲级防火门。

4.《建规》7.3.7：消防电梯的井底应设置排水设施，排水井的容量不应小于 2 m³，排水泵的排水量不应小于 10L/s。消防电梯间前室的门口宜设置挡水设施。

5.《建规》7.3.8：消防电梯应符合下列规定：

（1）应能每层停靠。

（2）电梯的载重量不应小于 800kg。

（3）电梯从首层至顶层的运行时间不宜大于 60s。

（4）电梯的动力与控制电缆、电线、控制面板应采取防水措施。

（5）在首层的消防电梯入口处应设置供消防队员专用的操作按钮。

（6）电梯轿厢的内部装修应采用不燃材料。

（7）电梯轿厢内部应设置专用消防对讲电话。

四、直升机停机坪

1.《建规》7.4.1：建筑高度大于 100m 且标准层建筑面积大于 2000m² 的公共建筑，宜在屋顶设置直升机停机坪或供直升机救助的设施。

2.《建规》7.4.2：直升机停机坪应符合下列规定：

（1）设置在屋顶平台上时，距离设备机房、电梯机房、水箱间、共用天线等凸出物不应小于5m。

（2）建筑通向停机坪的出口不应少于2个，每个出口的宽度不宜小于0.90m。

（3）四周应设置航空障碍灯，并应设置应急照明。

（4）在停机坪的适当位置应设置消火栓。

（5）其他要求应符合国家现行航空管理有关标准的规定。

第四节　建筑防火防爆

本节主要引用《建筑设计防火规范》（GB 50016-2014）（2018年版），简称《建规》；《爆炸危险环境电力装置设计规范》（GB 50058-2014），简称《爆炸环境》；《锅炉房设计规范》（GB 50041-2008），简称《锅炉房》。

一、建筑防爆基本原则和措施

（一）防爆原则

防止发生火灾爆炸事故的基本原则是：控制可燃物和助燃物浓度、温度、压力及混触条件，避免物料处于燃爆的危险状态；消除一切足以引起起火爆炸的点火源；采取各种阻隔手段，阻止火灾爆炸事故的扩大。

（二）防爆措施

1.预防性技术措施

（1）排除能引起爆炸的各类可燃物质

①在生产过程中尽量不用或少用具有爆炸危险的各类可燃物质。

②生产设备应尽可能保持密闭状态，防止"跑、冒、滴、漏"。

③加强通风除尘。

④预防燃气泄漏，设置可燃气体浓度报警装置。

⑤利用惰性介质进行保护。

（2）消除或控制能引起爆炸的各种火源

①防止撞击、摩擦产生火花。

②防止高温表面成为点火源。

③防止日光照射。

④防止电气火灾。

⑤消除静电火花。

⑥防雷电火花。

⑦防止明火。

2. 减轻性技术措施

（1）采取泄压措施

在建筑围护构件设计中设置泄压构件。

（2）采用抗爆性能良好的建筑结构体系

强化建筑结构主体的强度和刚度，使其在爆炸中足以抵抗爆炸压力而不倒塌。

（3）采取合理的建筑布置

在总平面布局和平面布置上合理设计，尽量减小爆炸的影响范围，减少爆炸产生的危害。

二、爆炸危险性厂房、库房的布置

（一）爆炸危险区域的划分及范围

1. 爆炸危险区域的划分

（1）《爆炸环境》3.2.1：爆炸性气体环境应根据爆炸性气体混合物出现的频繁程度和持续时间分为0区、1区、2区，分区应符合下列规定：

①0区应为连续出现或长期出现爆炸性气体混合物的环境。

②1区应为在正常运行时可能出现爆炸性气体混合物的环境。

③2区应为在正常运行时不太可能出现爆炸性气体混合物的环境，或即使出现也仅是短时存在的爆炸性气体混合物的环境。

（2）《爆炸环境》4.2.2：爆炸危险区域应根据爆炸性粉尘环境出现的频繁程度和持续时间分为20区、21区、22区，分区应符合下列规定：

①20区应为空气中的可燃性粉尘云持续地或长期地或频繁地出现于爆炸性环境中的区域。

②21区应为在正常运行时，空气中的可燃性粉尘云很可能偶尔出现于爆炸性环境中的区域。

③22区应为在正常运行时，空气中的可燃粉尘云一般不可能出现于爆炸性粉尘环境中的区域，即使出现，持续时间也是短暂的。

2. 爆炸危险区域的范围

（1）《爆炸环境》3.3.1：爆炸性气体环境危险区域范围应按下列要求确定：

①爆炸危险区域的范围应根据释放源的级别和位置、可燃物质的性质、通风条件、障碍物及生产条件、运行经验，经技术经济比较综合确定。

②建筑物内部宜以厂房为单位划定爆炸危险区域的范围。当厂房内空间大时，应根据生产的具体情况划分，释放源释放的可燃物质量少时，可将厂房内部按空间划定爆炸危险的区域范围，并应符合下列规定：

a. 当厂房内具有比空气重的可燃物质时，厂房内通风换气次数不应少于每小时两次，且换气不受阻碍，厂房地面上高度 1m 以内容积的空气与释放至厂房内的可燃物质所形成的爆炸性气体混合浓度应小于爆炸下限。

b. 当厂房内具有比空气轻的可燃物质时，厂房平屋顶平面以下 1m 高度内，或圆顶、斜顶的最高点以下 2m 高度内的容积的空气与释放至厂房内的可燃物质所形成的爆炸性气体混合物的浓度应小于爆炸下限。

c. 释放至厂房内的可燃物质的最大量应按一小时释放量的三倍计算，但不包括由于灾难性事故引起破裂时的释放量。

③当高挥发性液体可能大量释放并扩散到 15m 以外时，爆炸危险区域的范围应划分为附加 2 区。

④当可燃液体闪点高于或等于 60℃ 时，在物料操作温度高于可燃液体闪点的情况下，可燃液体可能泄漏时，其爆炸危险区域的范围宜适当缩小，但不宜小于 4.5m。

（2）《爆炸环境》D.0.1 分区示例：

① 20 区

可能产生 20 区的场所：粉尘容器内部场所；贮料槽、筒仓等，旋风集尘器和过滤器；搅拌机、研磨机、干燥机和包装设备等。

② 21 区

可能产生 21 区的场所：

当粉尘容器内部出现爆炸性粉尘环境，为了操作而须频繁移出或打开盖 / 隔膜阀时，粉尘容器外部靠近盖 / 隔膜阀周围的场所；

当未采取防止爆炸性粉尘环境形成的措施时，在粉尘容器装料和卸料点附近的外部场所、送料皮带、取样点、卡车卸载站、皮带卸载点等场所；

如果粉尘堆积且由于工艺操作，粉尘层可能被扰动而形成爆炸性粉尘环境时，粉尘容器外部场所；

可能出现爆炸性粉尘云，但既非持续，也不长期，又不经常时，粉尘容器的内部场所，如自清扫间隔长的料仓（如果仅偶尔装料／出料）和过滤器污秽的一侧。

③22区

可能产生22区的场所示例：

袋式过滤器通风孔的排气口，一旦出现故障，可能逸散出爆炸性混合物；

非频繁打开的设备附近，或凭经验粉尘被吹出而易形成泄漏的设备附近，如气动设备或可能被损坏的挠性连接等；

袋装粉料的存储间，在操作期间，包装袋可能破损，引起粉尘扩散。

（二）爆炸危险性厂房、库房的布置

1.《建规》3.6.6：散发较空气重的可燃气体、可燃蒸汽的甲类厂房和有粉尘、纤维爆炸危险的乙类厂房，应符合下列规定：

（1）应采用不发火花的地面。采用绝缘材料做整体面层时，应采取防静电措施。

（2）散发可燃粉尘、纤维的厂房，其内表面应平整、光滑，并易于清扫。

（3）厂房内不宜设置地沟，确须设置时，其盖板应严密，地沟应采取防止可燃气体、可燃蒸汽和粉尘、纤维在地沟积聚的有效措施，且应在与相邻厂房连通处采用防火材料密封。

2.《建规》3.6.7：有爆炸危险的甲、乙类生产部位，宜布置在单层厂房靠外墙的泄压设施或多层厂房顶层靠外墙的泄压设施附近。

有爆炸危险的设备宜避开厂房的梁、柱等主要承重构件布置。

3.《建规》3.6.8：有爆炸危险的甲、乙类厂房的总控制室应独立设置。

4.《建规》3.6.9：有爆炸危险的甲、乙类厂房的分控制室宜独立设置，当贴邻外墙设置时，应采用耐火极限不低于3.00h的防火隔墙与其他部位分隔。

5.《建规》3.6.10：有爆炸危险区域内的楼梯间、室外楼梯或有爆炸危险的区域与相邻区域连通处，应设置门斗等防护措施。门斗的隔墙应为耐火极限不应低于2.00h的防火隔墙，门应采用甲级防火门并应与楼梯间的门错位设置。

6.《建规》3.6.11：使用和生产甲、乙、丙类液体的厂房，其管、沟不应与相邻厂房的管、沟相通，下水道应设置隔油设施。

7.《建规》3.6.12：甲、乙、丙类液体仓库应设置防止液体流散的设施。遇湿会发生燃烧爆炸的物品仓库应采取防止水浸渍的措施。

三、爆炸危险性建筑的构造防爆

（一）泄压

1. 泄压面积计算

有爆炸危险的甲、乙类厂房，其泄压面积宜按公式计算，但当厂房的长径比大于3时，宜将该建筑划分为长径比小于等于3的多个计算段，各计算段中的公共截面不得作为泄压面积。

$$A = 10CV^{2/3} \qquad (式2-1)$$

式中 A ——泄压面积（m^2）；

V ——厂房的容积（m^3）；

C ——泄压比（m^2/m^3），其值可按表选取。

注：长径比为建筑平面几何外形尺寸中的最长尺寸与其横截面周长的积和4.0倍的建筑横截面面积之比。

2. 泄压设施

有爆炸危险的厂房或厂房内有爆炸危险的部位应设置泄压设施。

泄压设施宜采用轻质屋面板、轻质墙体和易于泄压的门、窗等，应采用安全玻璃等在爆炸时不产生尖锐碎片的材料。

泄压设施的设置应避开人员密集场所和主要交通道路，并宜靠近有爆炸危险的部位。

作为泄压设施的轻质屋面板和墙体的质量不宜大于 $60kg/m^2$。

屋顶上的泄压设施应采取防冰雪积聚措施。

散发比空气轻的可燃气体、可燃蒸汽的甲类厂房，宜采用轻质屋面板作为泄压面积。顶棚应尽量平整、无死角，厂房上部空间应通风良好。

（二）抗爆

1. 防爆结构形式的选择

耐爆框架结构一般有如下三种形式：

（1）现浇式钢筋混凝土框架结构

结构整体性能好，抗爆能力强，通常用于抗爆能力要求高的防爆厂房。

（2）装配式钢筋混凝土框架结构

梁、柱与楼板等接点处的刚性较差，接点处应预留钢筋焊接头并用高强度等级混凝土现浇成刚性接头，以提高耐爆强度。

（3）钢框架结构

耐爆强度较高，耐火极限低，能承受的极限温度仅 400℃，超温后变形倒塌。在钢构件外面加装耐火被覆层或喷刷钢结构防火涂料，提高耐火极限，但较少采用。

2. 隔爆设施

（1）防爆墙必须具有抵御爆炸冲击波的作用，同时具有一定的耐火性能。可分为防爆砖墙、防爆钢筋混凝土墙、防爆单层和双层钢板墙、防爆双层钢板中间填混凝土墙等。防爆墙上不得设置通风孔，不宜开门、窗、洞口，必须开设时，应加装防爆门窗。

①防爆砖墙：只用于爆炸物质较少的厂房和仓库。

②防爆钢筋混凝土墙：理想的防爆墙，构造厚度不应小于 200mm，混凝土强度等级不低于 C20。

③防爆钢板墙：以槽钢为骨架，钢板和骨架铆接或焊接在一起。

（2）防爆门的骨架一般采用角钢和槽钢拼装焊接，门板选用抗爆强度高的锅炉钢板或装甲钢板，故防爆门又称装甲门。

（3）防爆窗的窗框应用角钢板制作，窗玻璃应选用抗爆强度高、爆炸时不易破碎的安全玻璃。

四、爆炸危险环境电气防爆

（一）电气防爆基本措施

1. 宜将正常运行时产生火花、电弧和危险温度的电气设备和线路，布置在爆炸危险性较小或没有爆炸危险的环境内。

2. 采用防爆的电气设备。在满足工艺生产及安全的前提下，应减少防爆电气设备使用量。火灾危险环境下不宜使用电热器具，非用不可时应用非燃烧材料进行隔离。防爆电气设备应有防爆合格证，少用携带式电气设备。

3. 按有关电力设备接地设计技术规程规定的一般情况不需要接地的部分，在爆炸危险区域内仍应接地，电气设备的金属外壳应可靠接地。

4. 设置漏电火灾报警和紧急断电装置。

5. 安全使用防爆电气设备。

6. 散发比空气重的可燃气体、可燃蒸汽的甲类厂房以及有粉尘、纤维爆炸危险的乙类厂房，应采用不发火花的地面。采用绝缘材料做整体面层时，应采取防静电措施。散发可燃粉尘、纤维的厂房内表面应平整、光滑，并易于清扫。

（二）爆炸性混合物的分类、分级和分组

1. 爆炸性混合物的分类

①Ⅰ类：矿井甲烷。

②Ⅱ类：爆炸性气体混合物（含蒸汽、薄雾）。

③Ⅲ类：爆炸性粉尘（含纤维）。

2. 爆炸性混合物的分级和分组

爆炸性混合物的危险性是由它的爆炸极限、传爆能力、引燃温度、最小点燃电流决定的。

各种爆炸性混合物可按最大试验安全间隙、最小点燃电流分级，引燃温度分组，主要是为了配置相应的电气设备，以达到安全生产的目的。

（1）爆炸性气体混合物的分级和分组

①按最大试验安全间隙（MESG）分级。安全间隙的大小反映了爆炸性气体混合物的传爆能力。间隙越小，其传爆能力就越强，危险性越大；间隙越大，其传爆能力越弱，危险性也越小。

按最大试验安全间隙的大小，爆炸性气体混合物分为ⅡA、ⅡB、ⅡC三级。

ⅡA安全间隙最大，危险性最小；ⅡC安全间隙最小，危险性最大。

②按最小点燃电流（MICR）分级。按最小点燃电流的大小，爆炸性气体混合物分为ⅡA、ⅡB、ⅡC三级。ⅡA最大试验安全间隙最大，最小点燃电流最大，危险性最小；ⅡC危险性最大。

③按引燃温度分组。按引燃温度的大小，爆炸性气体混合物分为T1、T2、T3、T4、T5、T6六组。T6引燃温度最低，T1引燃温度最高。

（2）爆炸性粉尘混合物的分级

根据粉尘特性（导电或非导电），爆炸性粉尘混合物分为ⅢA、ⅢB、ⅢC三级。

五、采暖系统防火防爆

1.《建规》9.1.2：甲、乙类厂房内的空气不应循环使用。

丙类厂房内含有燃烧或爆炸危险粉尘、纤维的空气，在循环使用前应经净化处理，并应使空气中的含尘浓度低于其爆炸下限的25%。

2.《建规》9.1.3：为甲、乙类厂房服务的送风设备与排风设备应分别布置在不同通风机房内，且排风设备不应和其他房间的送、排风设备布置在同一通风机房内。

3.《建规》9.1.4：民用建筑内空气中含有容易起火或爆炸危险物质的房间，应设置自然通风或独立的机械通风设施，且其空气不应循环使用。

4.《建规》9.1.6：可燃气体管道和甲、乙、丙类液体管道不应穿过通风机房和通风管道，且不应紧贴通风管道的外壁敷设。

5.《建规》9.2.1：在散发可燃粉尘、纤维的厂房内，散热器表面平均温度不应超过82.5℃。输煤廊的散热器表面平均温度不应超过130℃。

6.《建规》9.2.2：甲、乙类厂房（仓库）内严禁采用明火和电热散热器供暖。

7.《建规》9.2.3：下列厂房应采用不循环使用的热风供暖：

（1）生产过程中散发的可燃气体、蒸汽、粉尘或纤维与供暖管道、散热器表面接触能引起燃烧的厂房。

（2）生产过程中散发的粉尘受到水、水蒸气的作用能引起自燃、爆炸或产生爆炸性气体的厂房。

8.《建规》9.2.5：供暖管道与可燃物之间应保持一定距离，并应符合下列规定：

（1）当供暖管道的表面温度大于100℃时，不应小于100 mm或采用不燃材料隔热。

（2）当供暖管道的表面温度不大于100℃时，不应小于50 mm或采用不燃材料隔热。

9.《建规》9.2.6：建筑内供暖管道和设备的绝热材料应符合下列规定：

（1）对于甲、乙类厂房（仓库），应采用不燃材料。

（2）对于其他建筑，宜采用不燃材料，不得采用可燃材料。

六、通风空调系统防火防爆

（一）通风、空调系统的防火防爆原则

1.甲、乙类厂房内的空气不应循环使用。丙类厂房内含有燃烧或爆炸性危险粉尘、纤维的空气，在循环使用前应经净化处理，并应使空气中的含尘浓度低于其爆炸下限的25%。

2.为甲、乙类厂房服务的送风设备与排风设备应分别布置在不同通风机房内，且排风设备不应和其他房间的送、排风设备布置在同一通风机房内。

3.通风和空气调节系统，横向宜按防火分区设置，竖向不宜超过5层。当管道设置防止回流设施或防火阀时，管道布置可不受此限制。竖向风管应设置在管井内。

4.厂房内有爆炸危险场所的排风管道，严禁穿过防火墙和有爆炸危险的房间隔墙。

5.民用建筑内空气中含有容易起火或爆炸危险物质的房间，应设置自然通风或独立的机械通风设施，且其空气不应循环使用。

6.当空气中含有比空气轻的可燃气体时，水平排风管全长应顺气流方向向上坡度敷设。

7.排风口设置的位置应根据可燃气体、蒸汽的密度不同而有所区别。比空气轻者，应设在房间的顶部；比空气重者，则应设在房间的下部，以利于及时排出易燃易爆气体。

进风口的位置应布置在上风方向，并尽可能远离排气口，保证吸入的新鲜空气中不再含有从房间排出的易燃易爆气体或物质。

8. 可燃气体管道和甲、乙、丙类液体管道不应穿过通风机房和通风管道，且不应紧贴通风管道的外壁敷设。

9. 含有燃烧和爆炸危险粉尘的空气，在进入排风机前应采用不产生火花的除尘器进行处理。对于遇水可能形成爆炸的粉尘，严禁采用湿式除尘器。

10. 处理有爆炸危险粉尘的除尘器、排风机应与其他普通型的风机、除尘器分开设置，并宜按单一粉尘分组布置。

11. 净化有爆炸危险粉尘的干式除尘器和过滤器宜布置在厂房外的独立建筑内，建筑外墙与所属厂房的防火间距不应小于10m。

12. 净化或输送有爆炸危险粉尘和碎屑的除尘器、过滤器或管道，均应设置泄压装置。净化有爆炸危险粉尘的干式除尘器和过滤器应布置在系统的负压段上。

13. 甲、乙、丙类厂房内的送、排风管道宜分层设置。当水平或竖向送风管在进入生产车间处设置防火阀时，各层的水平或竖向送风管可合用一个送风系统。

14. 排除有燃烧或爆炸危险气体、蒸汽和粉尘的排风系统，应符合下列规定：

①排风系统应设置导除静电的接地装置。

②排风设备不应布置在地下或半地下建筑（室）内。

③排风管应采用金属管道，并应直接通向室外安全地点，不应暗设。

15. 通风管道不宜穿过防火墙和不燃性楼板等防火分隔物，如必须穿过时，应在穿过处设防火阀；在防火墙两侧各2m范围内的风管保温材料应采用不燃材料，并在穿过处的空隙用不燃材料填塞，以防火灾蔓延。

（二）通风、空调设备防火防爆措施

1. 空气中含有易燃、易爆危险物质的房间，其送、排风系统应采用防爆型的通风设备。当送风机布置在单独分隔的通风机房内且送风干管上设置防止回流设施时，可采用普通型的通风设备。

2. 含有燃烧和爆炸危险粉尘的空气，在进入排风机前应采用不产生火花的除尘器进行处理。对于遇水可能形成爆炸的粉尘，严禁采用湿式除尘器。

3. 排除和输送温度超过80℃的空气或其他气体以及易燃碎屑的管道，与可燃或难燃物体之间的间隙不应小于150mm，或采用厚度不小于50mm的不燃材料隔热；当管道上下布置时，表面温度较高者应布置在上面。

4. 除下列情况外，通风、空气调节系统的风管应采用不燃材料：

（1）接触腐蚀性介质的风管和柔性接头可采用难燃材料。

（2）体育馆、展览馆、候机（车、船）建筑（厅）等大空间建筑，单、多层办公建筑和丙、丁、戊类厂房内通风、空气调节系统的风管，当不跨越防火分区且在穿越房间隔墙处设置防火阀时，可采用难燃材料。

5. 设备和风管的绝热材料、用于加湿器的加湿材料、消声材料及其黏结剂，宜采用不燃材料，确有困难时，可采用难燃材料。

风管内设置电加热器时，电加热器的开关应与风机的启停联锁控制。电加热器前后各0.8m 范围内的风管和穿过有高温、火源等容易起火房间的风管，均应采用不燃材料。

6. 燃油或燃气锅炉房应设置自然通风或机械通风设施。燃气锅炉房应选用防爆型的事故排风机。当采取机械通风时，机械通风设施应设置导除静电的接地装置，通风量应符合下列规定：

（1）燃油锅炉房的正常通风量应按换气次数不少于 3 次 /h 确定，事故排风量应按换气次数不少于 6 次 /h 确定。

（2）燃气锅炉房的正常通风量应按换气次数不少于 6 次 /h 确定，事故排风量应按换气次数不少于 12 次 /h 确定。

7. 电影院的放映机室宜设置独立的排风系统。当需要合并设置时，通向放映机室的风管应设置防火阀。

8. 设置气体灭火系统的房间，因灭火后产生大量气体，人员进入之前须将这些气体排出，应设置能排除废气的排风装置；为了不使灭火后产生的气体扩散到其他房间，与该房间连通的风管应设置自动阀门，火灾发生时，阀门应自动关闭。

9. 车库的通风、空调系统的设计应符合下列要求：

（1）设置通风系统的汽车库，其通风系统宜独立设置。组合建筑内的汽车库和地下汽车库的通风系统应独立设置，不应和其他建筑的通风系统混设，以防止积聚油蒸汽而引起爆炸事故。

（2）喷漆间、蓄电池间均应设置独立的排气系统。

（3）风管应采用不燃材料制作，且不应穿过防火墙、防火隔墙，当必须穿过时，除应采用不燃材料将孔洞周围的空隙紧密填塞外，还应在穿过处设置防火阀。防火阀的动作温度宜为 70℃。

（4）风管的保温材料应采用不燃或难燃材料；穿过防火墙的风管，其位于防火墙两侧各 2m 范围内的保温材料应为不燃材料。

第五节 建筑电气防火

本节主要引用《建筑设计防火规范》（GB 50016-2014）（2018 版），简称《建规》。

一、电气线路防火

（一）电线电缆的选择

1. 电线电缆选择的一般要求

根据使用场所的潮湿、化学腐蚀、高温等环境因素及额定电压要求，选择适宜的电线电缆。同时根据系统的载荷情况，合理地选择导线截面，在经计算所需导线截面基础上留出适当增加负荷的余量。

2. 电线电缆导体材料的选择

（1）固定敷设的供电线路宜选用铜芯线缆。

（2）重要电源、重要的操作回路，移动设备的线路及振动场所的线路，高温环境、潮湿环境、爆炸及火灾危险环境，工业及市政工程等场所不应选用铝芯线缆。

（3）公共建筑与居住建筑等非熟练人员容易接触的线路，线芯截面为 $6mm^2$ 及以下的线缆不宜选用铝芯线缆。

（4）氨压缩机房等场所应选用铝芯线缆。

3. 电线电缆

（1）普通电线电缆

普通聚氯乙烯电线电缆不适用于地下客运设施、地下商业区、高层建筑和重要公共设施等人员密集场所。

（2）阻燃电线电缆

阻燃电缆是指在规定试验条件下被燃烧，能使火焰蔓延仅在限定范围内，撤去火源后，残焰和残灼能在限定时间内自行熄灭的电缆。根据阻燃电缆燃烧时的烟气特性，可分为一般阻燃电缆、低烟低卤阻燃电缆、无卤阻燃电缆三大类。电线电缆成束敷设时，应采用阻燃型电线电缆。在同一通道中敷设的电缆，应选用同一阻燃等级的电缆。阻燃和非阻燃电缆也不宜在同一通道内敷设。非同一设备的电力与控制电缆若在同一通道时，宜互相隔离。

（3）耐火电线电缆

耐火电线电缆是指在规定试验条件下，在火焰中被燃烧一定时间内能保持正常运行特性的电缆。按绝缘材质，可分为有机型和无机型两种，主要适用于火灾时仍需要保持正常运行的线路，如工业及民用建筑的消防系统、应急照明系统、救生系统、报警及重要的监测回路等。

4. 电线电缆截面的选择

电线电缆截面的选型原则应符合下列规定：

（1）通过负载电流时，线芯温度不超过电线电缆绝缘所允许的长期工作温度；

（2）通过短路电流时，不超过所允许的短路强度，高压电缆要校验热稳定性，母线要校验动、热稳定性；

（3）电压损失在允许范围内；

（4）满足机械强度的要求；

（5）低压电线电缆应符合负载保护的要求，TN 系统中还应保证在接地故障时保护电器能断开电路。

（二）电气线路的保护措施

1. 短路保护

短路保护装置应保证在短路电流导体和连接件产生的热效应和机械力造成危害之前分断该短路电流，应在短路电流使导体达到允许的极限温度之前分断该短路电流。

2. 过负载保护

对于消防水泵之类的突然断电比过负载造成的损失更大的线路，其过负载保护应作为报警信号，不应作为直接切断电路的触发信号。

3. 接地故障保护

TN 系统接地保护方式：

（1）当灵敏性符合要求时，采用短路保护兼做接地故障保护；

（2）零序电流保护模式适用于 TN-C、TN-C-S、TN-S 系统，不适用于谐波电流大的配电系统；

（3）剩余电流保护模式适用于 TN-S 系统，不适用于 TN-C 系统。

二、用电设备防火

（一）照明器具防火

照明器具的防火主要应在灯具选型、安装、使用上采取相应的措施。

1. 电气照明灯具的选型

灯具的选型应符合国家现行相关标准的有关规定，既要满足使用功能和照明质量的要求，同时也要满足防火安全的要求。

（1）根据火灾事故发生的可能性和后果、危险程度和物质状态的不同，火灾危险环境分为下列三类区域：

A区，具有闪点高于环境温度的可燃液体，且其数量和配置能引起火灾危险的环境（H-1级场所）；

B区，具有悬浮状、堆积状的可燃粉尘或可燃纤维，虽不能形成爆炸混合物，但在数量和配置上能引起火灾危险的环境（H-2级场所）；

C区，具有固体状可燃物质，其数量和配置上能引起火灾危险的环境（H-3级场所）。

（2）火灾危险场所应选用闭合型、封闭型、密闭型灯具，灯具的选型如表2-9所示。

表2-9　火灾危险场所照明装置的选型

照明装置		火灾危险区域防护结构		
A 区		B 区	C 区	
照明灯具	固定安装	封闭型	密闭型	开启型
	移动式、便携式	密闭型		封闭型
配电装置				—
接线盒				

（3）爆炸危险场所应选用防爆型、隔爆型灯具，灯具的选型如表2-10所示。

表2-10　爆炸危险场所照明装置的选型

等级场所		有可燃气体、液体的场所			有可燃粉尘、纤维的场所	
选型电气设备及其使用条件		连续出现或长期出现气体混合物的场所	在正常运行时可能出现爆炸性气体混合物的场所	在正常运行时不可能出现或即使出现也仅是短时间存在爆炸性气体混合物的场所	连续出现或长期出现爆炸性粉尘混合物的场所	有时会将积留下的粉尘扬起而出现爆炸性粉尘混合物的场所
照明灯具	固定安装移动式	防爆型、防爆通风充气型	任意一种防爆类型	密闭型	任意一级隔爆型	密闭型
	携带式	隔爆型	隔爆型	隔爆型、防爆安全型	任意一级隔爆型	
配电装置		防爆型、防爆通风充气型	任意一种防爆类型	密闭型	任意一级隔爆型、防爆通风充气型	

（4）有腐蚀性气体及特别潮湿的场所，应采用密闭型灯具。

（5）潮湿的厂房内和户外可采用封闭型灯具。

（6）有火灾危险和爆炸危险场所的电气照明开关、接线盒、配电盘等，其防护等级也不应低于表 2-9 及表 2-10 的要求。

（7）人防工程内的潮湿场所应采用防潮型灯具；柴油发电机房的储油间、蓄电池室等房间应采用密闭型灯具；可燃物品库房不应设置卤钨灯等高温照明灯具。

2. 照明灯具的设置要求

（1）照明与动力合用一电源时，应有各自的分支回路，所有照明线路均应有短路保护装置。配电盘盘后接线要尽量减少接头；接头应采用锡焊焊接并应用绝缘布包好。金属盘面还应有良好接地。

（2）照明电压一般采用 220V；携带式照明灯具的供电电压不应超过 36V；如在金属容器内及特别潮湿场所内作业，行灯电压不得超过 12V，36V 以下照明供电变压器严禁使用自耦变压器。

（3）36V 以下和 220V 以上的电源插座应有明显区别，低压插头应无法插入较高电压的插座内。

（4）每一照明单相分支回路的电流不宜超过 16A，所接光源数不宜超过 25 个；连接建筑组合灯具时，回路电流不宜超过 25A，光源数不宜过超过 60 个；连接高强度气体放电灯的单相分支回路的电流不应超过 30A。

（5）插座不宜和照明灯接在同一分支回路。

（6）明装吸顶灯具采用木制底台时，应在灯具与底台中间铺垫石板或石棉布。附带镇流器的各式荧光吸顶灯，应在灯具与可燃材料之间加垫瓷夹板隔热，禁止直接安装在可燃吊顶上。

（7）可燃吊顶上所有暗装、明装灯具、舞台暗装彩灯、舞池脚灯的电源导线，均应穿钢管敷设。

（二）电气装置防火

1. 开关防火

开关应设在开关箱内，开关箱应加盖。

2. 熔断器防火

熔断器宜装在具有火灾危险厂房的外边，否则应加密封外壳并远离可燃建筑物。

3. 继电器防火

继电器要安装在少震、少尘、干燥的场所，现场严禁有易燃、易爆物品存在。

4. 接触器防火

接触器技术参数应符合实际使用要求，接触器一般应安装在干燥、少尘的控制箱内，其灭弧装置不能随意拆开，以免损坏。

5. 启动器防火

启动器附近严禁有易燃、易爆物品存在。

6. 漏电保护器防火

应按使用要求及规定位置进行选择和安装。在安装带有短路保护的漏电保护器时，必须保证在电弧喷出方向有足够的飞弧距离。

7. 低压配电柜防火

配电柜上的电气设备应根据电压等级、负荷容量、用电场所和防火要求等进行设计或选定。配电柜的金属支架和电气设备的金属外壳，必须进行保护接地或接零。

（三）电动机防火

1. 电动机的火灾危险性

（1）过载；

（2）缺相运行；

（3）接触不良；

（4）绝缘损坏；

（5）机械摩擦；

（6）选型不当；

（7）铁心消耗过大；

（8）接地不良。

2. 电动机的火灾预防措施

（1）合理选择功率和型式；

（2）合理选择启动方式；

（3）正确安装电动机；

（4）应设置符合要求的保护装置；

（5）启动符合规范要求；

（6）加强运行监视；

（7）加强电动机的运行维护。

第三章 建筑消防设施

第一节 建筑消防设施的应用及管理

一、建筑消防设施的应用

项目	内容
分类	建筑消防设施主要分为：①建筑防火分隔设施；②安全疏散设施；③消防给水设施；④防烟与排烟设施；⑤消防供配电设施；⑥火灾自动报警系统；⑦自动喷水灭火系统；⑧水喷雾灭火系统；⑨细水雾灭火系统；⑩泡沫灭火系统；⑪气体灭火系统；⑫干粉灭火系统；⑬可燃气体报警系统；⑭消防通信设施；⑮移动式灭火器材
作用	①建筑消防设施能够及时发现和扑救火灾、限制火灾蔓延的范围，为有效地扑救火灾和人员疏散创造有利条件，从而减少火灾造成的财产损失和人员伤亡。 ②建筑消防设施是保证建（构）筑物消防安全和人员疏散安全的重要设施，是现代建筑的重要组成部分。
设置要求	①按照消防法律法规和消防技术标准需要进行消防设计的建设工程，应当进行消防专项设计，并依法由公安机关消防机构进行消防设计审核、消防验收或者备案抽查。 ②配置火灾自动报警系统的单位应当与城市火灾自动报警信息系统联网，并确保正常运行。 ③建筑消防设施的安装单位应具备相应等级的专业施工资质，并按图施工，确保工程质量符合相关技术标准要求。 ④建筑物的建设单位、工程监理单位和建筑消防设施的设计单位、施工单位、设计审核单位、竣工验收单位，依法对建筑消防设施工程的质量负责。 ⑤建筑消防设施产品应当符合国家标准或者行业标准。禁止生产、销售、配置不合格或者国家明令淘汰的建筑消防设施产品。

二、建筑消防设施的管理

项目	内容
各级政府及相关部门职责	①各级人民政府应当加强对消防工作的领导，加大建筑消防设施的公共资金投入力度，逐步消除历史遗留问题，组织开展建筑消防设施重大安全隐患的整治。 ②住房与城市建设、交通、规划、国土资源、安全生产监管、质监、工商、民政、教育等相关行政管理部门应当按照各自职责，共同做好建筑消防设施的行业监管工作。 ③公安派出所对管辖范围内单位、居民住宅区的建筑消防设施管理工作实施日常消防监督检查。
单位自主管理职责	①制定建筑消防设施管理制度和操作规程。 ②对员工进行建筑消防设施使用常识教育，定期组织演练。 ③明确专门部门和专人负责建筑消防设施的操作、检查和维护保养工作。 ④建立对建筑消防设施的日常巡查制度，并做好巡查记录。 ⑤贯彻执行国家有关建筑消防设施使用、维护保养的法律法规、技术标准和地方规章。 ⑥定期组织对建筑消防设施进行检查测试。 ⑦建立建筑消防设施档案，将建筑消防设施类型、数量、生产厂家、施工单位、设置位置及检查、维修、保养、检测等基本情况和动态管理资料、记录存档备查；档案的保管期限不少于3年。 ⑧法律、法规、规章规定的其他责任。
消防监督管理职责	①建筑消防设施的配置情况。 ②建筑消防设施的运行状况。 ③消防控制室值班情况。 ④建立消防设施器材维护管理制度，定期对建筑消防设施进行检查、检测、保养和维修，确保完好有效。 ⑤建立消防档案管理制度，全面反映单位消防安全管理情况。 ⑥建筑消防设施的操作规程、管理制度。 ⑦建筑消防设施的操作、管理人员的消防安全培训情况。 ⑧其他需要监督检查的情况。

第二节　室内外消防给水系统

一、消防水源

项目	内容
消防水池 消防水池	1. 设置要求 （1）符合下列规定之一时，应设置消防水池：①当生产、生活用水量达到最大，市政给水管网或引入管不能满足室内、外消防用水量时；②当采用一路消防供水或只有一条引入管，且室外消火栓设计流量大于20L/s或建筑高度大于50m时；③市政消防给水设计流量小于建筑的消防给水设计流量时。 （2）消防水池有效容积的计算应符合下列规定：①当市政给水管网能保证室外消防给水设计流量时，消防水池的有效容积应满足在火灾延续时间内室内消防用水量的要求；②当市政给水管网不能保证室外消防给水设计流量时，消防水池的有效容积应满足火灾延续时间内室内消防用水量和室外消防用水量不足部分之和的要求。 （3）消防水池的给水管应根据其有效容积和补水时间确定，补水时间不宜大于48h，但当消防水池有效总容积大于2000m³时不应大于96h。消防水池给水管管径应经计算确定，且不应小于DN50。 （4）当消防水池采用两路供水且在火灾情况下连续补水能满足消防要求时，消防水池的有效容积应根据计算确定，但不应小于100m³，当仅设有消火栓系统时不应小于50m³。 （5）消防水池的总蓄水有效容积大于500m³时，宜设两个能独立使用的消防水池，并应设置满足最低有效水位的连通管；但当大于1000m³时，应设置能独立使用的两座消防水池，每座消防水池应设置独立的出水管，并应设置满足最低有效水位的连通管。 （6）储存室外消防用水的消防水池或供消防车取水的消防水池，应符合下列规定：①消防水池应设置取水口（井），且吸水高度不应大于6.0m；②取水口（井）与建筑物（水泵房除外）的距离不宜小于15m；③取水口（井）与甲、乙、丙类液体储罐等构筑物的距离不宜小于40m；④取水口（井）与液化石油气储罐的距离不宜小于60m，当采取防止辐射热保护措施时，可为40m。 2. 容积计算 当建筑群共用消防水池时，消防水池的容积应按消防用水量最大的一幢建筑物用水量计算确定。 水池的总容积 = 有效容积（储水容积）+ 无效容积（附加容积） 消防水池的有效容积为： $$V_a = (Q_p - Q_1)t$$ 说明：V_a — 消防水池的有效容积（m³）；Q_p — 消火栓、自动喷水灭火系统的设计流量（m³/h）；Q_b — 在火灾延续时间内可连续补充的流量（m³/h）；t — 火灾延续时间（h）。火灾延续时间指消防车到达火场后开始出水时起，至火灾被基本扑灭的时间段。

项目	内容
高位消防水箱	（1）临时高压消防给水系统的高位消防水箱的有效容积应满足初期火灾消防用水量的要求，并应符合下列规定：①一类高层公共建筑不应小于 $36m^3$，但当建筑高度大于 100m 时不应小于 $50m^3$，当建筑高度大于 150m 时不应小于 $100m^3$；②多层公共建筑、二类高层公共建筑和一类高层居住建筑不应小于 $18m^3$，当一类住宅建筑高度超过 100m 时不应小于 $36m^3$；③二类高层住宅不应小于 $12m^3$；④建筑高度大于 21m 的多层住宅建筑不应小于 $6m^3$；⑤工业建筑室内消防给水设计流量当小于等于 25L/s 时不应小于 $12m^3$，大于 25L/s 时不应小于 $18m^3$；⑥总建筑面积大于 $10000m^2$ 且小于 $30000m^2$ 的商店建筑不应小于 $36m^3$，总建筑面积大于 $30000m^2$ 的商店不应小于 $50m^3$，当与本条第 1 款规定不一致时应取其较大值。 （2）高位消防水箱的设置应符合下列规定：①当高位消防水箱在屋顶露天设置时，水箱的入孔以及进出水管的阀门等应采取锁具或阀门箱等保护措施；②严寒、寒冷等冬季冰冻地区的消防水箱应设置在消防水箱间内，其他地区宜设置在室内，当必须在屋顶露天设置时，应采取防冻隔热等安全措施；③高位消防水箱与基础应牢固连接。 （3）进水管的管径应满足消防水箱 8h 充满水的要求，但管径不应小于 DN32，进水管宜设置液位阀或浮球阀。 （4）溢流管的直径不应小于进水管直径的 2 倍，且不应小于 DN100，溢流管的喇叭口直径不应小于溢流管直径的 $1.5 \sim 2.5$ 倍。 （5）高位消防水箱出水管管径应满足消防给出设计流量的出水要求，且不应小于 DN100。

二、消防供水设施

（一）消防水泵

项目	内容
消防水泵的原理	消防水泵是通过叶轮的旋转将能量传递给水，从而增加水的动能、压力能，并将其输送到灭火设备处，以满足各种灭火设备的水量、水压要求，它是消防给水系统的心脏。
消防泵的选用要求	根据《消防给水及消火栓系统技术规范》（GB 20974-2014）： 1. 消防水泵的流量、扬程等设计要求 （1）消防水泵的性能应满足消防给水系统所需流量和压力的要求。 （2）消防水泵所配驱动器的功率应满足所选水泵流量扬程性能曲线上任何一点运行所需功率的要求。 （3）当采用电动机驱动的消防水泵时，应选择电动机干式安装的消防水泵。 （4）流量扬程性能曲线应无驼峰、无拐点的光滑曲线，零流量时的压力不应超过设计压力的140%，且不宜小于设计额定压力的120%。 （5）当出流量为设计流量的150%时，其出口压力不应低于设计压力的65%。 （6）泵轴的密封方式和材料应满足消防水泵在低流量时运转的要求。 （7）消防给水同一泵组的消防水泵型号宜一致，且工作泵不宜超过3台。 （8）多台消防水泵并联时，应校核流量叠加对消防水泵出口压力的影响。 2. 消防水泵的主要材料要求 （1）水泵外壳宜为球墨铸铁。 （2）叶轮宜为青铜或不锈钢。 3. 柴油机消防水泵的设计要求 （1）柴油机消防水泵应采用压缩式点火型柴油机。 （2）柴油机的额定功率应校核海拔高度和环境温度对柴油机功率的影响。 （3）柴油机消防水泵应具备连续工作的性能，试验运行时间不应小于24h。 （4）柴油机消防水泵的蓄电池应保证消防水泵随时自动启泵的要求。

项目	内容
消防泵的 选用要求	（5）柴油机消防水泵的供油箱应根据火灾延续时间确定，且油箱最小有效容积应按 1.5VkW 配置，柴油机消防水泵油箱内储存的燃料不应小于 50% 的储量。 4. 轴流深井泵的安装要求 （1）轴流深井泵安装于水井时，其淹没深度应满足其可靠运行的要求，在水泵出流量为 150% 设计流量时，其最低淹没深度应是第一个水泵叶轮底部水位线以上不少于 3.2m，且海拔每增加 300m，深井泵的最低淹没深度应至少增加 0.3m。 （2）轴流深井泵安装在消防水池等消防水源上时，其第一个水泵叶轮底部应低于消防水池的最低有效水位线，且淹没深度应根据水力条件经计算确定，并应满足消防水池等消防水源有效储水量或有效水位能全部被利用的要求；当水泵设计流量大于 125L/s 时，应根据水泵性能确定淹没深度，并应满足水泵气蚀余量的要求。 （3）轴流深井泵的出水管与消防给水管网连接应符合《消防给水及消火栓系统技术规范》（GB 50974-2014）第 5.1.13 条第 3 款的有关规定。 （4）轴流深井泵出水管的阀门设置应符合《消防给水及消火栓系统技术规范》（GB50974-2014）第 5.1.13 条第 5、6 款的有关规定。 （5）当消防水池最低水位低于离心水泵出水管中心线或水源水位不能保证离心水泵吸水时，可采用轴流深井泵，并应采用湿式深坑的安装方式安装于消防水池等消防水源上。 （6）当轴流深井泵的电动机露天设置时，应有防雨功能。 （7）其他应符合现行国家标准《室外给水设计规范》（GB 50013-2016）的有关规定。
备用泵的 设置要求	消防水泵应设置备用泵，其性能应与工作泵性能一致，但下列情况除外： （1）除建筑高度超过 50m 的其他建筑室外消防给水设计流量小于等于 25L/s 时。 （2）室内消防给水设计流量小于等于 10L/s 时。

项目	内容
消防泵的串联和并联	1. 消防泵的串联 （1）消防泵的串联是将一台泵的出水口与另一台泵的吸水管直接连接且两台泵同时运行。 （2）消防泵的串联在流量不变时可增加扬程。故当单台消防泵的扬程不能满足最不利点喷头的水压要求时，可采用串联消防给水系统。 （3）消防泵的串联宜采用相同型号、相同规格的消防泵。 （4）在控制上，应先开启前面的消防泵后开启后面（按水流方向）的消防泵。 （5）在有条件的情况下，尽量选用多级泵。 2. 消防泵的并联 （1）消防泵的并联是通过两台和两台以上的消防泵同时向消防给水系统供水。 （2）消防泵并联的作用主要在于增大流量，在流量叠加时，系统的流量有所下降。也就是说并联工作的总流量增加了，但单台消防泵的流量有所下降，故应适当加大单台消防泵的流量。 （3）并联时，消防泵也宜选用相同的型号和相同的规格，以使消防泵的出水压力相等、工作状态稳定。
消防水泵的吸水	（1）消防水泵应采取自灌式吸水。 （2）消防水泵从市政管网直接抽水时，应在消防水泵出水管上设置减压型倒流防止器。 （3）当吸水口处无吸水井时，吸水口处应设置旋流防止器。

项目	内容
消防水泵吸水管、出水管和阀门的布置要求	根据《消防给水及消火栓系统技术规范》（GB 20974-2014）第5.1.13条规定： （1）一组消防水泵，吸水管不应少于两条，当其中一条损坏或检修时，其余吸水管应仍能通过全部消防给水设计流量。 （2）消防水泵吸水管布置应避免形成气囊。 （3）一组消防水泵应设不少于两条的输水干管与消防给水环状管网连接，当其中一条输水管检修时，其余输水管应仍能供应全部消防给水设计流量。 （4）消防水泵吸水口的淹没深度应满足消防水泵在最低水位运行安全的要求，吸水管喇叭口在消防水池最低有效水位下的淹没深度应根据吸水管喇叭口的水流速度和水力条件确定，但不应小于600mm，当采用旋流防止器时，淹没深度不应小于200mm。 （5）消防水泵的吸水管上应设置明杆闸阀或带自锁装置的蝶阀，但当设置暗杆阀门时应设有开启刻度和标志；当管径超过DN300时，宜设置电动阀门。 （6）消防水泵的出水管上应设止回阀、明杆闸阀；当采用蝶阀时，应带有自锁装置；当管径大于DN300时，宜设置电动阀门。 （7）消防水泵吸水管的直径小于DN250时，其流速宜为1.0～1.2m/s；直径大于DN250时，宜为1.2～1.6m/s。 （8）消防水泵出水管的直径小于DN250时，其流速宜为1.5～2.0m/s；直径大于DN250时，宜为2.0～2.5m/s。 （9）吸水井的布置应满足井内水流顺畅、流速均匀、不产生涡漩的要求，并应便于安装施工。 （10）消防水泵的吸水管、出水管道穿越外墙时，应采用防水套管；当穿越墙体和楼板时，应符合《消防给水及消火栓系统技术规范》（GB 50974-2014）第12.3.19条第5款的要求。 （11）消防水泵的吸水管穿越消防水池时，应采用柔性套管；采用刚性防水套管时应在水泵吸水管上设置柔性接头，且管径不应大于DN150。 （12）消防水泵吸水管和出水管上应设置压力表，并应符合下列规定： ①消防水泵出水管压力表的最大量程不应低于水泵额定工作压力的两倍，且不应低于1.60MP。 ②消防水泵吸水管宜设置真空表、压力表或真空压力表，压力表的最大量程应根据工程具体情况确定，但不应低于0.70MPa，真空表的最大量程宜为-0.10MPa。 ③压力表的直径不应小于100mm，应采用直径不小于6mm的管道与消防水泵进出口管相接，并应设置关断阀门。

（二）消防给水管道

项目	内容
室外消防给水管道的布置要求	（1）室外消防给水采用两路消防供水时应采用环状管网，但当采用一路消防供水时可采用枝状管网。 （2）管道的直径应根据流量、流速和压力要求经计算确定，但不应小于DN100。 （3）消防给水管道应采用阀门分成若干独立段，每段内室外消火栓的数量不宜超过5个。 （4）管道设计的其他要求应符合现行国家标准《室外给水设计规范》（GB 50013）的有关规定。
室内消防给水管道的布置要求	（1）室内消火栓系统管网应布置成环状，当室外消火栓设计流量不大于20L/s（但建筑高度超过50m的住宅除外），且室内消火栓不超过10个时，可布置成枝状。 （2）当由室外生产生活消防合用系统直接供水时，合用系统除应满足室外消防给水设计流量以及生产和生活最大小时设计流量的要求外，还应满足室内消防给水系统的设计流量和压力要求。 （3）室内消防管道管径应根据系统设计流量、流速和压力要求经计算确定；室内消火栓竖管管径应根据竖管最低流量经计算确定，但不应小于DN100。
管道设计	埋地管道当系统工作压力不大于1.20MPa时，宜采用球墨铸铁管或钢丝网骨架塑料复合管给水管道；当系统工作压力大于1.20MPa小于1.60MPa时，宜采用钢丝网骨架塑料复合管、加厚钢管和无缝钢管；当系统工作压力大于1.60MPa时，宜采用无缝钢管。钢管连接宜采用沟槽连接件（卡箍）和法兰，当采用沟槽连接件连接时，公称直径小于等于DN250的沟槽式管接头系统工作压力不应大于2.50MPa，公称直径大于等于DN300的沟槽式管接头系统工作压力不应大于1.60MPa。
消防给水系统的阀门选择	（1）埋地管道的阀门宜采用带启闭刻度的暗杆闸阀，当设置在阀门井内时可采用耐腐蚀的明杆闸阀。 （2）室内架空管道的阀门宜采用蝶阀、明杆闸阀或带启闭刻度的暗杆闸阀等。 （3）室外架空管道宜采用带启闭刻度的暗杆闸阀或耐腐蚀的明杆闸阀。 （4）埋地管道的阀门应采用球墨铸铁阀门，室内架空管道的阀门应采用球墨铸铁或不锈钢阀门，室外架空管道的阀门应采用球墨铸铁阀门或不锈钢阀门。

（三）增（稳）压设施

项目	内容
消防稳压泵	（1）稳压泵宜采用离心泵，并应符合下列规定：①宜采用单吸单级或单吸多级离心泵；②泵外壳和叶轮等主要部件的材质宜采用不锈钢。 （2）稳压泵的设计流量应符合下列规定：①稳压泵的设计流量不应小于消防给水系统管网的正常泄漏量和系统自动启动流量；②消防给水系统管网的正常泄漏量应根据管道材质、接口形式等确定，当没有管网泄漏量数据时，稳压泵的设计流量宜按消防给水设计流量的 1% ～ 3% 计，且不宜小于 1L/s；③消防给水系统所采用报警阀压力开关等自动启动流量应根据产品确定。 （3）稳压泵的设计压力应符合下列要求：①稳压泵的设计压力应满足系统自动启动和管网充满水的要求；②稳压泵的设计压力应保持系统自动启泵压力设置点处的压力在准工作状态时大于系统设置自动启泵压力值，且增加值宜为 0.07 ～ 0.10MPa；③稳压泵的设计压力应保持系统最不利点处水灭火设施的在准工作状态时的压力大于该处的静水压，且增加值不应小于 0.15MPa。 （4）设置稳压泵的临时高压消防给水系统应设置防止稳压泵频繁启停的技术措施，当采用气压水罐时，其调节容积应根据稳压泵启泵次数不大于 15 次/h 计算确定，但有效储水容积不宜小于 150L。 （5）稳压泵吸水管应设置明杆闸阀，稳压泵出水管应设置消声止回阀和明杆闸阀。 （6）稳压泵应设置备用泵。
消防气压罐	（1）气压罐的工作原理。实际运行中，基于各种原因，稳压泵常常频繁启动，不但泵易损，且对整个管网系统和电网系统不利，因此稳压泵常与小型气压罐配合使用。 （2）气压罐工作压力。气压罐最小设计工作压力应满足系统最不利点灭火设备所需的水压要求。 （3）气压罐容积。气压罐容积包括四部分：消防储存水容积、缓冲水容积、稳压调节水容积和压缩空气容积。

（四）水泵接合器

1. 下列场所的室内消火栓给水系统应设置消防水泵接合器：（1）高层民用建筑；（2）设有消防给水的住宅、超过五层的其他多层民用建筑；（3）地下建筑和平战结合的人防工程；（4）超过四层的厂房和库房，以及最高层楼板超过 20m 的厂房或库房；（5）四层以上多层汽车库和地下汽车库；（6）城市市政隧道。

2. 自动喷水灭火系统、水喷雾灭火系统、泡沫灭火系统和固定消防炮灭火系统等水灭火系统，均应设置消防水泵接合器。

三、室外消火栓给水系统

（一）系统组成

室外消火栓给水系统由消防水源、消防供水设备、室外消防给水管网和室外消火栓灭火设施组成。室外消防给水管网包括进水管、干管和相应的配件、附件。室外消火栓灭火设施包括室外消火栓、水带、水枪等。

（二）系统工作原理

项目	内容
常高压消防给水系统	水压和流量在任何时间和地点均能满足灭火时所需压力和流量，系统中无须设置加压设备的消防给水系统。当火灾发生后，现场的人员可从设置在附近的消火栓箱内取出水带和水枪，将水带与消火栓栓口连接，接上水枪，打开消火栓的阀门，直接出水灭火。
临时高压消防给水系统	系统内最不利点周围的平时水压和水量不能满足消防时所需要求，火灾时必须启动消防水泵，才能保证系统流量和压力对消防时的要求，如水池水泵水箱消防给水系统。当火灾发生后，现场的人员可从设置在附近的消火栓箱内取出水带和水枪，将水带与消火栓栓口连接，接上水枪，打开消火栓的阀门，通知水泵房启动消防泵，使管网内的压力达到高压给水系统的水压要求，从而消火栓可投入使用。
低压消防给水系统	平时系统不能满足消防灭火时所需水量水压要求、消防时须由消防车或消防泵来保证系统所需水量水压要求。当火灾发生后，消防队员打开最近的室外消火栓，将消防车与室外消火栓连接，从室外管网内吸水加入消防车内，然后再利用消防车直接加压灭火，或者消防车通过水泵接合器向室内管网内加压供水。

（三）系统设置要求

项目	内容
设置的基本要求	室外消火栓设置安装应明显容易发现，方便出水操作，地下消火栓还应当在地面附近设有明显固定的标志。地上式消火栓选用于气候温暖地面安装，地下室选用气候寒冷地面。耐火等级不低于二级，且建筑物体积小于等于 3000m³ 的戊类厂房或居住区人数不超过 500 人且建筑物层数不超过两层的居住区，可不设置室外消防给水系统。用于消防救援和消防车停靠的屋面上、民用建筑、厂房（仓库）、储罐（区）、堆场周围应设置室外消火栓系统。
市政或居住区室外消火栓设置	室外消火栓应沿道路铺设，道路宽度超过 60m 时，宜两侧设置，并宜靠近十字路口。布置间隔不应大于 120m，距离道路边缘不应超过 2m，距离建筑外墙不宜小于 5m，距离高层建筑外墙不宜大于 40m，距离一般建筑外墙不宜大于 150m。

项目	内容
建筑物室外消火栓数量	室外消火栓数量应按其保护半径，流量和室外消防用量综合计算确定，每只流量按10～15L/s。对于高层建筑，40m范围内的市政消火栓可计入建筑物室外消火栓数量之内；对多层建筑，市政消火栓保护半径150m范围内，如消防用水量不大于15L/s，建筑物可不设室外消火栓。
工业企业单位内室外消火栓的设置要求	对于工艺装置区，或储罐区，应沿装置周围设置消火栓，间距不宜大于60m，如装置宽度大于120m，宜在工艺装置区内的道路边增改消火栓，消火栓栓口直径宜为150mm。对于甲、乙、丙类液体或液化气体储罐区，消火栓应改在防火堤外，且距储罐壁15m范围内的消火栓，不应计算在储罐区可使用的数量内。

四、室内消火栓给水系统

（一）系统组成及工作原理

项目	内容
系统的组成	室内消火栓给水系统是建筑物内部的消防给水系统之一，它由消防水源、供水设备、给水管网和灭火设施组成。
系统的工作原理	室内消火栓给水系统的工作原理与系统的给水方式有关。通常，采用的建筑消防给水系统是临时高压消防给水系统。在临时高压消防给水系统中，系统设有消防泵和高位消防水箱。当火灾发生后，现场的人员可打开消火栓箱，将水带与消火栓栓口连接，打开消火栓的阀门，按下消火栓箱内的启动按钮，从而消火栓可投入使用。消火栓箱内的按钮直接启动消火栓泵，并向消防控制中心报警。在供水的初期，由于消火栓泵的启动有一定的时间，其初期供水由高位消防水箱来供水。对于消火栓泵的启动，还可由消防泵现场、消防控制中心启动，消火栓泵一旦启动后不得自动停泵，其停泵只能由手动控制。

（二）系统设置场所

项目	内容
应设室内消火栓系统的建筑	（1）建筑占地面积大于 300m² 的厂房和仓库。 （2）高层公共建筑和建筑高度大于 21m 的住宅建筑． 注：建筑高度不大于 27m 的住宅建筑，设置室内消火栓系统确有困难时，可只设置干式消防竖管和不带消火栓箱的 DN65 的室内消火栓。 （3）体积大于 5000m³ 的车站、码头、机场的候车（船、机）建筑、展览建筑、商店建筑、旅馆建筑、医疗建筑和图书馆建筑等单、多层建筑。 （4）特等、甲等剧场，超过 800 个座位的其他等级的剧场和电影院等以及超过 1200 个座位的礼堂、体育馆等单、多层建筑。 （5）建筑高度大于 15m 或体积大于 10000m³ 的办公建筑、教学建筑和其他单、多层民用建筑。
可不设室内消火栓给水系统的建筑	下列建筑或场所，可不设置室内消火栓系统，但宜设置消防软管卷盘或轻便消防水龙： （1）耐火等级为一、二级且可燃物较少的单、多层丁、戊类厂房（仓库）。 （2）耐火等级为三、四级且建筑体积不大于 3000m³ 的丁类厂房；耐火等级为三、四级且建筑体积不大于 5000m³ 的戊类厂房（仓库）。 （3）粮食仓库、金库、远离城镇且无人值班的独立建筑。 （4）存有与水接触能引起燃烧爆炸的物品的建筑。 （5）室内无生产、生活给水管道，室外消防用水取自储水池且建筑体积不大于 5000m³ 的其他建筑。

（三）系统类型和设置要求

项目	内容
室内消火栓系统类型	1. 低层建筑消火栓给水系统及给水方式 低层建筑消火栓给水系统是指设置在低层建筑物内的消火栓给水系统。 低层建筑室内消火栓给水系统的给水方式有：①直接给水方式；②设有消防水箱的给水方式；③设有水泵和消防水箱给水方式。 2. 高层建筑消火栓给水系统及给水方式 设置在高层建筑物内的消火栓给水系统，称为高层建筑消火栓给水系统。主要有： （1）不分区消防给水方式。整栋大楼采用一个区供水，系统简单，设备少。当高层建筑最低消火栓栓口处的静水压力不大于 1.0MPa，或系统工作压力大于 2.40MPa 时，可采用这种给水方式。 （2）分区消防给水方式。我国的消防规范规定，当高层建筑最低消火栓栓口处的静水压力大于 1.0MPa 时或系统工作压力大于 2.4MPa 时，应采取分区给水方式。

项目	内容
室内消火栓系统的设置要求	（1）设置室内消火栓的建筑，包括设备层在内的各层均应设置消火栓。 （2）屋顶设有直升机停机坪的建筑，应在停机坪出入口处或非电器设备机房处设置消火栓，且距停机坪机位边缘的距离不应小于 5m。 （3）消防电梯前室应设置室内消火栓，并应计入消火栓使用数量。 （4）室内消火栓的布置应满足同一平面有 2 支消防水枪的 2 股充实水柱同时达到任何部位的要求，且楼梯间及其休息平台等安全区域可仅与一层视为同一平面，但当建筑高度小于等于 24m 且体积小于等于 5000m³ 的多层仓库，可采用 1 支水枪充实水柱到达室内任何部位。 （5）建筑室内消火栓的设置位置应满足火灾扑救要求，并应符合下列规定：①室内消火栓应设置在楼梯间及其休息平台和前室、走道等明显易于取用，以及便于火灾扑救的位置；②住宅的室内消火栓宜设置在楼梯间及其休息平台；③大空间场所的室内消火栓应首先设置在疏散门外附近等便于取用和火灾扑救的位置；④汽车库内消火栓的设置不应影响汽车的通行和车位的设置，并应确保消火栓的开启；⑤同一楼梯间及其附近不同层设置的消火栓，其平面位置宜相同；⑥冷库的室内消火栓应设置在常温穿堂或楼梯间内；⑦在大空间场所消火栓安装位置确有困难时，经与当地消防监督机构核准，可设置在便于消防队员使用的合适地点。 （6）建筑室内消火栓栓口的安装高度应便于消防水龙带的连接和使用，其距地面高度宜为 1.1m，其出水方向应便于消防水带的敷设，并宜与设置消火栓的墙面成 90° 角或向下。 （7）设有室内消火栓的建筑应设置带有压力表的试验消火栓，其设置位置应符合下列规定：①多层和高层建筑应在其屋顶设置，严寒、寒冷等冬季结冰地区可设置在顶层出口处或水箱间内等便于操作和防冻的位置；②单层建筑宜设置在水力最不利处，且应靠近出入口。 （8）室内消火栓宜按行走距离计算其布置间距，并应符合下列规定：①消火栓按 2 支消防水枪的 2 股充实水柱布置的高层建筑、高架仓库、甲乙类工业厂房等场所，消火栓的布置间距不应大于 30m；②消火栓按 1 支消防水枪的 1 股充实水柱布置的建筑物，消火栓的布置间距不应大于 50m。 （9）消防软管卷盘应在下列场所设置，但其水量可不计入消防用水总量：①高层民用建筑；②多层建筑中的高级旅馆、重要的办公楼、设有空气调节系统的旅馆和办公楼；③人员密集的公共建筑、公共娱乐场所、幼儿园、老年公寓等场所；④大于 200m² 的商业网点；⑤超过 1500 个座位的剧院、会堂其闷顶内安装有面灯部位的马道等场所。 （10）室内消火栓栓口压力和消防水枪充实水柱，应符合下列规定：①消火栓栓口动压力不应大于 0.50MPa，当大于 0.70MPa 时应设置减压装置；②高层建筑、厂房、库房和室内净空高度超过 8m 的民用建筑等场所的消火栓栓口动压，不应小于 0.35MPa，且消防水枪充实水柱应按 13m 计算；其他场所的消火栓栓口动压不应小于 0.25MPa，且消防水枪充实水柱应按 10m 计算。

第三节　自动喷水灭火系统

一、自动喷水灭火系统的作用

自动喷水灭火系统是指由洒水喷头、报警阀组、水流报警装置（水流指示器或压力开关）等组件，以及管道、供水设施组成，并能在发生火灾时喷水的自动灭火系统。该系统平时处于准工作状态，当设置场所发生火灾时，火灾温度使喷头易熔元件熔爆（闭式系统）或报警控制装置探测到火灾信号后立即自动启动喷水（开式系统），用于扑救建（构）筑物初期火灾。

二、自动喷水灭火系统的设置场所

按照国家标准《建筑设计防火规范》（GB 50016-2014）的要求，下列场所应当设置自动喷水灭火系统：

第一，下列厂房或生产部位应设置自动灭火系统，并宜采用自动喷水灭火系统：

1. 不小于 50 000 纱锭的棉纺厂的开包、清花车间，不小于 50 000 纱锭的麻纺厂的分级、梳麻车间，火柴厂的烤梗、筛选部位。

2. 占地面积大于 $1500m^2$ 或总建筑面积大于 $3000m^2$ 的单、多层制鞋、制衣、玩具及电子等类似生产的厂房。

3. 占地面积大于 $1500m^2$ 的木器厂房。

4. 泡沫塑料厂的预发、成型、切片、压花部位。

5. 高层乙、丙类厂房。

6. 建筑面积大于 $500m^2$ 的地下或半地下丙类厂房。

第二，下列仓库应设置自动灭火系统，并宜采用自动喷水灭火系统：

1. 每座占地面积大于 $1000m^2$ 的棉、毛、丝、麻、化纤、毛皮及其制品的仓库。

2. 每座占地面积大于 $600m^2$ 的火柴仓库。

3. 邮政建筑内建筑面积大于 $500m^2$ 的空邮袋库。

4. 可燃、难燃物品的高架仓库和高层仓库。

5. 设计温度高于 0℃ 的高架冷库或每个防火分区建筑面积大于 $1500m^2$ 的非高架冷库。

6. 总建筑面积大于 $500m^2$ 的可燃物品地下仓库。

7. 每座占地面积大于 1500m，或总建筑面积大于 $3000m^2$ 的其他单、多层丙类物品仓库。

第三，下列高层民用建筑应设置自动灭火系统，并宜采用自动喷水灭火系统：

1. 一类高层公共建筑（除游泳池、溜冰场外）及其地下、半地下室。

2. 二类高层公共建筑及其地下、半地下室的公共活动用房、走道、办公室和旅馆的客房、可燃物品库房、自动扶梯底部。

3. 高层民用建筑内的歌舞、娱乐、放映、游艺场所。

4. 建筑高度大于 100m 的住宅建筑。

第四，下列单、多层民用建筑或场所应设置自动灭火系统，并宜采用自动喷水灭火系统：

1. 特等、甲等剧场，超过 1500 个座位的其他等级的剧场，超过 2000 个座位的会堂或礼堂，超过 3000 个座位的体育馆，超过 5000 人的体育场的室内人员休息室与器材间。

2. 任一层建筑面积大于 1500m² 或总建筑面积大于 3000m² 的展览、商店、餐饮和旅馆建筑以及医院病房楼、门诊楼和手术部。

3. 设置中央空调系统且总建筑面积大于 3000m² 的办公建筑。

4. 藏书量超过 50 万册的图书馆。

5. 大、中型幼儿园、总建筑面积大于 500m² 的老年人建筑。

6. 总建筑面积大于 500m² 的地下或半地下商店。

7. 设置在地下、半地下、地上四层及其以上楼层或设置在一、二、三层但任一层建筑面积大于 300m² 的歌舞、娱乐、放映、游艺场所。

8. 其他要求设置自动喷水灭火系统的场所从其规定。

三、自动喷水灭火系统的类型

自动喷水灭火系统，按安装喷头的开闭形式不同分为闭式（包括湿式系统、干式系统、预作用系统、重复启闭预作用系统和自动喷水－泡沫联用系统）和开式系统（包括雨淋系统和水幕系统）两大类型。

（一）湿式系统

湿式系统是指准工作状态时管道内充满用于启动系统的有压力水的闭式系统。湿式系统由闭式喷头、湿式报警阀组、管道系统、水流指示器、报警控制装置和末端试水装置、给水设备等组成。

湿式系统的工作原理：火灾发生时，火点周围环境温度上升，火焰或高温气流使闭式喷头的热敏感元件动作（一般玻璃球熔爆温度控制设置在 70℃），喷头被打开，喷水灭火。此时，水流指示器由于水的流动被感应并送出电信号，在报警控制器上显示某一区域已在喷水，湿式报警阀后的配水管道内的水压下降，使原来处于关闭状态的湿式报警阀开启，压力水流向配水管道。随着报警阀的开启，报警信号管路开通，压力水冲击水力警铃发出声响报警信号，同时，安装在管路上的压力开关接通发出相应的电信号，直接或通过消防控制中心自动启动消防水泵向系统加压供水，达到持续自动喷水灭火的目的。

湿式系统是自动喷水灭火系统中最基本的系统形式，在实际工程中最常用。其具有结构简单，施工、管理方便，灭火速度快，控火效率高，建设投资和经常管理费用低，适用范围广等优点，但使用受到环境温度的限制，适用于环境温度不低于 4℃ 且不高于 70℃ 的建（构）筑物。

（二）干式系统

干式系统是指准工作状态时配水管道内充满用于启动系统的有压气体的闭式系统。干式系统主要由闭式喷头、管网、干式报警阀组、充气设备、报警控制装置和末端试水装置、给水设施等组成。

干式系统的工作原理：平时，干式报警阀后配水管道及喷头内充满有压气体，用充气设备维持报警阀内气压大于水压，将水隔断在干式报警阀前，干式报警阀处于关闭状态。发生火灾时，闭式喷头受热开启首先喷出气体，排出管网中的压缩空气，于是报警阀后管网压力下降，干式报警阀前的压力大于阀后压力，干式报警阀开启，水流向配水管网，并通过已开启的喷头喷水灭火。在干式报警阀被打开的同时，通向水力警铃和压力开关的报警信号管路也被打开，水流推动水力警铃和压力开关发出声响报警信号，并启动消防水泵加压供水。干式系统的主要工作过程与湿式系统无本质区别，只是在喷头动作后有一个排气过程，这将影响灭火的速度和效果。因此，为使压力水迅速进入充气管网，缩短排气时间，尽快喷水灭火，干式系统的配水管道应设快速排气阀。有压充气管道的快速排气阀入口前应设电磁阀。

干式系统适用于环境温度低于 4℃ 或高于 70℃ 的场所，此时闭式喷头易熔元件（玻璃球或其他易熔元件）的动作控制温度应与场所的环境温度相适应。

（三）预作用系统

预作用系统是指准工作状态时配水管道内不充水，由火灾自动报警系统或闭式喷头作为探测元件，自动开启雨淋阀或预作用报警阀组后，转换为湿式系统的闭式系统。预作用系统主要由闭式喷头、预作用报警阀组或雨淋阀组、充气设备、管道系统、给水设备和火灾探测报警控制装置等组成。

预作用系统的工作原理：该系统在报警阀后的管道内平时无水，充以有压或无压气体，呈干式。发生火灾时，保护区内的火灾探测器，首先发出火警报警信号，报警控制器在接到报警信号后做声光显示的同时即启动电磁阀排气，报警阀随即打开，使压力水迅速充满管道，这样原来呈干式的系统迅速自动转变成湿式系统，完成了预作用过程。待闭式喷头开启后，便即刻喷水灭火。对于充气式预作用系统，火灾发生时，即使由于火灾探测器发生故障，火灾探测系统不能发出报警信号来启动预作用阀，使配水管道充水，也能够因喷头在高温作用下自行开启，使配水管道内气压迅速下降，引起压力开关报警，并启动预作用阀供水灭火。因此，对于充气式预作用系统，即使火灾探测器发生故障，仍能正常工作。

预作用系统与干式系统的区别：预作用系统的排气是由报警信号启动电磁阀控制的，管道中的气体排出后管道充水，但不直接喷，待喷头受热熔爆后方可喷出，而干式系统的排气和喷水都由喷头完成，无须报警控制器控制。

具有下列要求之一的场所应采用预作用系统，即系统处于准工作状态时严禁管道漏水，严禁系统误喷以及替代干式系统的场所。如医院的病房楼和手术室、大型图书馆、重要的资料库、文物库房、邮政库房以及处于寒冷地带大型的棉、毛、丝、麻及其制品仓库等。

（四）自动喷水 - 泡沫联用系统

自动喷水 - 泡沫联用系统是在自动喷水灭火系统的基础上，增设了泡沫混合液供给设备，并通过自动控制实现在喷头喷放初期的一段时间内喷射泡沫的一种高效灭火系统。其主要由自动喷水灭火系统和泡沫混合液供给装置、泡沫液等部件组成。

输送管网存在较多易燃液体的场所（如地下车库、装卸油品的栈桥、易燃液体储存仓库、油泵房、燃油锅炉房等），宜按下列方式之一采用自动喷水 - 泡沫联用系统：采用泡沫灭火剂强化闭式系统性能；雨淋系统前期喷水控火，后期喷泡沫强化灭火效能；雨淋系统前期喷泡沫灭火，后期喷水冷却防止复燃。

（五）雨淋系统

雨淋系统是指由火灾自动报警系统或传动管控制，自动开启雨淋阀和启动消防水泵后，向开式洒水喷头供水的自动喷水灭火系统。雨淋系统由开式喷头、雨淋阀启动装置、雨淋阀组、管道以及供水设施等组成。

雨淋系统的工作原理：雨淋阀入口侧与进水管相通，出口侧接喷水灭火管路，平时雨淋阀处于关闭状态。发生火灾时，雨淋阀开启装置探测到火灾信号后，通过传动阀门自动地释放掉传动管网中有压力的水，使传动管网中的水压骤然降低，于是雨淋阀在进水管的水压推动下瞬间自动开启，压力水便立即充满灭火管网，系统上所有开式喷头同时喷水，可以在瞬间喷出大量的水，覆盖或阻隔整个火区，实现对保护区的整体灭火或控火。

雨淋系统与一般自动喷水灭火系统的最大区别是信号响应迅速、喷水强度大。喷头采用大流量开式直喷喷头，喷头间距 2m，正方形布置，一个喷头的喷水强度不小于 0.5L/s。

应采用雨淋系统的场所：火灾的水平蔓延速度快、闭式喷头的开放不能及时使喷水有效覆盖着火区域；室内净空高度超过闭式系统最大允许净空高度，且必须迅速扑救初期火灾；严重危险级的仓库、厂房和剧院的舞台等。

1. 火柴厂的氯酸钾压碾厂房；建筑面积大于 $100m^2$ 的生产、使用硝化棉、喷漆棉、火胶棉、赛璐珞胶片、硝化纤维的厂房。

2. 建筑面积超过 $60m^2$ 或储存量超过 2t 的硝化棉、喷漆棉、火胶棉、赛璐珞胶片、硝化纤维的厂房。

3. 日装瓶数量超过 3000 瓶的液化石油气储配站的灌瓶间、实瓶库。

4. 特等、甲等或超过 1500 个座位的其他等级的剧院和超过 2000 个座位的会堂或礼堂的舞台的葡萄架下部。

5. 建筑面积大于等于 400m² 的演播室，建筑面积大于等于 5000m² 的电影摄影棚。

6. 储量较大的严重危险级石油化工用品仓库（不宜用水救的除外）。

7. 乒乓球厂的轧坯、切片、磨球、分球检验部位。

（六）水幕系统

水幕系统是指由开式洒水喷头或水幕喷头、雨淋阀组或感温雨淋阀，以及水流报警装置（水流指示器或压力开关）等组成，用于挡烟阻火和冷却分隔物的喷水系统。水幕系统按其用途不同，分为防火分隔水幕（密集喷洒形成水墙或水帘的水幕）和防护冷却水幕（冷却防火卷帘等分隔物的水幕）两种类型。防护冷却水幕的喷头喷口是狭缝式，水喷出后呈扇形水帘状，多个水帘相接即成水幕。对于设有自动喷水灭火系统的建筑，当少量防火卷帘须防护冷却水幕保护时，无须另设水幕系统，可直接利用自动喷水灭火系统的管网通过调整喷头和喷头间距实现。密集喷洒形成水墙或水帘的水幕，喷头用的是流量较大的开式水幕喷头，这种系统类似于雨淋系统。

应设置水幕系统的部位如下：

1. 特等、甲等或超过 1500 个座位的其他等级的剧院和超过 2000 个座位的会堂或礼堂的舞台口，以及与舞台相连的侧台、后台的门窗洞口。

2. 需要冷却保护的防火卷帘或防火幕的上部。

3. 应设防火墙等防火分隔物而无法设置的局部开口部位（如舞台口）。

4. 相邻建筑物之间的防火间距不能满足要求时，建筑物外墙上的门、窗、洞口处。

5. 石油化工企业中的防火分区或生产装置设备之间。

为了防止水幕漏烟漏水，两个水幕喷头之间的距离应为 2～2.5m；当用防火卷帘代替防火墙而须水幕保护时，其喷水强度不小于 0.5L/s，喷水时间不应小于 3h。

雨淋系统和水幕系统都属于开式系统，即洒水喷头呈开启状态，和湿式系统、预作用系统及干式系统等闭式系统不同的是，雨淋阀到喷头之间的管道内既没有水，也没有气，其喷头喷水全靠控制信号操作雨淋阀来完成。

第四节　水喷雾灭火系统

一、水喷雾灭火系统的作用

水喷雾灭火系统是利用水雾喷头在一定水压下将水流分解成细小水雾滴进行灭火或防护冷却的一种固定式灭火系统，是在自动喷水灭火系统的基础上发展起来的，具有投资小、操作方便、灭火效率高的特点。过去水喷雾灭火系统主要用于石化、交通和电力部门的消防系统中，随着大型民用建筑的发展，水喷雾灭火系统在民用建筑消防系统中的应用成为可能。

（一）灭火机理

水喷雾灭火系统的灭火机理主要为表面冷却、窒息、冲击乳化和稀释。从水雾喷头喷出的雾状水滴，粒径细小，表面积很大，遇火后迅速汽化，带走大量的热量，使燃烧表面温度迅速降到燃点以下，使燃烧体达到冷却目的；当雾状水喷射到燃烧区遇热汽化后，形成比原体积大 1700 倍的水蒸气，包围和覆盖在火焰周围，因燃烧体周围的氧浓度降低，使燃烧因缺氧而熄灭；对于不溶于水的可燃液体，雾状水冲击到液体表面并与其混合，形成不燃性的乳状液体层，从而使燃烧中断；对于水溶性液体火灾，由于雾状水能与水溶性液体很好溶合，使可燃烧性浓度降低，降低燃烧速度而熄灭。

（二）系统组成

水喷雾灭火系统的组成与雨淋自动灭火系统相似，主要由水源、供水设备、供水管道、雨淋阀组、过滤器和水喷雾喷头组成。水喷雾喷头一般可分为中速水喷雾喷头和高速水喷雾喷头。雨淋阀的控制可为湿式控制、干式控制和电气控制三种。水喷雾灭火系统则应具有自动控制、手动控制和应急控制三种启动方式。

（三）适应范围

水喷雾灭火系统具有安全可靠、经济适用的特点，可用于扑救固体火灾、闪点高于600 的液体火灾和电气火灾，也可用于可燃气体和甲、乙、丙类液体的生产、储存装置或装卸设施的防护冷却，但不得用于扑救遇水发生化学反应造成燃烧、爆炸的火灾和水雾对保护对象造成严重破坏的火灾。

二、水喷雾灭火系统的设置场所

1. 高层民用建筑内的可燃油油浸电力变压器，充可燃油的高压电容器和多油开关室等房间。

2. 单台容量在 40MV·A 及以上的厂矿企业油浸电力变压器、单台容量在 90MV·A 及以上的电厂油浸电力变压器，或单台容量在 125MV·A 及以上的独立变电所油浸电力变压器。

3. 飞机发动机试验台的试车部位。

4. 天然气凝液、液化石油气罐区总容量大于 $50m^3$ 或单罐容量大于 $20m^3$ 时。

5. 其他需要设置的场所按有关规定执行。

三、水喷雾灭火系统代替气体灭火系统的技术性探讨

（一）气体灭火系统的现状

目前，气体灭火系统以卤代烷和 CO_2 灭火系统为主，还有卤代烷的替代物如烟烙尽、七氟丙烷和 EBM 气溶胶等灭火系统。随着时间的推移，卤代烷和 CO_2 灭火系统已暴露出了相应的环保问题，威胁到了人类的生存环境，并引起了世界各国的普遍关注。第一，卤代烷灭火剂因对大气臭氧层具有严重的破坏性而被禁用；第二，CO_2 所造成的温室效应和高浓度、高造价、低毒性也引起了人们的注意；第三，卤代烷替代物的价格昂贵，应用技术难度较大，其灭火效果还有待进一步检验；第四，卤代烷等灭火剂具有一定的时效性，须定期更换灭火剂，既不经济也不方便；第五，气体灭火系统对环境条件要求较高，灭火成功率低。

正因如此，使用低廉的水喷雾灭火系统替代气体灭火系统成为可能。

（二）水喷雾灭火系统代替气体灭火系统的技术措施

水喷雾灭火系统代替气体灭火系统，必须解决以下主要技术问题：

第一，误动作问题。设有气体灭火系统的场所，一般不允许出现水渍现象，因此，当使用水喷雾灭火系统时，首先应解决系统的误动作问题。设计中可采用干式控制系统、电气控制系统或预作用控制系统。

第二，减少水渍损失。发生火灾时，水喷雾灭火系统开启灭火后，应尽量减少雾珠对保护物的浸渍损失，以便日后修复。设计中可采用高速水雾喷头，或采用特制的细雾喷头。

第三，电气设备损坏和人员伤害。

众所周知，当带电设备遇到水时，由于水的导电性，一方面容易引起设备电气短路，损坏设备，另一方面又可能对现场人员造成人身伤害；同时，电流还可能穿过水雾，从水雾喷头沿供水管路传播。据有关部门对水雾喷头进行的电绝缘性能实验表明，水雾喷头的工作压力越大，雾径越小，泄漏电流愈小。因此，当水喷雾灭火系统用于保护电气设备时，系统动作前必须首先切断电源。

第五节　细水雾灭火系统

一、细水雾灭火系统的作用

细水雾灭火系统是指通过细水雾喷头在适宜的工作压力范围内将水分散成细水雾，在发生火灾时向保护对象或空间喷放以扑灭、抑制或控制火灾的自动灭火系统。细水雾灭火系统的灭火机理主要通过吸收热量（冷却）、降低氧浓度（窒息）、阻隔辐射热三种方式达到控火、灭火的目的。与一般水雾相比较，细水雾的雾滴直径更小，水量也更少。因此，其灭火有别于水喷雾灭火系统，类似于二氧化碳等气体灭火系统。

二、细水雾灭火系统的设置场所

细水雾灭火系统主要适用于钢铁、冶金企业，对于一般工业、民用建筑应当设置细水雾灭火系统的场所见表 3-1。另外，细水雾灭火系统覆盖面积大，吸热效率高，用水量少，水雾冲击破坏力小，系统容易实现小型化、机动化，现在也广泛应用于偏远缺水的文物古建筑火灾的扑救。

表 3-1　细水雾灭火系统的设置场所

设置场所		设置要求
控制室、电气室、通信中心（含交换机室、总配线室和电力室等）、操作室、调度室		宜设细水雾灭火系统
变配电系统	单台设备油量 100kg 以上的配电室、大于等于 8MV·A 且小于 40MV·A 的油浸变压器室、油浸电抗器室、有可燃介质的电容器室	宜设细水雾灭火系统
	单台容量在 40MV·A 及以上的油浸电力变压器	宜设细水雾灭火系统
柴油发电机房	总装机容量＞400MV·A	应设细水雾灭火系统
	总装机容量≤400MV·A	应设细水雾灭火系统
电气地下室、厂房内的电缆隧（廊）道、厂房外的连接总降压变电所或其他变（配）电所的电缆隧（廊）道、建筑面积＞500m² 的电缆夹层		应设细水雾灭火系统
厂房外长度＞100m 的非连接总降压变电所或其他变（配）电所且电缆桥架层数≥4 层的电缆隧（廊）道，建筑面积≤500m² 的电缆夹层，与电缆夹层、电气地下室、电缆隧（廊）道连通或穿越 3 个及以上防火分区的电缆竖井		宜设细水雾灭火系统

设置场所		设置要求
液压站、润滑油站（库）、轧制油系统、集中供油系统、储油间、油管廊	储油总容积≥2m² 的地下液压站和润滑油站（库），储油总容积≥10m³ 的地下油管廊和储油间；距地坪标高24m以上且储油总容积≥2m³ 的平台封闭液压站房；距地坪标高24m以下且储油总容积≥10m³ 的地上封闭液压站和润滑油站（库）	应设细水雾灭火系统
油质淬火间、地下循环油冷却库、成品涂油间、燃油泵房、桶装油库、油箱间、油加热器间、油泵房（间）		宜设细水雾灭火系统
热连轧高速轧机机架（未设油雾抑制系统）		宜设细水雾灭火系统

三、细水雾灭火系统的组成及工作原理

不同类型的细水雾灭火系统，其组成及工作原理有所不同。

（一）泵组式细水雾灭火系统

泵组式细水雾灭火系统由细水雾喷头、泵组、储水箱、控制阀组、安全阀、过滤器、信号反馈装置、火灾报警控制装置、系统附件、管道等部件组成。泵组式细水雾灭火系统以储存在储水箱内的水为水源，利用泵组产生的压力，使压力水流通过管道输送到喷头产生细水雾。

（二）瓶组式细水雾灭火系统

瓶组式细水雾灭火系统主要由细水雾喷头、储水瓶组、储气瓶组、释放阀、过滤器、驱动装置、分配阀、安全泄放装置、气体单向阀、减压装置、信号反馈装置、火灾报警控制装置、检漏装置、连接管、管道管件等组成。

瓶组式细水雾灭火系统的工作原理是利用储存在高压储气瓶中的高压氮气为动力，将储存在储水瓶组中的水压出或将一部分气体混入水流中，通过管道输送至细水雾喷头，在高压气体的作用下生成细水雾。

第六节 气体灭火系统

一、气体灭火系统的作用

气体灭火系统是以某些在常温、常压下呈现气态的物质作为灭火介质,通过这些气体在整个防护区内或保护对象周围的局部区域建立起灭火浓度实现灭火。该系统的灭火速度快,灭火效率高,对保护对象无任何污损,不导电,但系统一次投资较大,不能扑灭固体物质深位火灾,且某些气体灭火剂排放对大气环境有一定影响。因此,根据气体灭火系统特有的性能特点,其主要用于保护重要且要求洁净的特定场合,它是建筑灭火设施中的一种重要形式。

二、气体灭火系统的设置场所

气体灭火系统主要适用于不能使用自动喷水灭火系统的场所,包括电器火灾、固体表面火灾、液体火灾、灭火前能切断气源的气体火灾等,主要有以下几类:

1. 国家、省级和人口超过100万人的城市广播电视发射塔内的微波机房、分米波机房、变配电室和不间断电源室。

2. 国际电信局、大区中心、省中心和一万路以上的地区中心内的长途程控交换机房、控制室和信令转接点室。

3. 两万线以上的市话汇接局和六万门以上的市话端局内的程控交换机房、控制室和信令转接点室。

4. 中央及省级公安、防灾和网局级以上电力等调度指挥中心内的通信机房和控制室。

5. A、B级电子信息系统机房的主机房和基本工作间的已记录磁(纸)介质库。

6. 中央和省级广播电视中心内建筑面积不小于 $1200m^2$ 的音像制品库房。

7. 国家、省级或藏书量超过100万册图书馆内的特藏库;中央和省级档案馆内的珍藏库和非纸质档案库;大、中型博物馆内的珍品库房;一级纸绢质文物的陈列室;藏有重要壁画的文物古建筑。

8. 其他特殊重要设备室。

三、气体灭火系统的类型

为满足各种保护对象的需要,最大限度地降低火灾损失,气体灭火系统具有多种应用形式。

（一）按使用的灭火剂分类

1. 卤代烷气体灭火系统

以哈龙 1211（二氟一氯一溴甲烷）或哈龙 1301（三氟一溴甲烷）作为灭火介质的气体灭火系统。该系统灭火效率高，对现场设施设备无污染，但由于其对大气臭氧层有较大的破坏作用，使用已受到严格限制。

2. 二氧化碳灭火系统

以二氧化碳作为灭火介质的气体灭火系统。二氧化碳是一种惰性气体，对燃烧具有良好的窒息作用，喷射出的液态和固态二氧化碳在汽化过程中要吸热，具有一定的冷却作用。

二氧化碳灭火系统有高压系统（指灭火剂在常温下储存的系统）和低压系统（指将灭火剂在 $-18 \sim -20℃$ 低温下储存的系统）两种应用形式。

3. 惰性气体灭火系统

惰性气体灭火系统，包括 IG01（氩气）灭火系统、IG100（氮气）灭火系统、IG55（氩气、氮气）灭火系统、IG541（氩气、氮气、二氧化碳）灭火系统。惰性气体由于纯粹来自自然，是一种无毒、无色、无味、惰性及不导电的纯"绿色"压缩气体，故又称为洁净气体灭火系统。

4. 七氟丙烷灭火系统

以七氟丙烷作为灭火介质的气体灭火系统。七氟丙烷灭火剂属于卤代烷灭火剂系列，具有灭火能力强、灭火剂性能稳定的特点，但与卤代烷 1301 和卤代烷 1211 灭火剂相比，臭氧层损耗能力（ODP）为 0，全球温室效应潜能值（GWP）很小，不会破坏大气环境。但七氟丙烷灭火剂及其分解产物对人体有毒性危害，使用时应引起重视。

5. 热气溶胶灭火系统

以热气溶胶作为介质的气体灭火系统。由于该介质的喷射动力是气溶胶燃烧时产生的气体压力，而且以烟雾的形式喷射出来，故也称烟雾灭火系统。它的灭火机理是以全淹没、稀释可燃气体浓度或窒息的方式实现灭火。这种系统的优点是装置简单，投资较少，缺点是点燃灭火剂的电爆管控制对电源的稳定性要求较高，控制不好易造成误喷，同时气溶胶烟雾也有一定的污染，限制了它在洁净度要求较高的场所的使用，适用于配电室、自备柴油发电机房等对污染要求不高的场所。

（二）按灭火方式分类

1. 全淹没气体灭火系统

全淹没气体灭火系统指喷头均匀布置在保护房间的顶部，喷射的灭火剂能在封闭空间内迅速形成浓度比较均匀的灭火剂气体与空气的混合气体，并在灭火必需的"浸渍"时间内维持灭火浓度，即通过灭火剂气体将封闭空间淹没实施灭火的系统形式。

2. 局部应用气体灭火系统

局部应用气体灭火系统指喷头均匀布置在保护对象的四周，将灭火剂直接而集中地喷射到燃烧着的物体上，使其笼罩整个保护物外表面，在燃烧物周围局部范围内达到较高的灭火剂气体浓度的系统形式。

（三）按管网的布置分类

1. 组合分配灭火系统

用一套灭火剂储存装置同时保护多个防护区的气体灭火系统称为组合分配系统。组合分配系统是通过选择阀的控制，实现灭火剂释放到着火的保护区。组合分配系统具有同时保护但不能同时灭火的特点。对于几个不会同时着火的相邻防护区或保护对象，可采用组合分配灭火系统。

2. 单元独立灭火系统

在每个防护区各自设置气体灭火系统保护的系统称为单元独立灭火系统。若几个防护区都非常重要或有同时着火的可能性，为了确保安全，宜采用单元独立灭火系统。

3. 无管网灭火装置

将灭火剂储存容器、控制和释放部件等组合装配在一起，系统没有管网或仅有一段短管的系统称为无管网灭火装置。该装置一般由工厂成系列生产，使用时可根据防护区的大小直接选用，亦称预制灭火系统。其适应于较小的、无特殊要求的防护区。无管网灭火装置又分为柜式气体灭火装置和悬挂式气体灭火装置两种。

（四）按加压方式分类

1. 自压式气体灭火系统

自压式气体灭火系统指灭火剂无须加压而是依靠自身饱和蒸汽压力进行输送的灭火系统，如二氧化碳系统。

2.内储压式气体灭火系统

内储压式气体灭火系统指灭火剂在瓶组内用惰性气体进行加压储存，系统动作时灭火剂靠瓶组内的充压气体进行输送的系统，如 IG541 系统。

3.外储压式气体灭火系统

外储压式气体灭火系统指系统动作时灭火剂由专设的充压气体瓶组按设计压力对其进行充压输送的系统，如七氟丙烷系统。

四、气体灭火系统的组成及工作原理

充装不同种类灭火剂、采用不同增压方式的气体灭火系统，其系统部件组成是不同的，其工作原理也不尽相同，以下分别进行说明。

（一）内储压式灭火系统

这类系统由灭火剂瓶组、驱动气体瓶组（可选）、单向阀、选择阀、驱动装置、集流管、连接管、喷头、信号反馈装置、安全泄放装置、控制盘、检漏装置、管道管件及吊钩支架等部件构成。

内储压式气体灭火系统的工作原理：平时，系统处于准工作状态。当防护区发生火灾，产生的烟雾、高温和光辐射使感烟、感温、感光等探测器探测到火灾信号，探测器将火灾信号转变成电信号传送到报警灭火控制器。控制器自动发出声光报警并经逻辑判断后，启动联动装置（关闭开口，停止通风、空调系统运行等），经一定的时间延时（视情况确定），发出系统启动信号，启动驱动气体瓶组上的容器阀释放驱动气体，打开通向发生火灾的防护区的选择阀。之后（或同时）打开灭火剂瓶组的容器阀，各瓶组的灭火剂经连接管汇集到集流管，通过选择阀到达安装在防护区内的喷头进行喷放灭火，同时安装在管道上的信号反馈装置动作，信号传送到控制器，由控制器启动防护区外的释放警示灯和警铃。

另外，通过压力开关监测系统是否正常工作，若启动指令发出，而压力开关的信号迟迟不返回，说明系统故障，值班人员听到事故报警，应尽快到储瓶间，手动开启储存容器上的容器阀，实施人工启动灭火。

这类气体灭火系统常见于内储压式七氟丙烷灭火系统，卤代烷 1211、1301 灭火系统与高压二氧化碳灭火系统。

（二）外储压式七氟丙烷灭火系统和 IG541 混合气体灭火系统

该类系统由灭火剂瓶组、加压气体瓶组、驱动气体瓶组（可选）、单向阀、选择阀、减压装置、驱动装置、集流管、连接管、喷头、信号反馈装置、安全泄放装置、控制盘、检漏装置、管道管件及吊钩支架等部件构成。

工作原理：控制器发出系统启动信号，启动驱动气体瓶组上的容器阀释放驱动气体，打开通向发生火灾的防护区的选择阀，之后（或同时）打开顶压单元气体瓶组的容器阀，加压气体经减压进入灭火剂瓶组，加压后的灭火剂经连接管汇集到集流管，通过选择阀到达安装在防护区内的喷头进行喷放灭火。

这类装置相较内储压气体灭火装置多了一套驱动气体瓶组，用来给灭火剂钢瓶提供驱动喷放压力，而内储压式钢瓶内的灭火剂或靠灭火剂自身蒸汽压或靠预储压力能自行喷出，故内储压式气体灭火系统不需气体瓶组，其他基本相同。IG541 系统也属于这种类型。

（三）低压二氧化碳灭火系统

低压二氧化碳灭火系统一般由灭火剂储存装置、总控阀、驱动器、喷头、管道超压泄放装置、信号反馈装置、控制器等部件构成。

低压二氧化碳灭火系统灭火剂的释放靠自身蒸汽压完成，相较其他气体灭火系统，该系统没有驱动装置。另外，为了维持其喷射压力在适度范围，在其储存灭火剂的容器外设有保温层，使其温度保持在 -18 ～ 20℃，以避免环境温度对它的蒸汽压的影响，其他装置和工作原理与内储压式灭火系统基本相同。

（四）热气溶胶灭火系统

热气溶胶灭火系统由信号控制装置、灭火剂储筒、点燃装置、箱体和气体喷射管组成。工作原理：当气溶胶灭火装置收到外部启动信号后，药筒内的固体药剂就会被激活，迅速产生灭火气体。药剂启动方式有以下三种：

1. 电启动

启动信号由系统中的灭火控制器或手动紧急启动按钮提供，即向点燃装置（电爆管）输入一个 24V、1A 的脉冲电流，电流经电点火头点燃固体药粒，产生灭火气体，压力达到定值气体释放灭火。

2. 导火索点燃

当外部火焰引燃连接在固体药剂上的导火索后，导火索点燃固体药剂而启动。

3. 热启动

当外部温度达到 170℃时，利用热敏线自发启动灭火系统内部药剂点燃释放出灭火气体。

为了控制药剂的燃烧反应速度，不致使药筒发生爆炸，常在药剂中加些金属散热片或吸热物品（碱式碳酸镁）从而达到降温、控制燃烧速度的目的。

热气溶胶灭火系统大多用于无管网灭火装置，有柜式、手持式和壁挂式三种。

（五）无管网灭火装置

无管网灭火装置指各个场所之间的灭火系统无管网连接，均独立设置。这种系统装置简单，常用于面积、空间较小且防护区分散而应当设置气体灭火系统的场所，以替代有管网气体灭火系统。常见的装置形式如下：

1.柜式气体灭火装置

柜式气体灭火装置一般由灭火剂瓶组、驱动气体瓶组（可选）、容器阀、减压装置（针对惰性气体灭火装置）、驱动装置、集流管（只限多瓶组）、连接管、喷嘴、信号反馈装置、安全泄放装置、控制盘、检漏装置、管道管件等部件组成。其基本组件与有管网装置相同，只是少了保护场所的选择阀和之间的连接管道。另外，因保护面积小，所需的灭火剂钢瓶少，故可将整个装置集成在一个柜子里。

2.悬挂式气体灭火装置

悬挂式气体灭火装置由灭火剂储存容器、启动释放组件、悬挂支架等组成。

第七节　泡沫灭火系统

一、泡沫灭火系统的作用

泡沫灭火系统是指将泡沫灭火剂与水按一定比例混合，经泡沫产生装置产生灭火泡沫的灭火系统。由于该系统具有安全可靠、经济实用、灭火效率高、无毒性的特点，所以从20世纪初开始应用至今，是扑灭甲、乙、丙类液体火灾和某些固体火灾的一种主要灭火设施。

二、泡沫灭火系统的设置场所

泡沫灭火系统主要应用于石油化工企业、石油库、石油天然气工程、飞机库、汽车库、修车库、停车场等场所，具体要求参照相关国家规范执行。

三、泡沫灭火系统的组成及工作原理

泡沫灭火系统由泡沫产生装置、泡沫比例混合器、泡沫混合液管道、泡沫液储罐、消防泵、消防水源、控制阀门等组成。

工作原理：保护场所起火后，自动或手动启动消防泵，打开出水阀门，水流经过泡沫比例混合器后，将泡沫液与水按规定比例混合形成混合液，然后经混合液管道输送至泡沫产生装置，将产生的泡沫施放到燃烧物的表面上，将燃烧物表面覆盖，从而实施灭火。

四、泡沫灭火系统的类型

（一）按安装方式分类

1.固定式泡沫灭火系统

固定式泡沫灭火系统指由固定的消防水源、消防泵、泡沫比例混合器、泡沫产生装置和管道组成，永久安装在使用场所，当被保护场所发生火灾需要使用时，无须其他临时设备配合的泡沫灭火系统。这种系统的保护对象也是固定的。

2.半固定式泡沫灭火系统

半固定式泡沫灭火系统指由固定的泡沫产生装置、局部泡沫混合液管道和固定接口以及移动式的泡沫混合液供给设备组成的灭火系统。当被保护场所发生火灾时，用消防水带将泡沫消防车或其他泡沫混合液供给设备与固定接口连接起来，通过泡沫消防车或其他泡沫供给设备向保护场所内供给泡沫混合液实施灭火。这种系统的保护对象不是单一的，它可以用消防水带将泡沫产生装置与不同的保护对象连接起来，组成一个个独立系统。这种系统灵活多变，节省投资，但要在灭火时连接水带，不能用于联动控制。

3.移动式泡沫灭火系统

移动式泡沫灭火系统指用水带将消防车或机动消防泵、泡沫比例混合装置、移动式泡沫产生装置等临时连接组成的灭火系统。当被保护对象发生火灾时，靠移动式泡沫产生装置向着火对象供给泡沫灭火。需要指出的是，移动式泡沫灭火系统的各组成部分都是针对所保护对象设计的，其泡沫混合液供给量、机动设施到场时间等方面都有要求，而不是随意组合的。

（二）按发泡倍数分类

低倍数泡沫灭火系统指发泡倍数小于 20 的泡沫灭火系统。

中倍数泡沫灭火系统指发泡倍数为 21 ～ 200 的泡沫灭火系统。

高倍数泡沫灭火系统指发泡倍数为 201 ～ 1000 的泡沫灭火系统。

高倍数泡沫灭火系统分为全淹没式、局部应用式和移动式三种类型：①全淹没式，指用管道输送高倍数泡沫液和水，发泡后连续地将高倍数泡沫施放并按规定的高度充满被保护区域，将泡沫保持到所需的时间，进行控火或灭火的固定系统；②局部应用式，指向局部空间喷放高倍数泡沫，进行控火或灭火的固定、半固定系统；③移动式指车载式或便携式系统。

（三）按泡沫喷射形式分类

低倍泡沫灭火系统按泡沫喷射形式不同分为以下五种类型：

1. 液上喷射泡沫灭火系统

液上喷射泡沫灭火系统指将泡沫产生装置或泡沫管道的喷射口安装在罐体的上方，使泡沫从液面上部喷入罐内，并顺罐壁流下覆盖燃烧油品液面的灭火系统。这种灭火系统的泡沫喷射口应高于液面，常用于扑救固定顶罐的液面火灾。

2. 液下喷射泡沫灭火系统

液下喷射泡沫灭火系统是将泡沫从液面下喷入罐内，泡沫在初始动能和浮力的推动下上浮到达燃烧液面，在液面与火焰之间形成泡沫隔离层以实施灭火的系统。这种灭火系统既能用于固定顶罐液面火灾，也适用于浮顶罐的液面火灾。

3. 半液下喷射泡沫灭火系统

将一轻质软带卷存于液下喷射管内，当使用时，在泡沫压力和浮力的作用下软带漂浮到燃烧液表面使泡沫从燃烧液表面上施放出来实现灭火。这种灭火系统的优点是泡沫由软带直接送达液面或接近液面，省了一段泡沫漂浮的距离，泡沫到达液面的时间短、覆盖速度快，灭火效率自然高。这种灭火系统由于喷射管内的软带长度有限，液面高度也会不同，有时软带会达不到液面，泡沫仍会有一段漂浮上升距离，故称为半液下喷射泡沫灭火系统。

4. 泡沫喷淋灭火系统

泡沫喷淋灭火系统是在自动喷水灭火系统的基础上发展起来的一种灭火系统，其主要由火灾自动报警及联动控制设施、消防供水设施、泡沫比例混合器、雨淋阀组、泡沫喷头等组成。其工作原理与雨淋系统类似，利用设置在防护区上方的泡沫喷头，通过喷淋或喷雾的形式释放泡沫或释放水成膜泡沫混合液，覆盖和阻隔整个火区，用来扑救室内外甲、乙、丙类液体初期的地面流淌火灾。

5. 泡沫炮灭火系统

泡沫炮灭火系统的组成和工作原理基本和固定消防炮系统相同，只不过是增加了泡沫发生器。

第四章 特殊建筑、场所防火

第一节 石油化工防火

一、石油化工火灾相关概述

（一）石油化工火灾的危险性

石油化工火灾的危险性主要有：①具有易燃易爆性；②容易形成爆炸性的混合物；③容易引发爆炸和火灾；④容易引发火灾爆炸等事故。

（二）石油化工火灾的特点

石油化工火灾的特点有：①火灾发生时爆炸与燃烧并存，容易造成建筑结构破坏或人员伤亡；②火灾发生时燃烧速度快、火势发展迅猛，易发生连锁反应；③火灾发生过程中，火灾难以控制，易形成立体火灾；④火灾蔓延速度快、涉及面广，进而造成火灾扑救困难。

二、生产防火

（一）装置布置

1. 工艺生产装置区域内的露天设备、储罐、建筑物、构筑物等，宜按生产流程集中合理布置。

2. 工艺生产装置区域内的设备宜布置在露天敞开式或半敞开式的建（构）筑物内，按生产流程、地势、风向等要求，分别集中布置。明火设备应集中布置在区域内的边缘部位，放在散发可燃气体设备、建（构）筑物的全年最小频率风向的下风侧。

3. 有火灾爆炸危险的甲、乙类生产设备、建（构）筑物宜布置在装置区的边缘，其中有爆炸危险和高压的设备，一般布置在一侧，必要时设置在防爆构筑物内。

4. 容器组、大型容器等危险性较大的压力设备和机器应远离仪表室、变电所、配电所、分析化验室及人员集中的办公室与生活室。仪表室、变电所、分析化验室、压缩机房、泵房等建筑物的屋顶上，不应设置液化气体、易燃及可燃液体的容器。

5. 自控仪表室、变配电室不应与有可能泄漏液化石油气及散发相对密度大于0.7的可燃气体甲类生产设备、建筑物相邻布置。如果必须相邻布置，则应用密封的不燃性实体墙或走廊相隔，必要时宜采取室内正压通风设施，其地面标高要高出装置地面 0.6m 以上。

6. 在一座厂房内有不同生产类别，因为安全需要隔开生产时，应用不开孔洞的防火墙隔开。在同一建筑物内布置了多种毒害物质时，应按产品毒性大小予以隔开，储存有害物质的储罐，尽可能布置在室外或敞开式建筑物内。

7. 有害物质的工艺设备，应布置在操作地点的全年最小频率风向的上风侧。在多层建筑物内，设置有散发有害气体及粉尘的工艺设备时，应尽可能布置在建筑物上层，如须布置在下层时，则应有防止污染上层空气的有效措施。

8. 可燃气体及易燃液体的在线自动分析化验室，应设置在生产现场或与分析化验室等辅助建筑物相隔开的单独房间内。

（二）工艺操作防火

在石油化工生产中，由于工艺操作不当而引发火灾的案例不在少数，因此，工艺操作防火在石油化工生产中尤为重要，其主要包括以下几方面：①确保原材料和成品的质量；②严格掌握原料的配比；③物料的投料顺序要清楚；④控制加料速度，防止加料过快过多；⑤防止可燃液体跑、冒、滴、漏；⑥严格控制物料反应温度；⑦严格控制反应器及设备的承受压力；⑧防止生产过程中搅拌中断；⑨严格按照操作规程操作；⑩做好抽样探伤。

（三）泄压排放

1. 泄压排放设施按其功能分为两种

一种是正常情况下排放，另一种是事故情况下排放。当反应物料发生剧烈反应，采取加强冷却、减少投料等措施难以奏效，不能防止反应设备因超压、超温而发生爆燃或分解爆炸事故时，应将设备内物料及时排放，防止事故扩大；或紧急情况下自动启动安全阀、爆破片动作泄压；或发生火灾时，为了安全，将危险区域的易燃物料放空。甲、乙、丙类的设备均应有这些事故紧急排放设施。

2. 大型石油化工生产装置都是通过火炬来排放易燃易爆气体的

当中小型企业设置专用火炬进行排放有困难时，可将易燃易爆无毒的气体通过放空管（排气筒）直接排入大气，一般放空管安装在化学反应器和储运容器等设备上。

3. 火炬系统的安全设置

全厂性火炬，应布置在工艺生产装置、易燃和可燃液体与液化石油气等可燃气体的储罐区和装卸区，以及全厂性重要辅助生产设施及人员集中场所全年最小频率风向的上风侧。距火炬筒 30m 范围内严禁可燃气体放空。火炬的顶部应设长明灯或其他可靠的点火设施。火炬燃烧嘴是关系排出气体处理质量的重要部件，要求其喷出的气流速度适中，一般控制在音速的 1/5 左右，既不能吹灭火焰，也不可将火焰吹飞。为了防止排出的气体带液体，可燃气体放空管道在接入火炬前，应设置分液器；为了防止火焰和空气倒入火炬筒，在火炬筒上部应安装防回火装置。

4. 放空管的安全设置

（1）放空管一般应设在设备或容器的顶部，室内设备安设的放空管应引出室外，其管口要高于附近有人操作的最高设备 2m 以上。

此外，连续排放的放空管口，还应高出半径 20m 范围内的平台或建筑物顶 3.5m 以上。间歇排放的放空管口，应高出半径 10m 范围内的平台或建筑物顶 3.5m 以上。

平台或建筑物应与放空管垂直面呈 45°，45° 范围内不宜布置平台或建筑物。

（2）排放后可能立即燃烧的可燃气体，应经冷却装置冷却后接至放空设施，放空管上应安装阻火器以防止气体在管口处着火并使火焰扩散到工艺装置中。放空管口应处在防雷保护范围内。当放空气体流速较快时，为防止因静电放电引起事故，放空管应有良好的接地。有条件时，可在放空管的下部连接氮气或水蒸气管线，以便稀释排放的可燃气体或蒸汽，或防止雷击着火和静电着火。

（3）为了防止火灾危险和有害人身健康的大气污染，当事故放空大量可燃有毒气体及蒸汽时，均须排放至火炬燃烧。排放可能携带腐蚀性液滴的可燃气体，应经过气液分离器分离后，接入通往火炬的管线，不得在装置附近未经燃烧直接放空。

5. 安全阀的设置

根据国家现行相关法规规定，在非正常条件下，可能超压的下列设备应设安全阀：

（1）顶部最高操作压力大于或等于 0.1MPa（表压）的压力容器。

（2）顶部最高操作压力大于 0.03MPa 的蒸馏塔、蒸发塔和汽提塔（汽提塔蒸汽通入另一蒸馏塔者除外）（汽水混合）。

（3）往复式压缩机各段出口或电动往复泵、齿轮泵、螺杆泵等容积式泵的出口（设备本身已有安全阀者除外）。

（4）凡与鼓风机、离心式压缩机、离心泵或蒸汽往复泵出口连接的设备不能承受其最高压力时，鼓风机、离心式压缩机、离心泵或蒸汽往复泵的出口。

（5）可燃气体或液体受热膨胀，可能超过设计压力的设备。

（6）顶部最高操作压力为 0.03 ~ 0.1MPa 的设备应根据工艺要求设置。

三、储运防火

(一)罐区防火设计

1. 甲、乙、丙类液体储罐区,液化石油气储罐区,可燃、助燃气体储罐区,可燃材料堆场等,应设置在城市(区域)的边缘或相对独立的安全地带,并宜设置在城市(区域)全年最小频率风向的上风侧。应与装卸区、辅助生产区及办公区分开布置。

2. 桶装、瓶装甲类液体不应露天存放。甲、乙、丙类液体储罐(区)宜布置在地势较低的地带。当布置在地势较高的地带时,应采取安全防护设施。

3. 液化石油气储罐(区)宜布置在地势平坦、开阔等不易积存液化石油气的地带。四周应设置高度不小于1.0m的不燃烧体实体防护墙。

4. 储罐安装的所有电气设备和仪器仪表,必须符合相应的防爆等级和类别,测量油面的电子仪表、温度计以及其他指示器和探测器等,均应按专门的设计要求安装在储罐上。钢制储罐必须做防雷接地,接地点不应少于两处。钢制储罐接地点沿储罐周长的间距,不宜大于30m,接地电阻不宜大于10Ω。

当装有阻火器的地上卧式储罐的壁厚和地上固定顶钢制储罐的顶板厚度等于或大于4mm时,可不设避雷针。

铝顶储罐和顶板厚度小于4mm的钢制储罐,应装设避雷针。

浮顶罐或内浮顶罐可不设避雷针,但应将浮顶与罐体用两根导线做电气连接。

(二)铁路装卸设施防火

1. 铁路油品装卸作业区一般布置在油品生产、仓储区的边缘地带。铁路油品装卸线一般不与生产、仓储区的出入口道路相交,以避免铁路调车作业影响生产、仓储区内车辆正常的出入,以及发生火灾时外来救援车辆的顺利通过。装卸线一般采用尽头式布置,其车位数根据油品运量的大小确定。装卸作业频繁、收发油品种类较多的企业,一般要设置三股作业线,相邻作业线之间要保持20m以上的缓冲段。

2. 装卸栈桥采用非燃材料建造,是装卸油品的操作台。装卸栈桥一般都设置在装卸线的一侧,通常与鹤管共同建造,并设有倾角不大于60°的吊梯,方便人员上到罐车顶部。栈桥段铁路须采用非燃材料的轨枕。在距离装卸栈桥边缘10m以外的油品输入管道上,设有紧急切断阀。

3. 防火间距。当两条油品装卸线共用一座栈桥或一排鹤管时,两条装卸线中心线的距离如下:

采用公称直径为100mm的小鹤管时,一般不大于6m。

采用公称直径为200mm的大鹤管时,不大于7.5m。

相邻两座装卸栈桥之间两条油品装卸线中心线的距离，当两者或其中之一用于甲、乙类油品时，一般不小于10m，当两者都用于丙类油品时，一般不小于6m。装卸线中心线至零位罐的距离一般不小于6m。

4. 防雷、防静电。装卸栈桥的首末端及中间等处，要将钢轨、输油管道、鹤管等设施相互做电气连接并接地，两组跨接点的间距一般不大于20m；每组接地电阻不大于10Ω。在装卸甲、乙、丙A类油品（原油除外）的装卸作业区内，操作平台的扶梯入口处要设置消除人体静电的导除装置。

5. 消防车道的布置。作业区内须设环形消防车道。受条件限制的，可设置有回车场的尽头式消防车道。消防车道与装卸栈桥的距离一般不大于80m且不小于15m。当消防车道与铁路油品装卸作业区内的铁路平面相交时，交叉点要在铁路机车停车限界之外，平交的角度最好为90°，困难时一般不小于45°。

6. 消防设施和灭火器材的设置。装卸栈桥，宜设置半固定消防给水系统，供水压力一般不小于0.15MPa，消火栓间距不大于60m。

附近有固定消防设施可利用的装卸栈桥，宜设置消防给水及泡沫灭火设施，泡沫混合液量一般不小于30L/s，有顶盖的装卸栈桥消防冷却水量一般不小于45L/s；无顶盖的装卸栈桥消防冷却水量一般不小于30L/s。装卸作业区一般要设置户外手动报警设施，值班室内要设报警电话。要按规定配置石棉板、灭火毯、灭火器等消防器材。

7. 装卸作业的防火措施。铁路油罐车装卸作业的火灾危险性很大，必须采取有力的措施来确保消防安全。装卸油品操作人员都要穿戴防静电工服、工帽、工鞋和纯棉手套。

装卸前：装卸作业前，油罐车需要调到指定车位，并采取固定措施。机车必须离开。操作人员要认真检查相关设施，确认油罐车罐体和各部件正常，装卸设备和设施合格，栈桥、鹤管、铁轨的静电跨接线连接牢固，静电接地线接地良好。

装卸时：装卸时严禁使用铁器敲击罐口。灌装时，要按列车沿途所经地区最高气温下的允许灌装速度予以灌装，鹤管内的油品流速要控制在4.5m/s以下。雷雨天气或附近发生火灾时，不得进行装卸作业，应盖严油罐车罐口，关闭有关重要阀门，断开有关设备的电源。

装卸后：装卸完毕后，须静止至少2min，然后再进行计量等作业。作业结束后，要及时清理作业现场，整理归放工具，切断电源。

（三）公路装卸防火设计要求

1. 防火间距

装卸车鹤管之间的距离一般不小于4m。装卸车鹤管与缓冲罐之间的距离一般不小于5m。

2. 防雷防静电

防雷接地电阻一般不能大于 10Ω。

防静电接地装置的接地电阻一般不大于 100Ω。

3. 装卸作业的防火措施

装卸人员要穿戴防静电服装、鞋子，上岗作业前要用手触摸人体静电消防装置，关闭通信设备。装卸车辆进入装卸区行车速度不得超过 5km/h。车辆对位后要熄火，装卸过程中要保持车辆的门窗紧闭。油品装卸的计量要精确。卸油人员进入岗位后要检查油罐车的安全设施是否齐全有效，作业现场要准备至少一只 4kg 干粉灭火器、泡沫灭火器和一块灭火毯。油罐车熄火并静置不少于 3min 后，卸油人员连接好静电接地。雷雨天不得进行卸油作业。

（四）码头装卸防火设计要求及措施

1. 总平面布置

海港或河港中位于锚地上游的装卸甲、乙类油品泊位与锚地的距离不应小于 1000m，装卸丙类油品泊位与锚地的距离不应小于 150m，河港中位于锚地下游的油品泊位与锚地的间距不应小于 150m，见表 4-1。

表 4-1　码头装卸防火设计要求

相对位置	甲、乙类油品	丙类油品
位于锚地上游	≥1000m	≥150m
位于锚地下游	≥150m	

甲、乙类油品码头前沿线与陆上储油罐的防火间距不应小于 50m，装卸甲、乙类油品的泊位与明火或散发火花地点的防火间距不应小于 40m，陆上与装卸作业无关的其他设施与油品码头的间距不应小于 40m。油品泊位的码头结构应采用不燃烧材料，油品码头上应设置必要的人行通道和检修通道，并应采用不燃或难燃性的材料。

2. 装卸工艺系统设计

当油船须在泊位上排压舱水时，应设置压舱水接收设施，码头区域内管道系统的火灾危险性类别应与装卸的油品相同。码头装船系统与装船泵房之间应有可靠的通信联络或设置启停联锁装置。甲、乙类油品以及介质设计输送温度在其闪点以下 10℃ 范围外的丙类油品，不得采用从顶部向油舱口灌装工艺，采用软管时应伸入舱底。采用金属软管装卸时，应采取措施避免和防止软管与码头面之间的摩擦碰撞，避免产生火花。

输送原油或成品油宜采用钢制管道。管道设计流速应符合原油或成品油在正常作业状态时，管道设计流速不应大于 4.5m/s，液化石油气安全流速不应大于 3.0m/s 的规定。

3. 装卸作业防火措施

装卸作业应根据输送介质的特点和工艺要求，采用合理的工艺流程，选用安全可靠的设备材料，做到防泄漏、防爆、防雷及防静电。操作人员进入库区应穿防静电工作服，杜绝携带任何火种进入库区。

（1）装卸作业前，应先接好地线后再接输油管，静电接地要可靠，电缆规格要符合要求。机炉舱风头应背向油舱，停止通烟管和锅炉管吹灰。要关闭油舱甲板的水密门、窗，关闭相关电气开关，严防油气进入机炉舱和生活区。

（2）装卸完毕后，应先拆输油管后拆地线，并清除软管、输油臂内的残油，关闭各油舱口和输油管线阀门，擦净现场油污。

4. 输送设施防火

（1）液体运输

在输送有爆炸性或燃烧性物料时，要采用氮气、二氧化碳等惰性气体代替空气，以防燃烧和爆炸发生。选用蒸汽往复泵输送易燃液体可以避免产生火花，安全性较好。只有对闪点高及沸点在 130℃ 以上的可燃液体才用空气压送。

甲、乙类火灾危险性的泵房，应安装自动报警系统。在泵房的阀组场所，应有能将可燃液体经水封引入集液井的设施，集液井应加盖，并有用泵抽除的设施。泵房还应采取防雷措施。

（2）气体运输

当压缩机意外发生抽负现象，形成爆炸混合物时，应从入口阀注入惰性气体置换出空气，防止爆炸事故发生。

第二节　地铁防火

一、地铁火灾危险性及其特点

（一）火灾危险性

1. 空间小、人员密度和流量大。

2. 用电设施、设备繁多。

3. 动态火灾隐患多。

（二）地铁火灾特点

1. 火情探测和扑救困难。

2. 容易导致人员窒息。

3. 产生有毒烟气、排烟排热效果差。

4. 人员疏散困难。

二、地铁建筑防火设计要求

（一）建筑防火

1. 耐火等级

地下车站、区间的主体建筑、出入口通道、联络通道、疏散楼梯间、区间防烟楼梯间、风道的耐火等级应为一级。

控制中心建筑耐火等级应为一级。

地面出入口、风亭等附属建筑，地面车站、高架车站及高架区间的建（构）筑物，耐火等级不得低于二级。

2. 防火分区

（1）地下车站站台和站厅公共区应划为一个防火分区，设备与管理用房区每个防火分区的最大允许使用面积不应大于 $1500m^2$。

（2）地下换乘车站当共用一个站厅时，站厅公共区面积不应大于 $5000m^2$。

（3）地上的车站站厅公共区采用机械排烟时，防火分区的最大允许建筑面积不应大于 $5000m^2$，其他部位每个防火分区的最大允许建筑面积不应大于 $2500m^2$。

3. 防火分隔措施

（1）两个防火分区之间应采用耐火极限不低于 3.00h 的防火墙和甲级防火门分隔，当防火墙设有观察窗时，应采用甲级防火窗；防火分区的楼板应采用耐火极限不低于 1.50h 的楼板。

（2）重要设备用房应以耐火极限不低于 2.00h 的隔墙和耐火极限不低于 1.50h 的楼板与其他部位隔开。

（3）防火卷帘与建筑物之间的缝隙，以及管道、电缆、风管等穿过防火墙、楼板及防火分隔物时，应采用防火封堵材料将空隙填塞密实。

4. 装饰装修要求

（1）地下车站公共区和设备与管理用房的顶棚、墙面、地面装修材料及垃圾箱，应采用 A 级不燃材料。

（2）地上车站公共区的墙面、顶面的装修材料及垃圾箱，应采用 A 级不燃材料，地面应采用不低于 B 级难燃材料。

（3）地上、地下车站公共区的广告灯箱、导向标志、休息椅、电话亭、售检票机等固定服务设施的材料，应采用不低于 B 级难燃材料。

（4）装修材料不得采用石棉、玻璃纤维、塑料类等制品。

5. 防烟分区

（1）地下车站的公共区，以及设备与管理用房，应划分防烟分区，且防烟分区不得跨越防火分区。

（2）站厅与站台的公共区每个防烟分区的建筑面积不宜超过 2000m²，设备与管理用房每个防烟分区的建筑面积不宜超过 750m²。

（3）防烟分区可采取挡烟垂壁等措施。挡烟垂壁等设施的下垂高度不应小于 500mm。

（二）安全疏散

1. 一般规定

车站站台公共区的楼梯、自动扶梯、出入口通道，应满足当发生火灾时，在 6min 内将远期或客流控制期超高峰小时，一列进站列车所载乘客及站台上的候车人员全部撤离站台到达安全区的要求。

2. 安全出口

（1）车站每个站厅公共区安全出口的数量应经计算确定，且应设置不少于两个直通地面的安全出口。

（2）地下单层侧式站台车站，每侧站台安全出口数量应经计算确定，且不应少于两个直通地面的安全出口。

（3）地下车站的设备与管理用房区域安全出口的数量不应少于两个，其中有人值守的防火分区应有一个安全出口直通地面。

（4）安全出口应分散设置，但当同方向设置时，两个安全出口通道口部之间的净距不应小于 10m。

（5）竖井、爬楼、电梯、消防专用通道，以及设在两侧式站台之间的过轨地道、地下换乘车站的换乘通道不应作为安全出口。

3. 疏散宽度和距离

（1）当设备与管理用房区的房间单面布置时疏散通道宽度不得小于1.2m，双面布置时不得小于1.5m。

（2）设备与管理用房直接通向疏散走道的疏散门至安全出口的距离，当房间疏散门位于两个安全出口之间时，疏散门与最近安全出口的距离不应大于40m，当房间位于袋形走道两侧或尽端时，其疏散门与最近安全出口的距离不应大于22m。

（3）地下出入口通道的长度不宜超过100m，超过时应采取满足人员消防疏散要求的措施。

4. 疏散应急照明和疏散指示标志

（1）下列位置应设置应急疏散照明和疏散指示标志：

①车站站厅、站台、自动扶梯、自动人行道及楼梯。

②车站附属用房内走道等疏散通道。

③区间隧道。

④车辆基地内的单体建筑及控制中心大楼的疏散楼梯间、疏散通道、消防电梯间（含前室）。

（2）疏散指示标志的设置应符合下列要求：

①疏散通道拐弯处、交叉口及沿通道长向设置间距不应大于10m，距地面应小于1m（与民用建筑及厂房中位于袋形走道的要求一致）。

②疏散门、安全出口处应设置灯光疏散指示标志，且宜设置在门洞正上方。

③车站公共区的站台、站厅乘客疏散路线和疏散通道等人员密集部位的地面上，以及疏散楼梯台阶侧立面，应设蓄光疏散指示标志，且应保持视觉连续。

（三）消防设施

1. 消火栓给水系统

（1）设置部位

①地下车站及其相连的地下区间；②长度大于20m的出入口通道；③长度大于500m的独立地下区间内应设室内消火栓给水系统。

（2）设置标准

地下车站和地下区间的室内消火栓给水系统应设计为环状管网，地下区间上、下行线应各设置一根消防给水管，在地下车站端部和车站环状管网应相接。

地面和高架车站室内放置的消火栓应超过 10 个，且当室外消防用水量大于 15L/s 时，应设计为环状管网。

室内消火栓环状管网应有两根进水管与城市自来水环状管网或消防水泵连接。

地下车站（含换乘车站）消火栓给水系统用水量应为 20L/s。

地下车站出入口通道、折返线及地下区间隧道的消火栓给水系统用水量应为 10L/s。

2. 自动喷水灭火系统

（1）设置部位：地下车站设置的商铺总面积超过 500m² 时应设自动喷水灭火系统。

（2）设置标准：应符合《自动喷水灭火系统设计规范》（GB 50084-2017）的规定。

3. 防排烟设施

（1）设置场所

①地下车站及区间隧道内必须设置防烟、排烟和事故通风系统。

②地下车站的站厅和站台、连续长度大于 300m 的区间隧道和全封闭车道、防烟楼梯间和前室应设置机械防排烟设施。

③同一个防火分区内的地下车站设备与管理用房的总面积超过 200m²，或面积超过 50m² 且经常有人停留的单个房间、最远点到车站公共区的直线距离超过 20m 的内走道、连续长度大于 60m 的地下通道和出入口通道应设置机械排烟设施。

（2）设置标准

①连续长度大于 60m 但不大于 300m 的区间隧道和全封闭车道宜采用自然排烟（60～300m），当无条件采用自然排烟时，应设置机械排烟设施。

②地面和高架车站应采用自然排烟，当确有困难时，应设置机械排烟设施。

③当防烟、排烟和事故通风系统与正常通风空调系统合用时，通风空调系统应采取防火措施，且应符合防排烟系统的要求，并具备事故工况下的快速转换功能。

4. 火灾自动报警系统

（1）设置场所

①车站、区间隧道、区间变电所及系统设备用房、主变电所、集中冷站、控制中心、车辆基地应设置火灾自动报警系统。

②地下车站的站厅层公共区、站台层公共区、换乘公共区、各种设备机房、库房、值班室、办公室、走廊、配电室、电缆隧道或夹层，以及长度超过 60m 的出入口通道，应设置火灾探测器。

（2）设置标准

①地下车站、区间隧道和控制中心，按火灾报警一级保护对象设计。

②设有集中空调系统或每层封闭的建筑面积超过2000m²,但不超过3000m²的地面车站、高架车站,保护等级应为二级,面积超过3000m²的保护等级应为一级。

5. 消防配电

（1）负荷分级和供电要求

消防用电设备应按一级负荷供电,采用双电源双回路,并在最末一级配电箱处设置自动切换装置。

（2）电缆（电线）选择及敷设方式

①由变配电所（或总配电室）引至消防设备的电源主干线应采用无卤、低烟、阻燃耐火电缆或矿物绝缘电缆,但在地下车站宜采用矿物绝缘电缆（矿物绝缘电缆不燃）。

②电缆穿管暗敷时可采用耐火电缆；明敷或沿支架、桥架敷设时采用无卤、低烟、阻燃耐火铜芯电缆,矿物绝缘电缆采用支架或沿墙明敷。

三、地铁火灾工况运作模式

（一）地下车站的火灾工况运作模式

1. 当车站发生火灾时,开启车站通风排烟系统,在6min内控制烟气在起火层,不进入安全区域,疏散路径内烟气层应保持在1.5m及以上高度,在疏散楼梯口形成1.5m/s的向下气流,阻止烟气蔓延至起火层以上的楼层,人员迎着新风向疏散。

2. 位于站厅的自动检票机门处于敞开状态,同时打开位于非付费区和付费区之间所有栅栏门,使乘客无阻挡通过出入口,疏散到地面。

3. 确认火灾后,应通过应急广播、信息显示或人员管理等措施,劝阻地面出入口处乘客不再进入车站。

4. 确认火灾后,控制中心调度应使其他列车不再进入事故车站或快速通过不停站。

（二）区间隧道的火灾工况运作模式

1. 列车在区间内发生火灾时,在列车完好且未失去动力的情况下,应将列车开行至前方车站,在车站组织人员疏散。火灾列车滞留在区间内时,应纵向组织通风排烟,保证疏散路径处于新风区。

2. 在区间隧道火灾时启动通风排烟系统,应能在隧道内控制火灾烟气定向流动,上风方向人员迎着新风疏散。区间火灾排烟应按照单洞区间隧道断面的排烟流速不小于2m/s,且高于计算临界烟气控制流速,但排烟流速不得大于11m/s设计,并应保证烟气不进入车站隧道区域。

第三节 城市交通隧道防火

一、隧道的火灾危险性及其特点

(一) 火灾致灾因素

火灾致灾因素主要有以下三种: 一是由于车辆自身故障导致在行进过程中起火自燃或发生车祸引起火灾; 二是由于运输易燃易爆危险品的车辆物料泄漏遇明火导致发生爆炸或燃烧; 三是由于隧道内电气设备或电气线路发生故障引起火灾。

(二) 火灾危害性主要体现在以下几方面

1. 人员伤亡众多。

2. 经济损失巨大。

3. 次生灾害危害严重。

(三) 火灾特点

隧道火灾主要有以下几方面的特点:

1. 火灾多样性。

2. 起火点的移动性。

3. 燃烧形式多样性。

4. 火灾蔓延跳跃性。

5. 火灾烟气流动性。

6. 安全疏散局限性。

7. 灭火救援艰难性。

二、隧道建筑防火设计要求

(一) 建筑结构耐火

1. 构件燃烧性能要求

为了减少隧道内固定火灾荷载,隧道衬砌、附属构筑物、疏散通道的建筑材料及其内装修材料,除施工缝嵌封材料外均应采用不燃材料。通风系统的风管及其保温材料应采用不燃材料,柔性接头可采用难燃材料(施工缝嵌封材料、柔性接头)。

隧道内的灯具、紧急电话箱(亭)应采用不燃材料制作的防火桥架。隧道内的电缆等应采用阻燃电缆或矿物绝缘电缆,其桥架应采用不燃材料制作的防火桥架。

2. 结构耐火极限要求

用于安全疏散、紧急避难和灭火救援的平行导洞、横向联络道、竖（斜）井、专用疏散避难通道、独立避难间等，其承重结构耐火极限不应低于隧道主体结构耐火极限的要求。

风井和消防救援出入口的耐火等级应为一级；地面重要设备用房、运营管理中心以及其他辅助用房的耐火等级不应低于二级。

（二）防火分隔

1. 隧道为狭长建筑，其防火分区按照功能分区划分。隧道内地下设备用房的每个防火分区的最大允许面积不应大于1500m^2，防火分区间应采用防火墙和甲级防火门进行分隔。

隧道内的变电站、管廊、专用疏散通道、通风机房及其他辅助用房等，应采用耐火极限不低于2.00h的防火隔墙和乙级防火门等分隔措施与车行隧道分隔。

2. 隧道内的水平防火分区应采用防火墙进行分隔，用于人员安全疏散的附属构筑物与隧道连通处宜设置前室或过渡通道，其开口部位应采用甲级平开防火门，用于车辆疏散的辅助通道、横向联络道与隧道连接处应采用耐火极限不低于3.00h的防火卷帘进行分隔。

3. 隧道内的通风、排烟、电缆、排水等管道、管沟等需要采取防火分隔措施进行分隔。当通风、排烟管道穿越防火分区时应在防火构件的两侧设置防火阀和排烟防火阀。

隧道行车道旁的电缆沟，其侧沿应采用不渗透液体的结构，电缆沟顶部应高于路面，且不应小于200mm。当电缆沟跨越防火分区时，应在穿越处采用耐火极限不低于1.00h的不燃材料进行防火封堵。

4. 辅助用房防火分隔：辅助用房应靠近隧道出入口或疏散通道、疏散联络道等设置。辅助用房之间应采用耐火极限不低于2.00h的防火隔墙分隔，其隔墙上应设置能自行关闭的甲级防火门。辅助用房应设置相应的火灾报警和灭火设施。有人员值守的房间必须设置通风和防排烟系统。为隧道供电的柴油发电机房，除满足上述要求外，还应设置储油间，其储油量不应超过1m^3，储油间应采用防火墙和能自行关闭的甲级防火门与发电机房和其他部位分隔开，储油间的电气设施必须采用相应的防爆型电器。

（三）隧道的安全疏散设施

1. 安全出口

即在两车道孔之间的隔墙上开设直接的安全门，作为两孔互为备用的疏散口，人员疏散和救援可由同平面通行。

隧道内地下设备用房的每个防火分区安全出口数量不应少于两个，与车道或其他防火分区相通的出口可作为第二安全出口，但必须至少设置一个直通室外的安全出口；建筑面积不大于500m^2且无人值守的设备用房可设置一个直通室外的安全出口。

2. 疏散楼梯

双层隧道上下层车道之间在有条件的情况下，可以设置疏散楼梯，发生火灾时通过疏散楼梯至另一层隧道，间距一般取 100m 左右。

3. 避难室

为减少因救援人员不能及时到位地区的人员伤亡，长大隧道须设置避难室。避难室与隧道车道形成独立的防火分区，并通过设置气闸等措施，阻止火灾及烟雾进入。避难室大小和间距根据交通流量和疏散人员数量确定。

（四）隧道的消防设施配置

1. 灭火设施

（1）消火栓系统

除四类隧道和行人或通行非机动车辆的三类隧道外，隧道内应设置消防给水系统，且宜独立设置。

隧道内的消火栓用水量不应小于 20L/s，隧道外不应小于 30L/s。

对于长度小于 1000m 的三类隧道，隧道内外的消火栓用水量可分别为 10L/s 和 20L/s。

消火栓给水管网应布置成环状。如有危险品运输车辆通行的隧道，宜设置泡沫消火栓系统。

管道内的消防用水压力应保证用水量最大时，最不利点处的水枪充实水柱不应小于 10m，消火栓栓口处的出水压力大于 0.5MPa 时，应设置减压设施。隧道内消火栓的间距不应大于 50m。

（2）自动喷水灭火系统

对于危险级别较高的隧道，为保护隧道的主体结构，有些还采用自动喷水灭火系统。

（3）灭火器

隧道内灭火器设置按中危险级考虑。隧道内应设置 ABC 类灭火器，设置点间距不应大于 100m。

2. 报警设施

（1）隧道入口外 100～150m 处，应设置警报信号装置

通行机动车辆的一、二类隧道应设置火灾自动报警系统。

无人值守的变压器室、高低压配电室、照明配电室、弱电机房等主要设备用房，宜设置早期火灾探测报警系统。

其他用房内可采用智能烟感探测器对火灾进行检测和报警。当隧道封闭段长度超过

1000m 时，宜设置消防控制室。

（2）火灾报警控制器数量的设置

当隧道长度小于 1500m 时，可设置一台火灾报警控制器；长度大于或等于 1500m 的隧道，可设置一台主火灾报警控制器和多台分火灾报警控制器，其间宜采用光纤通信连接。

（3）火灾探测器的选择和设置

车行隧道内一般每隔 100 ～ 150m 设置手动报警按钮。

3. 防排烟系统

通行机动车的一、二、三类隧道应设置防排烟设施。当隧道长度短、交通量低时，火灾发生概率较低，人员疏散比较容易，可以采用洞口自然排烟方式。长度较长、交通量较大的隧道应设置机械排烟系统。

4. 通信系统

防灾控制室应与消防部门设置直线电话。隧道内应设置消防紧急电话，一般每 100 ～ 150m 设置一部。火灾事故广播无须单独设置，可与隧道运营广播系统合用。火灾事故广播具有优先权。在防灾控制室内设置独立的火灾监视器，监视隧道内的灾情，其他电视监视设备与运营监视等共用。

5. 消防供电

（1）一、二类隧道的消防用电按一级负荷要求供电；三类隧道的消防用电应按二级负荷要求供电。高速公路隧道应设置不间断照明供电系统。应急照明应采用双电源双回路供电方式，并保证照明中断时间不超过 0.3s。

（2）隧道两侧、人行横通道和人行疏散通道上应设置疏散照明和疏散指示标志，其设置高度不宜大于 1.5m。

一、二类隧道内疏散照明和疏散指示标志的连续供电时间不应小于 1.5h，其他隧道不应小于 1.0h。

（3）电缆选择和线路敷设

公路隧道应采用阻燃耐火型电缆。

城市隧道应采用无卤、低烟、阻燃耐火型电缆。

长、大隧道应急照明主干线宜采用矿物绝缘电缆。

穿管明敷时应采用阻燃耐火型电缆，并在钢管外面刷防火涂料或采用其他防火措施。

穿管暗敷时应采用阻燃耐火型电缆，并敷设在非燃烧结构内，其保护层厚度应不小于 30mm。

第四节 加油加气站防火

一、站址选择

加油加气站的站址选择，应符合城乡规划、环境保护和防火安全的要求，并应选在交通便利的地方。

在城市建成区不宜建一级加油站、一级加气站、一级加油加气合建站、CNG 加气母站。

在城市中心区不宜建一级加油站、一级加气站、一级加油加气合建站、CNG 加气母站。

城市建成区内的加油加气站，宜靠近城市道路，但不宜选在城市干道的交叉路口附近。

二、加油加气站的平面布局

1. 车辆入口和出口应分开设置。

2. 站区内停车位和道路应符合下列规定：

（1）站内车道或停车位的宽度应按车辆类型确定。CNG 加气母站内单车道或单车停车位宽度，不应小于 4.5m，双车道或双车停车位宽度不应小于 9m；其他类型的加油加气站的车道或停车位，单车道或单车停车位宽度不应小于 4m，双车道或双车停车位宽度不应小于 6m。

（2）站内的道路转弯半径应按行驶车型确定，且不宜小于 9m。

（3）站内停车位应为平坡，道路坡度不应大于 8%，且宜坡向站外。

（4）加油加气作业区内的停车位和道路路面不应采用沥青路面。

3. 在加油加气合建站内，宜将柴油罐布置在 LPG 储罐或 CNG 储气瓶（组）、LNG 储罐与汽油罐之间（柴油罐危险性小）。

4. 加油加气作业区内，不得有明火地点或散发火花地点。

5. 柴油尾气处理液加注设施的布置，应符合以下两点：

①不符合防爆要求的设备，应布置在爆炸危险区域之外，且与爆炸危险区域边界线的距离不应小于 3m。

②符合防爆要求的设备，在进行平面布置时可按加油机对待。

6. 电动汽车充电设施应布置在辅助服务区内。

7. 加油加气站的变配电间或室外变压器应布置在爆炸危险区域之外，且与爆炸危险区域边界线的距离不应小于 3m。变配电间的起算点应为门窗等洞口。

8. 站房可布置在加油加气作业区内，但应符合《汽车加油加气站设计与施工规范》（GB 50156-2012）（2014 年版）的规定。

9. 加油加气站内设置的经营性餐饮、汽车服务等非站房所属建筑物或设施，不应布置在加油加气作业区内，其与站内可燃液体或可燃气体设备的防火间距，应符合《汽车加油加气站设计与施工规范》（GB 50156-2012）（2014年版）有关三类保护物的规定。经营性餐饮、汽车服务等设施内设置明火设备时，则应视为"明火地点"或"散发火花地点"。其中，对加油站内设置的燃煤设备不得按设置有油气回收系统折减距离。

10. 加油加气站内的爆炸危险区域，不应超出站区围墙和可用地界线。

三、建筑防火

（一）加油加气站建筑防火通用要求

1. 加油加气站内的站房及其他附属建筑物的耐火等级不应低于二级。当罩棚顶棚的承重构件为钢结构时，其耐火极限可为0.25h，罩棚顶棚其他部分应采用不燃烧体建造。

2. 加气站、加油加气合建站内建筑物的门、窗应向外开。有爆炸危险的建筑物，应采取泄压措施。加油加气站内，爆炸危险区域内的房间的地坪应采用不发火花地面并采取通风措施。

3. 加油加气站站房可由办公室、值班室、营业室、控制室、变配电间、卫生间和便利店等组成，站房内可设非明火餐厨设备。站房可与设置在辅助服务区内的餐厅、汽车服务、锅炉房、厨房、员工宿舍等合建，但站房与上述设施之间，应设置无门窗洞口且耐火极限不低于3.00h的实体墙。液化石油气加气站内不应种植树木和易造成可燃气体积聚的其他植物。

4. 加油岛、加气岛及汽车加油、加气场地宜设罩棚，罩棚应采用非燃烧材料制作，其有效高度不应小于4.5m。罩棚边缘与加油机或加气机的平面距离不宜小于2m。

5. 锅炉宜选用额定供热量不大于140kW的小型锅炉。当采用燃煤锅炉时，宜选用具有除尘功能的自然通风型锅炉。锅炉烟囱出口应高于屋顶2m及以上，且应采取防止火星外逸的有效措施。当采用燃气热水器采暖时，热水器应设有排烟系统和熄火保护等安全装置。

6. 站内地面雨水可散流排出站外。当雨水由明沟排到站外时，在排出围墙之前，应设置水封装置。

清洗油罐的污水应集中收集处理，不应直接进入排水管道。

液化石油气罐的排污（排水）应采用活动式回收桶集中收集处理，严禁直接接入排水管道。

7. 加油加气站的电力线路宜采用电缆并直埋敷设。电缆穿越行车道部分，应穿钢管保护。当采用电缆沟敷设电缆时，加油加气作业区内的电缆沟内必须充沙填实。电缆不得与油品、液化石油气和天然气管道、热力管道敷设在同一沟内。

8. 钢制油罐、液化石油气储罐、液化天然气储罐和压缩天然气瓶组必须进行防雷接地，接地点不得少于两处。

（二）汽车加油站的建筑防火要求

1. 除撬装式加油装置所配置的防火防爆油罐外，加油站的汽油罐和柴油罐应埋地设置，严禁设在室内或地下室内。

2. 加油机不得设在室内，位于加油岛端部的加油机附近应设防撞柱（栏），其高度不应小于 0.5m。

3. 油罐车卸油必须采用密闭方式。加油站内的工艺管道除必须露出地面的以外，均应埋地敷设。当采用管沟敷设时，管沟必须用中性沙子或细土填满、填实。

（三）液化石油气加气站的建筑防火要求

1. 液化石油气罐严禁设置在室内或地下室内。加油加气合建站和城市建成区内的加气站，液化石油气罐应埋地设置，且不宜布置在车行道下。当液化石油气加气站采用地下储罐池时，罐池底和侧壁应采取防渗漏措施。地上储罐的支座应采用钢筋混凝土支座，其耐火极限不应低于 5.00h。加气机不得设在室内。

2. 地上储罐放散管管口应高出储罐操作平台 2m 及以上，且应高出地面 5m 及以上。

地下储罐的放散管管口应高出地面 5m 及以上。放散管管口应设有防雨罩。在储罐外的排污管上应设两道切断阀，阀间宜设排污箱。

3. 液化石油气储罐必须设置就地指示的液位计、压力表和温度计以及液位上、下限报警装置，储罐宜设置液位上限限位控制和压力上限报警装置。

四、消防设施

（一）灭火器材配置

1. 每两台加气机应配置不少于两具 4kg 手提式干粉灭火器，加气机不足两台的应按两台配置。

2. 每两台加油机应配置不少于两具 4kg 手提式干粉灭火器，或一具 4kg 手提式干粉灭火器和一具 6L 泡沫灭火器。加油机不足两台的应按两台配置。

3. 地上 LPG 储罐、地上 LNG 储罐、地下和半地下 LNG 储罐、CNG 储气设施，应配置两台不小于 35kg 推车式干粉灭火器。当两种介质储罐之间的距离超过 15m 时，应分别配置。

4. 地下储罐应配置 1 台不小于 35kg 推车式干粉灭火器。当两种介质储罐之间的距离超过 15m 时，应分别配置。

本处地下储罐是指除天然气外的其他气体及液体储罐。

5. LPG 泵和 LNG 泵、压缩机操作间（棚）应按建筑面积每 50m² 配置不少于两具 4kg 手提式干粉灭火器。

6. 一、二级加油站应配置灭火毯 5 块、沙子 2m³。

三级加油站应配置灭火毯不少于两块、沙子 2m³。

加油加气合建站应按同级别的加油站配置灭火毯和沙子。

（二）给水设施

1. 液化石油气加气站、加油和液化石油气加气合建站应设消防给水系统

消防给水宜利用城市或企业已建的消防给水系统，当已有给水系统不能满足消防给水的要求时，应自建消防给水系统。消防给水管道可与站内生产、生活给水管道合并设置，但应保证消防用水量的要求。消防用水量应按固定式冷却水量和移动水量之和计算。液化石油气加气站、加油和液化石油气加气合建站利用城市消防给水管道时，室外消火栓与液化石油气储罐的距离宜为 30～50m。三级站的液化石油气罐距市政消火栓不大于 80m，并且市政消火栓给水压力大于 0.2MPa 时，可不设室外消火栓。消防水泵宜设两台。当设置两台消防水泵时，可不设备用泵（互为备用）。当计算消防用水量超过 35L/s 时，消防水泵应设双动力源。

2. 设置有地上 LNG 储罐的一、二级 LNG 加气站和地上 LNG 储罐总容积大于 60m² 的合建站应设消防给水系统。一级站消火栓消防用水量不小于 20L/s，二级站不小于 15L/s，连续给水时间为 2h。

3. 符合下列条件之一的，可不设消防给水系统

（1）加油站，CNG 加气站，三级 LNG 加气站和采用埋地、地下和半地下 LNG 储罐的各级 LNG 加气站及合建站。

（2）合建站中地上 LNG 储罐总容积不大于 60m³。

（3）LNG 加气站位于市政消火栓保护半径 150m 以内，且能满足一级站供水量不小于 20L/s 或二级站供水量不小于 15L/s。

（4）LNG 储罐之间的净距不小于 4m，且在 LNG 储罐之间设置耐火极限不低于 3.00h 的钢筋混凝土防火隔墙，防火隔墙顶部高于 LNG 储罐顶部，长度至两侧防护堤，厚度不小于 200mm。

（三）火灾报警系统

1. 加气站、加油加气合建站应设置可燃气体检测报警系统。

2. 加气站、加油加气合建站内设置有 LPG 设备、LNG 设备的场所和设置有 CNG 设备（包括罐、瓶、泵、压缩机等）的房间内、罩棚下，应设置可燃气体检测器。

3. 可燃气体检测器一级报警设定值应小于或等于可燃气体爆炸下限的 25%。

4. LPG 储罐和 LNG 储罐应设置液位上限、下限报警装置和压力上限报警装置。

5. 报警控制器宜集中设置在控制室或值班室内。

6. 报警系统应配有不间断电源。

7. 可燃气体探测器和报警器的选用和安装，应符合《石油化工可燃气体和有毒气体检测报警设计规范》（GB 50493-2009）的有关规定。

8. LNG 泵应设超温、超压自动停泵保护装置。

（四）供配电

1. 加油加气站的供电负荷等级可为三级，信息系统应设不间断供电电源。

2. 当采用电缆沟敷设电缆时，加油加气作业区内的电缆沟内必须充沙填实。电缆不得与油品、LPG、LNG 和 CNG 管道以及热力管道敷设在同一沟内。

（五）防雷、防静电

1. 钢制油罐、LPG 储罐、LNG 储罐和 CNG 储气瓶组必须进行防雷接地，接地点不应少于两处。CNG 加气母站和 CNG 加气子站的车载 CNG 储气瓶组拖车停放场地，应设两处临时用固定防雷接地装置。

2. 埋地钢制油罐、埋地 LPG 储罐和埋地 LNG 储罐，以及非金属油罐顶部的金属部件和罐内的各金属部件，应与非埋地部分的工艺金属管道相互做电气连接并接地。

第五节 发电厂防火

一、耐火构造设计要求

1. 发电厂主厂房（包括汽轮发电机房、除氧间、煤仓间和锅炉房），其生产过程中的火灾危险性为一级，要求厂房的建筑构件的耐火等级为二级。

2. 建筑构件允许采用难燃材料（难燃烧体），但耐火极限不应低于 0.75h。管道井、电缆井、排气道、垃圾道等竖向管井必须独立建造，其井壁应为耐火极限不低于 1.00h 的不燃烧体。根据防火分区划分合理设置防火墙，在防火墙上不应设门窗洞口；如必须开设，则应设耐火极限不低于 1.50h 的防火门窗。

二、安全疏散设计要求

主厂房按汽轮发电机房与除氧间、锅炉房与煤仓间、集中控制楼三个车间划分。为保证人员的安全疏散，每个车间应有不少于两个安全出口；在某些情况下，特别是地下室可能有一定困难，两个出口可有一个通至相邻车间。主厂房集中控制室是火力发电厂生产运行管理指挥中心，又是人员比较集中的地方，为保证人员安全疏散，应有两个安全出口（当建筑面积小于 $60m^2$ 时可设一个）。配电装置室内最远点到疏散出口的直线距离不应大于 15m。

三、建筑内部装修防火设计要求

各类控制室、电子计算机室、通信室：

墙面、顶棚：A 级。

其他：B1 级。

其他如资料档案室、图书室以及有安全疏散功能的楼梯间等：

墙面和顶棚：A 级。

地面：B 级。

空气调节系统的风道及其附件装修 A 级；保温 A 级或 B1 级。

四、采暖、通风、空气调节系统防火设计要求

蓄电池室、供氢站、供（卸）油泵房、油处理室、汽车库及运煤（煤粉）系统建（构）筑物严禁采用明火取暖。氢冷发电机的排气必须接至室外；配电装置室、油断路器室应设置事故排风机；变压器室通风系统应与其他通风系统分开（因为变压器室里面有绝缘油），变压器室之间的通风系统不应合并；蓄电池室送风设备和排风设备不应布置在同一风机室内；空气调节系统的送回风管道，在穿越重要房间或火灾危险性大的房间时应设置防火阀；蓄电池室、油系统、联氨间、制氢间以及氢冷式发电机组汽轮发电机房的电气设施均应采用防爆型。

五、防烟排烟系统防火设计要求

计算机室、控制室、电子设备间，应设排烟设施，机械排烟系统的排烟量可按房间换气次数每小时不小于 6 次计算。

六、火灾自动报警系统设计要求

消防控制室应与单元控制室或主控制室合并设置。点火油罐区为一个火灾报警区域，且火灾探测器及相关连接件应为防爆型。消防报警的音响应有别于所在处的其他音响。事故广播通过语音广播向火灾及邻近场所发出信号，引导建筑物内人员迅速撤离火灾危险区域，当火灾确认后，应能够将生产广播切换到火灾应急广播。

七、灭火系统设置要求

（一）自动喷水灭火系统

运煤系统建筑物设闭式自动喷水灭火系统时，宜采用快速响应喷头。当在寒冷地区设置室外变压器水喷雾灭火系统和油罐固定冷却系统时，应设置管路放空设施。水喷雾灭火系统在设计中还要考虑设置场所的环境条件，管道、阀门、喷头锈蚀和寒冷地区的冰冻以及杂质进入水系统等均会影响系统的有效性。

（二）气体灭火系统

集中控制楼内的单元控制室、电子设备间、电气继电器室、DCS 工程师设计站房或者计算机房、原煤仓、煤粉仓，宜采用组合分配气体灭火系统，灭火剂宜设 100% 备用。

（三）泡沫灭火系统

点火油罐区宜采用低倍数或中倍数泡沫灭火系统。其中单罐容量大于 200m^3 的油罐应采用固定式泡沫灭火系统；单罐容量小于或等于 200m^2 的油罐可采用移动式泡沫灭火系统。

八、消防应急照明系统设计要求

人员疏散的应急照明，在主要通道地面上的最低照度值，不应低于 1.01x。

对 200MW 及以上机组的应急照明，根据生产场所的重要性和供电的经济合理性，采用不同的供电方式。单元控制室、网络控制室及柴油发电机房，应采用蓄电池直流系统供电；主厂房出入口、通道、楼梯间及远离主厂房的重要工作场所，宜采用自带电源的应急灯；其他场所应按保安负荷供电设置应急照明。单机容量为 200MW 以下燃煤电厂的应急照明，应采用蓄电池直流系统供电。

第六节　飞机库防火

一、飞机库的分类

飞机库按照防火分区最大建筑面积分为如下几类：

Ⅰ类飞机库：飞机停放和维修区内一个防火分区建筑面积为 5001 ~ 50000m^2 的飞机库为Ⅰ类飞机库。

Ⅱ类飞机库：飞机停放和维修区内一个防火分区建筑面积为 3001 ~ 5000m^2 的飞机库为Ⅱ类飞机库。

Ⅲ类飞机库：飞机停放和维修区内一个防火分区建筑面积为等于或小于 3000m^2 的飞

机库为III类飞机库。

二、飞机库的火灾危险性

1. 燃油流散与火源引发火灾。
2. 清洗飞机座舱引发火灾。
3. 电气系统引发火灾。
4. 静电引发火灾。
5. 人为过失引发火灾。

三、飞机库的防火设计要求

(一) 总平面布局和平面布局

1. 一般规定

飞机库位置通常远离航站楼和候机楼，靠近滑行道或停机坪。飞机库可能设在飞机维修基地内，有时由几座飞机库组成机库群，飞机库之间、飞机库与其他建筑之间应有一定的防火间距。

（1）危险品库房、装有油浸电力变压器的变电所不应设置在飞机库内或与飞机库贴邻建造。

（2）飞机停放和维修区与其贴邻建筑的生产辅助用房之间的防火分隔措施，应根据生产辅助用房的使用性质和火灾危险性确定：

①与办公楼、飞机部件喷漆间、飞机座椅维修间、航材库、配电室和动力站等生产辅助用房应隔开，防火墙上的门应采用甲级防火门或耐火极限不低于3.00h的防火卷帘。

②与单层维修工作间、办公室、资料室和库房等应采用耐火极限不低于2.00h的隔墙隔开，隔墙上的门应采用乙级防火门或耐火极限不低于2.00h的防火卷帘。

（3）飞机库内不宜设置办公室、资料室、休息室等用房，须设置少量这类用房时，宜靠外墙设置，并应有直通安全出口或疏散走道的措施，办公室、资料室、休息室等用房与飞机停放和维修区之间应采用耐火极限不低于2.00h的不燃烧体隔墙和不低于1.50h的顶板隔开，隔墙上的门窗应为甲级防火门窗。

（4）甲、乙、丙类火灾危险性的使用场所和库房不得设在飞机库地下或半地下室内。甲、乙、丙类物品暂存间不应设置在飞机库内，当设置在贴邻飞机库的生产辅助用房区内时，应靠外墙设置并应设置直接通向室外的安全出口，与其他部位之间必须用防火隔墙和耐火极限不低于1.50h的不燃烧体楼板隔开。甲、乙类物品暂存量应按不超过一昼夜的生产用量设计，并应采取防止可燃液体流淌扩散的措施。

2. 防火间距

一般情况下，两座相邻飞机库的防火间距不应小于 13m。但当两座飞机库相邻的较高一面的外墙为防火墙时，其防火间距不限；当两座飞机库相邻的较低一面外墙为防火墙，且较低一座飞机库屋面结构的耐火极限不低于 1.00h 时，其防火间距不应小于 7.5m。

3. 消防车道

飞机库周围应设环形消防车道，III类飞机库可沿飞机库的两个长边设置消防车道。当设置尽头式消防车道时，应设置回车场。

消防车道的净宽度不应小于 6.0m，消防车道边线距飞机库外墙不宜小于 5.0m，消防车道上空 4.5m 以下范围内不应有障碍物。飞机库的长边长度大于 220.0m 时，应设置进出飞机停放和维修区的消防车出入口，消防车出入飞机库的门净宽不应小于车宽加 1.0m，门净高度不应小于车高加 0.5m，且门的净宽度和净高度均不应小于 4.5m。

供消防车取水的天然水源地或消防水池处，应设置消防车道和回车场。

（二）防火分区和耐火等级

1. 防火分区

各类飞机库内飞机停放和维修区的防火分区允许最大建筑面积应符合表 4-2 规定。

表 4-2　飞机库防火分区

类别	防火分区允许最大建筑面积 /m²	机库容量
I 类飞机库	50000	可停放和维修多架大型飞机
II 类飞机库	5000	可停放和维修 1～2 架中型飞机
III 类飞机库	3000	只能停放和维修小型飞机

飞机库内的防火分区之间应采用防火墙分隔，确有困难的局部开口可采用耐火极限不低于 3.00h 的防火卷帘。防火墙上的门应采用在火灾时能自行关闭的甲级防火门，门或卷

帘应与其两侧的火灾探测系统联锁关闭，并应同时具有手动和机械操作的功能。

2.耐火等级

飞机库的耐火等级分为一、二两级。

Ⅰ类飞机库的耐火等级应为一级，Ⅱ、Ⅲ类飞机库的耐火等级不应低于二级，飞机库地下室的耐火等级应为一级。

飞机库建筑构件均应为不燃烧体。

（三）建筑构造

飞机库的防火墙应设置在基础上或相同耐火极限的承重构件上。输送可燃气体和甲、乙、丙类液体的管道严禁穿过防火墙。其他管道不宜穿过防火墙，当确须穿过时，应采用防火封堵材料将空隙填塞密实。

飞机库的外围结构、内部隔墙和屋面保温隔热层均应采用不燃烧材料。

飞机库大门及采光材料应采用不燃烧或难燃烧材料。

飞机停放和维修区的工作间壁、工作台和物品柜等均应采用不燃烧材料制作。

飞机停放和维修区的地面应采用不燃烧材料制作。

飞机库地面下的沟、坑均应采用不渗透液体的不燃烧材料建造。

（四）安全疏散

飞机停放和维修区的每个防火分区至少应有两个直通室外的安全出口，其最远工作地点到安全出口的距离不应大于75.0m。当飞机库大门上设有供人员疏散用的小门时，小门的最小净宽不应小于0.9m。飞机停放和维修区内的地下通行地沟应设有不少于两个通向室外的安全出口。

（五）电气

Ⅰ、Ⅱ类飞机库的消防电源负荷等级应为一级。

Ⅲ类飞机库的消防电源负荷等级应为二级。

（六）消防设施的配置

1.消防给水

飞机库的消防水源及消防供水系统要满足火灾延续时间内所有泡沫灭火系统、自动喷水灭火系统和室内外消火栓同时供水的要求。消防给水系统必须采取可靠措施，防止泡沫液回流污染公共水源和消防水池。消防泵房宜采用自带油箱的内燃机，其燃油料储备量不宜小于内燃机4h的用量，并不大于8h的用量。当内燃机采用集中的油箱（罐）供油时，应设置储油间。

2. 火灾自动报警系统

Ⅰ、Ⅱ、Ⅲ类飞机库均应设置火灾自动报警系统。在飞机停放和维修区内设置火灾自动报警系统应符合以下要求：

（1）屋顶承重构件区宜选用感温探测器。鉴于飞机维修库内空间高大，宜采用缆式感温探测器便于安装、修护。

（2）在地上空间宜选用火焰探测器和感烟探测器。在建筑高度大于 20.0m 的飞机库，可采用吸气式感烟探测器。

（3）在地面以下的地下室和地面以下的通风地沟内有可燃气体聚集的空间、燃气进气间和燃气管道阀门附近应选用可燃气体探测器。

第五章　消防安全检查

第一节　消防安全检查的目的和形式

一、消防安全检查的目的

单位消防安全检查的目的就是通过对本单位消防安全管理和消防设施的检查了解单位消防安全制度、安全操作规程的落实和遵守情况以及消防设施、设备的配置和运行情况，以督促规章制度、措施的贯彻落实，提高和警示员工的安全防范意识和发现火灾隐患并督促落实整改，减少火灾的发生和最大限度减少人员伤亡及其财产损失。这既是单位自我管理、自我约束的一种重要手段，也是及时发现和消除火灾隐患、预防火灾发生的重要措施。

二、消防安全检查的形式

消防安全检查是一项长期的、经常性的工作，在组织形式上应采取经常性检查和定期性检查相结合、重点检查和普遍检查相结合的方式。具体检查形式主要有以下几种：

（一）一般日常性检查

这种检查是按照岗位消防责任制的要求，以班组长、安全员、义务消防员为主对所处的岗位和环境的消防安全情况进行检查，通常以人员在岗在位情况、火源电源气源等危险源管理、灭火器配置、疏散通道和交接班情况为检查的重点。

一般日常性检查能及时发现不安全因素，及时消除安全隐患，它是消防安全检查的重要形式之一。

（二）定期防火检查

这种检查是按规定的频次进行，或者按照不同的季节特点，或者结合重大节日进行检查的。这种检查通常由单位领导组织，或由有关职能部门组织，除了对所有部位进行检查外，还要对重点部位进行重点检查。这种检查的频次对企事业单位应当至少每季度检查一次，对重点部位至少每月检查一次。

（三）专项检查

根据单位实际情况以及当前主要任务和消防安全薄弱环节开展的检查，如用电检查、用火检查、疏散设施检查、消防设施检查、危险品储存与使用检查等。专项检查应有专业技术人员参加。

（四）夜间检查

夜间检查是预防夜间发生火灾的有效措施，检查主要依靠夜间值班干部、警卫和专兼职消防管理人员。重点是检查火源电源的管理、白天的动火部位、重要仓库以及其他有可能发生异常情况的部位，及时堵塞漏洞、消除隐患。

（五）防火巡查

防火巡查是消防安全重点单位一种必要的消防安全检查形式，也是《消防法》赋予消防安全重点单位必须履行的一项职责。消防安全重点单位应当进行每日防火巡查，并确定巡查的人员、内容、部位和频次。公共娱乐场所在营业期间的防火巡查应当至少每2h一次，营业结束时应当对营业现场进行检查，消除遗留火种。宾馆、饭店、医院、养老院、寄宿制的学校、托儿所、幼儿园应当加强夜间防火巡查；重要的仓库和劳动密集型企业也应当重视日常的防火巡查，其他消防安全重点单位可以结合实际需要组织防火巡查。

防火巡查人员应当及时纠正违章行为，妥善处置火灾危险，无法当场处置的，应当立即报告。发现初起火灾应当立即报警并及时扑救。

防火巡查应当填写巡查记录，巡查人员及其主管人员应当在巡查记录上签名。

单位防火巡查的内容，一般都是动态管理上的薄弱环节，而且一旦失察就可能造成重大事故，包括以下内容：

1. 用火、用电有无违章情况；
2. 安全出口、疏散通道是否畅通，安全疏散指示标志、应急照明是否完好；
3. 消防设施、器材和消防安全标志是否在位、完整；
4. 常闭式防火门是否处于关闭状态，防火卷帘下是否堆放物品影响使用；
5. 消防安全重点部位的人员在岗情况；
6. 其他消防安全情况。

（六）其他形式的检查

根据需要进行的其他形式检查，如重大活动前的检查、开业前的检查、季节性检查等。

第二节　消防安全检查的方法与内容

一、单位消防安全检查的方法

消防安全检查的方法是指单位为达到实施消防安全检查的目的所采取的技术措施和手段。消防安全检查手段直接影响检查的质量，单位消防安全管理人员在进行自身消防安全检查时应根据检查对象的情况，灵活运用以下各种手段，了解检查对象的消防安全管理情况。简单地说就是查、问、看、测。

（一）查阅消防档案

消防档案是单位履行消防安全职责、反映单位消防工作基本情况和消防管理情况的载体。查阅消防档案应注意以下问题：

一是消防安全重点单位的消防档案应包括消防安全基本情况和消防安全管理情况。其内容必须按照《机关、团体、企业、事业单位消防安全管理规定》中第四十二条、第四十三条的规定，全面翔实地反映单位消防工作的实际状况。

二是制定的消防安全制度和操作规程是否符合相关法规和技术规程。

三是灭火和应急救援预案是否可靠，演练是否按计划进行。

四是查阅消防机构填发的各种法律文书，尤其要注意责令改正或重大火灾隐患限期整改的相关内容是否得到落实。

五是防火检查、防火巡查记录是否完善。

六是消防安全教育、培训内容是否完整。

（二）询问员工

询问员工是消防安全管理人员实施消防安全检查时最常用的方法。为在有限的时间之内获得对检查对象的大致了解，并通过这种了解掌握检查对象的消防安全知识和能力状况，消防管理人员可以通过询问或测试的方法直接而快速地获得相关的信息。

一是询问各部门、各岗位的消防安全管理人员，了解其实施和组织落实消防安全管理工作的概况以及对消防安全工作的熟悉程度。

二是询问消防安全重点部位的人员，了解单位对其培训的概况。

三是询问消防控制室的值班、操作人员，了解其是否具备岗位资格。

四是公众聚集场所应随机抽询数名员工，了解其组织引导在场群众疏散的知识和技能以及报火警和扑救初起火灾的知识和技能。

（三）查看消防通道、安全出口、防火间距、防火防烟分区设置、灭火器材、消防设施、建筑及装修材料等情况

消防通道、安全出口、消防设施、灭火器材、防火间距、防火防烟分区等是建筑物或场所消防安全的重要保障，国家的相关法律与技术规范对此都做了相应的规定。查看消防通道、消防设施、灭火器材、防火间距、防火分隔等，主要是通过眼看、耳听、手摸等方法，判断消防通道是否畅通，防火间距是否被占用，灭火器材是否配置得当并完好有效，消防设施各组件是否完整齐全无损、各组件阀门及开关等是否置于规定启闭状态、各种仪表显示位置是否处于正常允许范围，建筑装修材料是否符合耐火等级和燃烧性能要求，必要时再辅以仪器检测、鉴定等手段，确保检查效果。

（四）测试消防设施

按照《消防法》的要求，单位应对消防设施至少每年检测一次。这种检测一般由专业的检测公司进行。使用专用检测设备测试消防设施设备的工况，要求检测员具备相应的专业技术基础知识，熟悉各类消防设施的组成和工作原理，掌握检查测试方法以及操作中应注意的事项。对一些常规消防设施的测试，利用专用检测设备对火灾报警器报警、消防电梯强制性停靠、室内外消火栓压力、消火栓远程启泵、压力开关和水力警铃、末端试水装置、防火卷帘升降、防火阀启闭、防排烟设施启动等项目进行测试。

二、单位消防安全检查的内容

单位进行消防安全检查应当包括以下内容：

一是火灾隐患的整改情况以及防范措施的落实情况；

二是安全疏散通道、疏散指示标志、应急照明和安全出口情况；

三是消防车通道、消防水源情况；

四是火器材配置及有效情况；

五是用火、用电有无违章情况；

六是重点工种人员以及其他员工消防知识的掌握情况；

七是消防安全重点部位的管理情况；

八是易燃易爆危险物品和场所防火防爆措施的落实情况以及其他重要物资的防火安全情况；

九是消防（控制室）值班情况和设施运行、记录情况；

十是防火巡查情况；

十一是消防安全标志的设置情况和完好、有效情况；

十二是其他需要检查的内容。

第三节　消防安全检查的实施

一、一般单位内部的日常管理检查要点

（一）消防安全组织机构及管理制度的检查

1. 检查方法

查看消防安全组织机构及管理制度的相关档案及文件。

2. 要求

消防安全责任人及消防安全管理人的设置及职责明确；消防安全管理制度健全；相关火灾危险性较大岗位的操作规程和操作人员的岗位职责明确；义务消防队组成和灭火及疏散预案完善；消防档案包括单位基本情况、建筑消防审批验收资料、安全检查、巡查、隐患整改、教育培训、预案演练等日常消防管理记录在案。

（二）单位员工消防安全能力的检查

1. 检查方法

任意选择几名员工，询问其消防基本知识掌握的情况，对于疏散通道和安全出口的位置及数量的了解情况及对疏散程序和逃生技能的掌握情况；模拟一起火灾，检查现场疏散引导员的数量和位置；检查疏散引导员引导现场人员疏散逃生的基本技能；常用灭火器的选用和操作方法等。

2. 要求

（1）员工熟练掌握报警方法，发现起火能立即呼救、触发火灾报警按钮或使用消防专用电话通知消防控制室值班人员，并拨打"119"电话报警。

（2）熟悉自己在初起火灾处置中的岗位职责、疏散程序和逃生技能，以及引导人员疏散的方法要领。

（3）熟悉疏散通道和安全出口的位置及数量，按照灭火和应急疏散预案要求，通过喊话和广播等方式，引导火场人员通过疏散通道和安全出口正确逃生。

（4）宾馆、饭店的员工还应掌握逃生器械的操作方法，指导逃生人员正确使用缓降器、缓降袋、呼吸器等逃生器械。

（5）员工掌握室内消火栓和灭火器材的位置和使用的操作要领，能根据起火物类型选用对应的灭火器并按操作要领正确扑救初起火灾。

（6）员工掌握基本的防火知识，熟悉本岗位火灾危险性、工艺流程、操作规程，能紧急处理一般的事故苗头。

（7）电、气焊等特殊工种相关操作人员具备电、气焊等特殊工种上岗资格，动火作业许可证完备有效；动火监护人员到场并配备相应的灭火器材；员工掌握可燃物清理等火灾预防措施，掌握灭火器操作等火灾扑救技能。

3. 重点火灾危险源的检查

（1）检查方法

查看厨房、配电室、锅炉房及柴油发电机房等火灾危险性较大的部位和使用明火部位的管理情况。

（2）要求

①厨房排油烟机及管道的油污定期清洗；电气设备的除尘及检查等消防安全管理措施落实；燃油燃气设施消防安全管理等制度完备，燃油储量符合规定（不大于一天的使用量）。

②电气设备及其线路未超负荷装设，无乱拉乱接；隐蔽线路应当穿管保护；电气连接应当可靠；电气设备的保险丝未加粗或以其他金属代替；电气线路具有足够的绝缘强度和机械强度；未擅自架设临时线路；电气设备与周围可燃物保持一定的安全距离。

③使用明火的部位有专人管理，人员密集场所未使用明火取暖。

4. 建筑内、外保温材料及防火措施的检查

（1）检查方法

现场观察和抽样做材料燃烧性能鉴定。

（2）要求

①一类高层公共建筑和高度超过100m的住宅建筑，保温材料的燃烧性能应为A级；

②二类高层公共建筑和高度大于27m但小于100m的住宅建筑，保温材料应采用低烟、低毒且燃烧性能不应低于B1级；

③其他建筑保温材料的燃烧性能不应低于B2级；

④保温系统应采用不燃材料做防护层，当采用B1级材料时，防护层厚度不低于10mm；

⑤建筑外墙的外保温系统与基层墙体、装饰层之间的空腔，应在每层楼板处采用防火封堵材料封堵。

5. 消防控制室的检查

（1）检查方法

①查看消防控制室设置是否合理，内部设备布置是否符合规定，功能是否完善；查看

值班员数量及上岗资格证书；任选火灾报警探测器，用专用测试工具向其发出模拟火灾报警信号，待火灾报警探测器确认灯启动后，检查消防控制室值班人员火灾信号确认情况；模拟火灾确认之后，检查消防控制室值班人员火灾应急处置情况。

②检查其他操作如开机、关机、自检、消音、屏蔽、复位、信息记录查询、启动方式设置等要领的掌握情况。

（2）要求

①消防控制室的耐火等级应为一、二级，且应独立设置或设在一层或负一层并有直通室外的出口，内部设备布置合理，能满足受理火警、操控消防设施和检修的基本要求。

②同一时段值班员数量不少于两人，且持有消防控制室值班员（消防设施操作员）上岗资格证书。

③接到模拟火灾报警信号后，消防控制室值班人员以最快的方式确认是否发生火灾；模拟火灾确认之后，消防控制室值班人员立即将火灾报警联动控制开关转至自动状态（平时已处于自动状态的除外），启动单位内部应急灭火疏散预案，并按预案操作相关消防设施。如切换电源至消防电源，启动备用发电机、水泵、防排烟风机，关闭防火卷帘和常开式防火门，打开应急广播引导人员疏散，同时拨打"119"火警电话报警并报告单位负责人，然后观察各个设备动作后的信号反馈情况，确认各项预案步骤落实到位。

④消防控制室内不应堆放杂物和无关物品。

6.防火分区及建筑防火分隔措施的检查

（1）防火分区的检查

检查方法：实际观察和测量。

要求：防火分区应按功能划分且分区面积符合规范要求；无擅自加盖增加建筑面积或拆除防火隔断、破坏防火分区的情况；无擅自改变建筑使用功能使原防火分区不能满足现功能要求的情况。

（2）防火卷帘的检查

外观检查：组件应齐全完好，紧固件无松动现象；门帘各接缝处、导轨、卷筒等缝隙应有防火密封措施，防止烟火窜入；防火卷帘上部、周围的缝隙应采用相同耐火极限的不燃材料填充、封堵。

功能检查：分别操作机械手动、触发手动按钮、消防控制室手动输出遥控信号、分别触发两个相关的火灾探测器，查看卷帘的手动和自动控制运行情况及信号反馈情况。

要求：

①防火卷帘应运行平稳，无卡涩。远程信号控制，防火卷帘应按固定的程序自动下降。设置在非疏散通道位置的仅用于防火分隔用途的防火卷帘，在火灾报警探测器报警之后能

一步直接下降至地面。

②当防火卷帘既用于防火分隔又作为疏散的补充通道时，防火卷帘应具有二步降的功能，即在感烟探测器报警之后下降至距地面1.8m的位置停止，待感温探测器报警之后继续下降至地面。

③对设在通道位置和消防电梯前室设置的卷帘，还应有内外两侧手动控制按钮，保证消防员出入时和卷帘降落后尚有人员逃生时启动升降。

④防火卷帘还应有易熔片熔断降落功能。

（3）防火门的检查

外观检查：防火门设置合理，组件齐全完好，启闭灵活、关闭严密。

功能检查：将常闭式防火门从任意一侧手动开启至最大开度之后放开，观察防火门的动作状态；对常开式防火门将消防控制室防火门控制按钮设置于自动状态，用专用测试工具向常开式防火门任意一侧的火灾报警探测器发出模拟火灾报警信号，观察防火门的动作状态。

要求：

①防火门应为向疏散方向开启的平开门，并在关闭后应能从任何一侧手动开启。

②常闭式防火门应能自行关闭，双扇防火门应能按顺序关闭；电动常开式防火门应能在火灾报警后按控制模块设定顺序关闭并将关闭信号反馈至消防控制室。设置在疏散通道上并设有出入口控制系统的防火门，应能自动和手动解除出入口控制系统。

③防火门的耐火极限符合设计要求，和安装位置的分隔作用要求相一致。防火门与墙体间的缝隙应用相同耐火等级的材料进行填充封堵。

④防火门不得跨越变形缝，并不得在变形缝两侧任意安装，应统一安装在楼层较多的一侧。

（4）防火阀和排烟防火阀等管道分隔设施的检查

检查方法：检查阀体安装是否合理、可靠，分别手动、电动和远程信号控制开启和关闭阀门，观察其灵活性和信号反馈情况。

要求：

①阀门应当紧贴防火墙安装，且安装牢固、可靠，铭牌清晰，品名与管道对应。

②阀门启闭应当灵活，无卡涩。电动启闭应当有信号反馈，且信号反馈正确。阀体无裂缝和明显锈蚀，管道保温符合特定要求。

③易熔片的熔断温度和火灾温度自动控制符合阀门动作温度要求。

④必要时，应打开防火阀检查内部焊缝是否平整密实，有无虚焊漏焊；油漆涂层是否均匀，有无锈蚀剥落；弹簧弹力有无松弛，阀片轴润滑是否正常，电气连接是否可靠；有无异物堵塞，特别是防火阀在经历火灾后应立即检查并更换易熔片和其他因火灾损坏的部件。

（5）电梯井、管道井等横、竖向管道孔洞分隔的检查

检查方法：查看电缆井、管道井等竖向井道以及管道穿越楼板和隔墙的孔洞的分隔及封堵情况。

要求：

①电缆井、管道井、排烟道、通风道等竖向井道，应分别独立设置。井壁的耐火极限不应低于 1.00h，检查门应采用丙级防火门。

②电缆井、管道井等竖向井道在每层楼板处采用不低于楼板耐火极限的不燃烧体或防火封堵材料封堵；与房间相连通的孔洞采用防火封堵材料封堵；特别是电缆井桥架内电缆空隙也应在每层封堵，且应满足耐火极限要求。

③电梯井应独立设置，井内严禁敷设可燃气体和甲、乙、丙类液体管道，不应敷设与电梯无关的电缆、电线等。电梯井的井壁除设置电梯门洞和通气孔洞外，不应设置其他洞口。电梯层门的耐火极限不应低于 1.00h。

④现代建筑一般不设垃圾井道，对老建筑的垃圾道应封死，防止有人随意丢弃垃圾或其他引火物。垃圾应实行袋装化管理。

⑤玻璃幕墙应在每层楼板处用一定耐火等级的材料进行封堵。

7. 安全疏散设施的检查

（1）疏散走道和安全出口的检查

检查方法：查看疏散走道和安全出口的通行情况。

要求：

①疏散走道和安全出口畅通，无堵塞、占用、锁闭及分隔现象，未安装栅栏门、卷帘门等影响安全疏散的设施。

②平时需要控制人员出入或设有门禁系统的疏散门具有保证火灾时人员疏散畅通的可靠措施；人员密集的公共建筑不宜在窗口、阳台等部位设置栅栏，当必须设置时，应设有易于从内部开启的装置；窗口、阳台等部位宜设置辅助疏散逃生设施。

③疏散走道、楼梯间应无可燃装修和堆放杂物。

④进入楼梯间和前室的门应为乙级防火门，平时应处于关闭状态。楼梯间的门除通向屋顶平台和一楼大厅的门外，其他各层进入楼梯间的门都应向楼梯间开启。楼梯间内一楼与地下室的连接梯段处应有分隔措施，防止人员疏散时误入地下层。

（2）应急照明和疏散指示标志的检查

检查方法：

①查看外观、附件是否齐全、完整。

②应急照明灯的设置位置是否符合要求；疏散指示标志方向是否正确。

③断开非消防用电，用秒表测量应急工作状态的转换时间和持续时间。

④使用照度计测量两个应急照明灯之间地面中心的照度是否达到要求。

要求：

①应急照明灯能正常启动；电源转换时间应不大于5s。

②应急照明灯和疏散指示灯的供电持续时间应符合相关要求，照度应符合设置场所的照度要求。

③消防应急灯具的应急工作时间应不小于灯具本身标称的应急工作时间。

④安装在走廊和大厅的应急照明灯应置于顶棚下或接近顶棚的墙面上，楼梯间应置于休息平台下，且正对楼梯梯段。

⑤消防疏散标志灯应安装在疏散走道1m以下的墙面上，间距不应大于20m；供电应连接于消防电源上，当用蓄电池做应急电源时，其连续供电时间应满足持续时间的要求。

⑥对安装在疏散通道高处的消防疏散指示标志，应使指示标志正对疏散方向，标志牌前不得有遮挡物；消防疏散指示标志灯安装在安全出口时应置于出口的顶部，安装在走道侧面墙壁上和转角处时应符合相关要求。

⑦商场、展览等人员密集场所除在墙面设置灯光疏散指示灯外，还应在疏散通道地面上设置灯光疏散指示标志灯或蓄光型疏散指示标志，且亮度符合要求。

（3）避难层（间）的检查

检查方法：查看避难层（间）的设置和内部设施情况。

要求：

①保证避难层（间）的有效面积能满足疏散人员的要求（每平方米少于5人），不得设置办公场所和其他与疏散无关的用房。

②避难层（间）的通风系统应独立设置，建筑内的排烟管道和甲、乙类燃气管道不得穿越避难层（间），避难层（间）内不得有任何可燃装修和堆放可燃物品，通过避难层的楼梯间应错开设置。

③避难层（间）应设应急照明，地面照度不低于3.001x；医院避难层（间）地面的照度不低于1.0001x。

④应急照明、应急广播和消防专用电话及其他消防设施的供电电源应连接至消防电源。

8.火灾自动报警系统的检查

（1）火灾报警功能的检查

检查方法：观察各类探测器的型号选择、保护面积、安装位置是否符合《火灾自动报警设计规范》（GB 50116-2013）的要求，并任选一只火灾报警探测器，用专用测试工具向其发出模拟火灾报警信号，观察其动作状态。

要求：

①探测器选型准确，保护面积适当，安装位置正确。

②发出模拟火灾信号后，火灾报警确认灯启动，并将报警信号反馈至消防控制室，编码位置准确。

（2）故障报警功能的检查

检查方法：任选一只火灾报警探测器，将其从底座上取下，观察其动作状态。

要求：故障报警确认灯启动，并将报警信号反馈至消防控制室。

（3）火警优先功能的检查

检查方法：任选一只火灾报警探测器，将其从底座上取下；同时，任选另外一只火灾报警探测器，用专用测试工具向其发出模拟火灾报警信号，观察其动作状态。

要求：故障报警状态下，火灾报警控制器首先发出故障报警信号；火灾报警信号输出后，火灾报警控制器优先发出火灾报警信号。故障报警状态暂时中止，当处理完火灾报警信号（消音）后，故障信号还会出现，可以滞后处理，以保证火警优先。

（4）手报按钮和探测器安装位置的检查

检查方法：目测或工具测量。

要求：

①手报按钮应安装在楼梯口或疏散走廊的墙壁上，高度为 1.3～1.5m，间隔距离不大于 20m。

②感烟探测器应安装在楼板下，进烟口与楼板距离不大于 10cm，斜坡屋面应安装在屋脊上，倾斜度不大于 45°；安装在走廊时，两个感烟探测器间距不大于 15m，对袋形走道间距不大于 8m 且应居中布置；两个感温探测器的安装间距不大于 10m；探测器的工作显示灯闪亮并面向出入口。

③探测器与侧墙或梁的距离不应小于 0.5m，距送风口不小于 1.5m；当梁的高度大于 0.6m 时，两梁之间应作为独立探测区域。

9. 消防给水灭火设施的检查

（1）室内、室外消火栓系统的检查

①室内消火栓组件的检查

检查方法：任选一个综合层和一个标准层，查看室内消火栓的数量和安装要求；任选几个消火栓箱，查看箱内组件，用带压力表的枪头测试消火栓的静压。

要求：室内消火栓竖管直径不小于 100mm，消火栓间距对多层建筑不大于 50m，对于高层建筑不大于 30m。室内消火栓箱内的水枪、水带等配件齐全，水带长度不小于 20m，水带与接口绑扎牢固。出水口应与墙面垂直。消火栓出水口静压大于 0.3MPa，但不宜大于 0.7MPa。消火栓箱的手扳按钮按下后既能发出报警信号还能启动消防水泵。

②室内消火栓启泵和出水功能的检查

检查方法：按照设计出水量的要求，开启相应数量的室内消火栓；将消防控制室联动控制设备设置在自动位置，按下消火栓箱内的启泵按钮，查看消火栓及消防水泵的动作情况，并目测充实水柱长度。

要求：消火栓泵启动正常并将启泵信号反馈至消防控制室；水枪出水正常；充实水柱一般长度不应小于 10m，体积大于 25000m³ 的商店、体育馆、影剧院、会堂、展览建筑及车站、码头、机场建筑等，充实水柱长度不应小于 13m。

③室外消火栓的检查。

检查方法：任选一个室外消火栓，检查出水情况。

要求：室外消火栓不应被埋压、圈占、遮挡，标志明显；安装位置距建筑外墙不宜小于 5m，距消防车道不宜大于 2m，两个消火栓之间的间距不应大于 60 m；有专用开启工具，阀门开启灵活、方便，消火栓出水正常；在冬季冻结区域还应有防冻措施。设置室外消火栓箱的，箱内水带、枪头等备件齐全。

④水泵接合器的检查

检查方法：任选一个水泵接合器，检查供水范围。

要求：水泵接合器不应被埋压、圈占、遮挡，标志明显，并标明供水系统的类型及供水范围，安装在墙壁的水泵接合器的安装高度距地面宜为 0.7m，距建筑物外墙的门窗洞口不小于 2m，且不应设置在玻璃幕墙下。设置在室外的水泵接合器应便于消防车取水，且距室外消火栓或消防水池不宜小于 15m。

（2）消防水泵房、消防水池、消防水箱的检查

检查方法：

①消防水泵房设置是否合理，是否有直通室外地面的出口。

②储水池是否变形、损伤、漏水、严重腐蚀，水位标志是否清楚、储水量是否满足要求。寒冷地区消防水池（水箱）应有保温防冻措施。

③操作控制柜，检查水泵能否启动。

④水管是否锈蚀、损伤、漏水。管道上各阀门开闭位置是否正确。

⑤利用手动或减水检查浮球式补水装置动作状况。利用压力表测定屋顶高位水箱最远阀或试验阀的进水压力和出水压力是否在规定值以内。

⑥水质是否腐败、有无浮游物和沉淀。

要求：

①消防水泵房不应设置在地下三层及以下或埋深 10m 以下，并有直通室外出口，单独

115

建造耐火等级不应低于二级。

②配电柜上的消火栓泵、喷淋泵、稳压（增压）泵的开关设置在自动（接通）位置。

③消火栓泵和喷淋泵进、出水管阀门，高位消防水箱出水管上的阀门，以及自动喷水灭火系统、消火栓系统管道上的阀门保持常开。

④高位消防水箱、消防水池、气压水罐等消防储水设施的水量达到规定的水位。

⑤北方寒冷地区，高位消防水箱和室内外消防管道有防冻措施。

10. 自动灭火系统的检查（系统的功能检查一般应在消防专业人员指导下进行）

（1）湿式喷水系统功能的检查

检查方法：观察喷头安装的距离、位置、保护面积是否符合规范要求；将消防控制室的消防联动控制设备设置在自动位置，开启最不利点处的末端试水装置观察报警、各类控制器动作、信号反馈、测试压力等。

要求：

①闭式喷头易熔玻璃球的熔化温度选择应符合场所的环境温度要求，两个喷头之间距离应为 $3 \sim 4.5m$，火灾荷载大的取大值，荷载小的取小值，一个喷头的最大保护面积不大于 $20m^2$。下垂式喷头的溅水盘与楼板的距离不大于 0.10m，直立式喷头溅水盘与楼板的距离不大于 0.15m 但不小于 0.075m，喷头与梁的间距不小于 0.6m，溅水盘与梁底面的高度差不大于 0.1m 不小于 0.025m。宽度大于 1.2m 的通风管道下应设喷头，走廊的喷头应居中布置。

②末端试水装置应设在消防给水管网的最不利点，出水压力不低于 0.05MPa；报警阀、压力开关、水流指示器动作；末端试水装置出水 5min 内，消防水泵自动启动；水力警铃发出警报信号，且距水力警铃 3m 远处的声压级不低于 70dB；水流指示器、压力开关和消防水泵的动作信号反馈至消防控制室。

其他自动喷水灭火系统如干式灭火系统、预作用灭火系统的检查可参照湿式灭火系统的检查方法进行。

（2）水幕、雨淋系统的检查

检查方法：将消防控制室的消防联动控制设备设置在自动位置（不宜进行实际喷水的场所，应在实验前关闭雨淋阀出口控制阀）。先后触发防护区内部两个火灾探测器或触发传动管泄压，查看火灾探测器或传动管的动作情况。

要求：火灾报警控制器确认火灾后，自动启动雨淋阀、压力开关及消防水泵；水力警铃发出警报信号，且距水力警铃 3m 远处的声压级不低于 70dB；水流指示器、压力开关，电动阀及消防水泵的动作信号反馈至消防控制室。

（3）泡沫灭火系统的检查

泡沫灭火设备的检查除应参照上述供水系统的检查外，还应注意以下几点：

灭火剂储罐的检查：灭火剂储罐各部分有无变形、损伤、泄漏，透气阀或通气管是否堵塞，外部有无锈蚀；通过液面计或计量杆检查储存量是否在规定量以上。

泡沫灭火剂的检查：打开储罐排液口阀门，用烧杯或量筒从上、中、下三个位置采取泡沫液，目视检查有无变质和沉淀物；判定时注意，判断灭火剂的种类（蛋白、合成表面、轻水泡沫）及稀释容量浓度，最好与预先准备的试剂相比较。当难以判定能否使用时应同厂商联系。

泡沫灭火剂混合装置检查：灭火剂混合方式有数种，按照有关说明资料，检查比例混合器、压力送液装置、比例混合调整机构及其连接的配管部分是否符合规定要求。

泡沫出口的检查：

①检查泡沫喷头安装角度，喷头、喷头网有无变形、损伤、零件脱落，泡沫喷射部分或空气吸入部分等是否堵塞。

②高倍泡沫出口，检查泡沫网是否破损、变形，网孔是否堵塞。用手转检查风扇的旋转及轴、轴承等部位有无影响性能的故障。

③检查周围有无影响泡沫喷射的障碍。

④全淹没方式防护区开口部设自动关闭装置时，应检查有无影响自动关闭装置性能（如泡沫严重泄漏）的变形损伤等。

（4）气体灭火设备的检查

外观检查：

①储气瓶周围温度、湿度是否过高（温度应低于40℃），日光是否直射和雨淋，是否设于防护区外且不通过防护区可以进出的场所；是否有照明设备，操作和检查空间是否足够。

②目视检查储气瓶、固定架、附件有无变形、锈蚀，储气瓶固定是否牢靠，固定螺栓是否紧固；储气瓶数目是否符合规定，压力是否处于安全区域；驱动气瓶压力是否符合要求，电气连接是否可靠；瓶头阀启动头是否牢固地固定在瓶头阀体上；电动式的导线是否老化、断线、松动；气动式的与驱动气瓶输气管连接部是否松脱；手动操作机构是否锈蚀，安全销是否损伤、脱落；气瓶连接管及集合管有无变形、损伤，连接部是否松动；单向阀是否变形、损伤，连接部是否松动；管网中的阀门、管道之间的连接是否可靠。

③气瓶间是否有气瓶设置及高压容器警示、说明标志。

④无管网装置的气瓶箱是否变形、损伤、锈蚀，安装是否牢靠，门的开关是否灵活，箱面是否有防护区名称和防护对象名称及使用说明。

⑤选择阀及启动头是否有变形损伤，连接部是否松动；手动操作处有无盖子或锁销；选择阀是否设在防护区外的场所，有无使用方法的标志说明牌（板）。

⑥手动启动装置操作箱是否设于易观察防护区的进出口附近，设置高度是否合适（应离地 0.8～1.5m），操作箱是否固定牢靠，周围有无影响操作的障碍物。在手动装置或其附近有无相应的防护区名称或防护对象名称、使用方法、安全注意问题等标志；启动装置处有无明显的"手动启动装置"的标牌。

⑦在防护区进出口门头上是否设置声光报警装置和"施放灭火剂禁止入内"显示灯，防止灭火剂施放中或灭火后灭火剂未清除期间人员误入。

⑧控制柜周围有无影响操作的障碍物，操作是否方便，设于室外时有无防止雨淋和无关人员胡乱触摸的措施；电源指示灯是否常亮；具有手动、自动切换开关的控制柜，自动、手动位置显示灯是否常亮；转换开关或其附件有无明显的使用方法说明标牌，转换状态的标志是否明显。

⑨防护区的进出口所设的"施放灭火剂禁止入内"显示灯是否破损、脏污、脱落。

功能检查：将消防控制室的消防联动控制开关设置在自动位置，关断有关灭火剂存储器上的驱动器，安上相适应的指示灯具、压力表和试验气瓶及其他相应装置，在试验防护区模拟两个独立的火灾信号进行施放功能测试。

要求：

①试验保护分区的启动装置及选择阀动作应正常；压力表测定的气压足以驱动容器阀和选择阀。

②声光报警装置应设于防护区门口且能发出符合设计要求的正常信号。

③有关的开口部位、通风空调设备以及有关的阀门等联动设备应关闭；换气装置应停止。

④延时阶段触发停止按钮，可终止气体灭火系统的自动控制。

⑤试验防护分区的启动装置及选择阀应准确动作、喷射出试验气体，且管道无泄漏。

⑥检查结束后，把试验用气瓶卸下，重新安装好气瓶，其他均恢复到原状。

⑦喷射分区门口应有喷射正在进行的提示标志，未完全换气时不得进入，必须进入时应佩戴空气呼吸器。

⑧无管网气体灭火装置的气体喷放口不得有任何影响气体施放的遮挡物。

11. 通风、防排烟系统的检查

（1）外观检查

①风机管道安装牢固，附件齐全，排烟管道符合耐火极限要求，无变形、开裂和杂物堵塞；通风口、排烟口无堵塞，启闭灵活；管道设置合理，排烟管道的保温层符合耐火要求。

②防火阀、排烟防火阀标志清晰，表面不应有变形及明显的凹凸，不应有裂纹等缺陷，焊接应光滑平整，不允许有虚焊、气孔夹杂等缺陷。

（2）功能检查

①采用自然排烟的走道的开窗面积分别不小于走道面积的 2%，防烟楼梯间及其前室的开窗面积不小于 $2m^2$，与电梯间合用前室的开窗面积不小于 $3m^2$，且在火灾发生时能自动开启或便于人工开启。

②机械排烟风机能正常启动，无不正常噪声；各送风、排烟口能正常开启；挡烟垂壁能自动降落。

③防火阀、排烟防火阀的手动开启与复位应灵活可靠，关闭时应严密。

④对电动防火阀应分别触发两个相关的火灾探测器或由控制室发出信号查看动作情况，防火阀和排烟防火阀在关闭后应向控制室反馈信号，确认阀门已关闭。

⑤将消防控制室防排烟系统联动控制设备设置在自动位置，任选一只火灾报警探测器，向其发出模拟火灾报警信号，其报警区域内的排烟设施应能正常启动。

（3）要求

当系统接到火灾报警信号后，相应区域的空调送风系统停止运行；相应区域的挡烟垂壁降落，排烟口开启并同时联动启动排烟风机，排烟口风速不宜大于 10m/s；设有补风系统的防排烟系统，相应区域的补风机启动；相应区域的正压送风机启动，送风口的风速不宜大于 7m/s；相应区域的防烟楼梯间及其前室和合用前室的余压值符合要求，保证楼梯间风压大于前室、前室风压大于疏散走道。

12. 灭火器设置的检查

检查方法：查看灭火器的选型、数量、设置点；查看压力指示器、喷射软管、保险销、喷头或阀嘴、喷射枪等组件；查看压力指示器和灭火器的生产或维修日期。

要求：灭火器选型符合配置场所的火灾类别和配置规定；组件完好；压力指针位于绿色区域，灭火器处于使用有效期内。

13. 其他防火安全措施的检查

（1）消防电源的检查

检查方法：查看消防电源指示灯显示；切换消防主、备电源。

要求：

①对一类高层建筑、建筑高度大于 50m 的乙、丙类厂房和丙类仓库，以及室外消防用水量 30L/s 的厂房或仓库、二类高层民用建筑等要求一、二级负荷供电的建筑、罐区、堆场的消防用电应设置双回路供电。当采用自备发电机做备用电源时，自备发电设备应设置自动和手动启动装置，当采用自动方式启动时，应能保证在 30s 内供电。

②从变压器端引出的消防电源与非消防电源相互独立；消防主、备电源供电正常，自动切换功能正常；备用消防电源的供电时间和容量应满足该建筑火灾延续时间内各消防用

电设备的要求。

③消防控制室、消防水泵房、防烟和排烟风机房及消防电梯等的供电应在其配电线路的最末一级配电箱处设置自动切换装置。

④消防控制室应设置UPS备用电源，并能保证消防控制室、应急照明灯、疏散指示标志灯和消防电梯等消防设备运行不少于30min，以满足极端条件下人员安全疏散的需要。

⑤所有消防用电的电气线路除采用矿物绝缘类不燃电缆，都应当穿金属管或用封闭式金属槽盒保护。配电室的消防用电配电线路应有明显标志。

（2）防火间距、消防车道及应急救援场地的检查

检查方法：实地查看防火间距、消防车道及应急救援场地的管理。

要求：防火间距、消防车道及消防救援场地符合设计规范；防火间距未被侵占（无违章搭建或堆放杂物）；消防车道畅通，消防车道、回车场地及消防车作业场地未被堵塞、占用、设置临时停车位或开挖管沟未及时回填、覆盖以及设置影响消防车通行及展开应急救援的障碍物；扑救面设置的消防员出入口不得设置栅栏、广告牌等障碍物；通行重型消防车的管沟盖板承重能力符合要求。

二、其他重点场所的检查要点

（一）公共娱乐场所的检查

由于公共娱乐场所人员比较密集，一旦发生火灾，极易造成群死群伤的火灾事故。因此，此类场所的检查应抓住设置部位、安全疏散、消防设施等重点内容。

1. 设置部位

（1）不应设在古建筑、博物馆、图书馆建筑内，不宜设置在砖木结构、木结构或未经防火处理的钢结构等耐火等级低于二级的建筑内；不应设置在袋形走道的两侧或尽头端（保龄球馆、旱冰场除外）。

（2）不应在居民住宅楼内改建公共娱乐场所，不得毗连重要仓库或危险物品仓库。

2. 安全疏散

（1）安全出口处不得设门槛，紧靠门口1.4m以内不应设踏步；疏散门应采用平开门并向疏散方向开启，不得采用卷帘门、转门、吊门和侧拉门、屏风等影响疏散的遮挡物；走道不应设台阶。

（2）营业时必须确保安全出口和疏散通道畅通无阻，严禁将门上锁、阻塞或用其他物品缠绕，影响开启；场所内容纳的最多人数不应超过公安机关核定的最多人数。

（3）营业时，安全出口、疏散通道上应设置符合标准的灯光疏散指示标志（间距

20m）。疏散走道、营业场所内应设应急照明灯，照明供电时间不得少于 30min，当营业场所设置在超高层建筑内时，照明供电时间不得少于 1.5h。

3. 疏散逃生措施

（1）每间包房内应配备应急照明灯或应急手电筒，每个顾客配备一块湿手（毛）巾，在每间包房门的背后或靠近门口的醒目位置及公共走道交叉处设置疏散导向图。

（2）卡拉 OK 厅及其包房内应设置声音或视像警报，保证在火灾发生初期将各卡拉 OK 房间的画面、音响消除，播送火灾警报，引导人们安全疏散。

4. 消防安全管理

（1）严禁带入和存放易燃、易爆物品。在地下公共娱乐场所，严禁使用液化石油气。使用燃气的场所应按规范要求安装可燃气体浓度报警装置，规模较大的场所应安装气源自动切断装置。

（2）严禁在营业时进行设备检修、电气焊、油漆粉刷等施工、维修作业。

（3）不得封闭或封堵建筑物的外窗。噪声污染影响居民等特殊原因确须封堵的应采用可开启窗，并安装自动喷水灭火装置、机械排烟设施等予以弥补。

（4）电气线路不得乱拉乱接，严禁超负荷使用。

（5）演出、放映场所的观众厅内禁止吸烟和演出时使用明火。

（6）建立烟蒂与普通生活垃圾分开清理的制度，垃圾篓不得采用塑料制品，应采用不燃材料制品。清理收集的垃圾必须放置在建筑主体外。

（7）营业与非营业期间都应当落实防火巡查，及时发现和处理事故苗头。

5. 内部装修防火措施的检查

（1）疏散通道、人员密集场所的房间、走道的顶棚、墙面和地面的装修材料的检查
检查方法：查看装修材料的燃烧性能。

要求：防烟楼梯间、封闭楼梯间、无自然采光的楼梯间的顶棚、墙面和门厅的顶棚装修材料的燃烧性能等级为 A 级；房间墙面、地面的装修材料的燃烧性能等级不低于 B1 级；当墙面、吊顶确须使用部分可燃材料时，可燃材料的占用面积不得超过装修面积的 10%；严禁使用泡沫塑料、海绵等易燃软包材料；地下建筑的疏散走道、安全出口和有人员活动的房间的顶棚、墙面和地面装修材料都应采用 A 级。

（2）电气安装防火措施的检查
检查方法：查看电气连接、线路保护、隔热措施、电器性能等。

要求：电气连接应当可靠，不许搭接、虚接、铜铝线混接。设置在顶棚内和墙体内等隐蔽处的电线必须穿管保护，且管头要封堵；所有穿过或安装在可燃物上的电气产品如开

关、插座、镇流器和照明灯具等要有隔热散热措施；卤钨灯和功率大于 100W 的白炽灯其引入线应采用瓷管、矿棉做隔热保护；同一支线上连接的灯具不得超过 20 个。不许使用不符合有关安全标准规定的电气产品。

（二）建筑工地的检查

由于建筑工地内施工单位数量较多，规模参差不齐，外来务工人员的消防意识薄弱，人员流动性强，危险品数量、品种较多，各种建筑物资混放和缺少消防设施、器材，一旦发生火灾会很快蔓延，容易造成人员伤亡和经济损失，因此，也是消防检查的重点场所之一。此类场所的消防检查，要以明火管理、危险品管理、电气线路及住宿场所、消防水源、车道和灭火器材等作为检查重点。

1. 明火管理

（1）施工现场动火作业必须严格执行动火审批制度。

（2）动火（电焊、气割等）作业人员必须经专业培训后持证上岗。

（3）动火场地应配备灭火器材，落实消防监护人员。

（4）施工现场内禁止吸烟，危险品仓库、可燃材料堆场、废品集中站及施工作业区等应设置明显的禁烟警告标志。

（5）内装修施工中使用油漆等带有挥发性的易燃、易爆材料时，应有良好的通风条件，并严禁在现场吸烟或动火作业。

2. 危险品管理

（1）工地内应按规范设置专用的危险品仓库（室），严禁乱堆、乱放。危险品仓库内应有良好的通风设施，仓库内电线应穿金属管保护并按相关规定采用防爆型电器。

（2）在建建筑内禁止设置易燃、易爆危险品仓库，禁止使用液化石油气。

（3）危险品仓库应派专人管理，危险品出库、入库应有记录。

（4）施工单位对施工中产生的刨花、木屑以及油毡、木料等易燃、可燃材料应当当天清理，严禁在施工现场堆积或焚烧。施工剩余的油漆、稀释料应集中临时存放，统一处理并远离火源。

3. 电气线路和设备

（1）施工现场采用的电气设备应符合现行国家标准的规定，动力线与照明线必须分开设置，并分别选择相应功率的保险装置，严禁乱接乱拉电气线路，严禁采用不符合规定要求的熔体代替保险丝。

（2）使用中的电气设备应保持完好，严禁带故障运行；电气设备不得超负荷运行；

配电箱、开关箱内安装的接触器、刀闸、开关等电气设备应动作灵活，接触良好可靠，触头没有氧化烧蚀现象。

4. 住宿场所

（1）在建工程的地下室、半地下室禁止设置施工和其他人员的住宿场所；禁止在库房内设置员工集体宿舍。在建工地内设置临时住宿、办公场所时，应在住宿、办公场所与施工作业区之间采取有效的防火分隔，落实安全疏散、应急照明等消防安全措施。

（2）住宿、办公场所的耐火等级不应低于三级，严禁搭建木板房和使用泡沫塑料板做夹层的彩钢板房作为住宿、办公场所。

（3）住宿场所内严禁乱接乱拉电线，严禁使用大功率电气设备（包括取暖设备、电加热设备），严禁存放、使用易燃、易爆物品。

5. 其他安全措施

（1）施工现场应设有消防车道，宽度不应小于3.5m，保证临警时消防车能停靠施救。

（2）建筑物的施工高度超过24m时，施工单位必须落实临时消防水源和供水设备。

（3）住宿、办公场所、施工现场要根据实际情况，配备足够的灭火器材，并安置在醒目和便于取用的地方。灭火器材应保养完好。

（三）仓库的检查

仓库是集中储存和中转物资的场所，一旦发生火灾，经济损失比较惨重，所以，仓库是消防安全的重点。消防安全检查要抓住人员培训、堆存物品、建筑防火、制度管理和消防设施等要素。

1. 一般物品的储存

（1）库内物品应当分类、分垛储存，每垛占地面积不宜大于$100m^2$。仓库内货物的堆放间距要符合有关仓库管理规定要求，仓库内货物进出通道宽度应不小于1.5m；垛与垛不小于1m，垛与墙、垛与顶、垛与柱梁、垛与灯之间，各种水平间距要保证不小于0.5m，灯具下方不宜堆放可燃物品，以利于通风和方便人员通行并能进行安全巡查。

（2）物品堆垛应避开门、窗和消防器材等，以便通行、通风和消防救援。

（3）库房内或危险品堆垛附近不得进行实验、分装、打包、易燃液体灌装或其他可能引起火灾的任何不安全操作。

（4）库房内不得乱堆、乱放包装残留物，特别是易自燃的油污包装箱、袋。

（5）露天堆场物品也应分类、分堆、分组、分垛堆放，并留出足够的防火间距。

2.易燃易爆物品的储存

（1）易燃易爆化学物品已超过存储期或其他原因发生变质的要及时进行处理，防止变质物品因分解和氧化反应发生泄漏或产生热量引发火灾。

（2）凡包装、标志不符合国家标准，或破坏、残缺、渗漏、变形及变质、分解的货品，严禁入库。例如，压缩气体瓶没有戴安全帽；野蛮装卸造成阀门损坏；金属钾、钠容器破裂，致使液体渗漏；盛装易燃液体的玻璃容器瓶盖不严，瓶身上有气泡、疵点等。

（3）严禁将化学性质抵触、消防施救方法不同的易燃、易爆危险物品违章混存。

3.仓库建筑

（1）经过消防审核（验收）的仓库建筑不得随意改变使用性质。确须改变使用性质的，应重新报批。

（2）存放易燃、易爆化学物品的库房不得设置在高层建筑、地下室或半地下室，库房地面应采用防火花或防静电材料，高温季节应有通风降温措施。

（3）存放甲、乙类物品库房的泄爆面不得开向库区内的主要道路，库房内不准设办公室、休息室。存放丙类以下物品的库房须设置办公室时，可以贴邻库房一角设置无孔洞的一级、二级耐火等级的建筑，其门窗应能直通室外。

（4）钢结构仓库顶棚必须设置由易熔材料制成的可熔采光带。易熔材料指能在高温条件（一般大于80℃）自行熔化且不产生熔滴的材料。可熔采光带的面积不应小于顶棚总面积的25%。或在建筑两个长边的外墙上方设置面积不小于仓库面积5%的外窗，以利于火灾情况下的排烟、排热和灭火行动。

（5）存放压缩气体和液化气体的仓库，应根据气体密度等性质，采取防止气体泄漏后积聚的措施。存放遇湿易燃物品的仓库应采取防火、防潮措施。

（6）库区内不得随意搭建影响防火间距的临时设施。

4.电气设备

（1）所有库房内的电气设备都应为符合国家现行标准的产品。电气设计、安装、验收必须符合国家现行标准的有关规定。

（2）存放甲、乙类物品库区内的电气设备及铲车、电瓶车等提升、堆垛设备均应为防爆型。存放丙类物品的库房内应在上述机械设备易产生火花的部位设防护罩。

（3）库房内不准设置移动式照明灯具，不得随意拉接临时电线。

（4）库房内电气线路应穿管敷设或采用电缆，插座装在库房外，并避免被碰砸、撞击和车轮碾压。

（5）库房内不准使用电炉等电热器具和家用电器。

（6）存放丙类以上物品的库房内不得使用碘钨灯和超过 60W 的白炽灯等高温照明灯具；库房内使用低温照明灯具和其他防燃型照明灯具时，应当对镇流器采取隔热、散热等防火保护措施。

（7）库区电源应设总闸，每个库房单独设分电闸。开关箱设在库房外，并设置防雨设施，人员离开即拉闸断电。

5. 从业人员

（1）存放易燃、易爆化学物品仓库的保管员、装卸人员应参加消防安全知识、技能培训，并持证上岗，仓库管理人员同时也是义务消防队员。

（2）应建立 24h 值班、定时巡逻制度，并做好记录。

6. 火源

（1）库区内应设最醒目的禁火标志。进入存放甲、乙类物品库区的人员，必须交出随身携带的火柴、打火机等。进入甲、乙类液体储罐区的人员，还应交出手机。

（2）进入库区的机动车辆的排气管应加装火星熄灭装置。

（3）库区内动火须经单位防火负责人批准，办理动火手续。

（4）库区周围禁止燃放烟花爆竹。

（5）防雷、防静电设施必须定期维护保养，保持正常、好用。

7. 消防设施

仓库的消防设施应按照建筑消防设施的检查要求，对其完好有效情况实施检查。

（四）宾馆、饭店的检查

宾馆、饭店是人员聚集场所。在对宾馆、饭店进行检查时，应突出安全疏散、危险源控制、烟气控制、火种管理及消防设施等内容。

1. 安全疏散

（1）疏散走道、楼梯间及其前室应保持畅通，严禁被占用、阻塞和堆物。疏散出口门应向疏散方向开启，不得设置门槛、台阶，营业期间严禁上锁。

（2）公共部位疏散指示、安全出口标志清楚，位置合理。疏散走道的指示标志灯应设在走道及其转角处距地面 1m 以下的墙面上，间距不应大于 20m。安全出口标志应设在出口的顶部。

（3）楼梯间和疏散走道设置的应急照明灯位置合理，照度应符合要求。走道的应急照明灯应设在墙面或顶棚上，楼梯间的应急照明灯应设置在楼梯休息平台下，其走廊地面、厅堂地面、楼梯间的最低照度分别不应低于 1.0lx、3.0lx、5.0lx，并满足持续供电时间的要求。

（4）客房内应配备应急疏散指示图、防烟面具和应急手电筒。高层建筑还要配置缓降绳，有条件的还应配置缓降袋等逃生避难器材。

（5）消防应急广播的强制切换功能完好，涉外宾馆、饭店应当事先准备好引导客人疏散的英语等外国语言广播。

（6）应按规定组织灭火、疏散应急预案的演练。

2. 危险源控制

（1）管道燃气的使用。应检查进户管总阀门的完好情况，竖向主管道进入各层面分管处的阀门完好情况，厨房管道总阀门、各灶具阀门的完好情况，以及使用管理责任人的落实情况。

（2）液化石油气的使用。应符合有关液化气使用安全的要求。应检查使用和储存液化气消防安全管理制度及责任人落实情况，以及禁止使用气体燃料的车辆停放地下车库的措施落实情况。

（3）厨房管道油污、洗衣房管道尘埃清洗。应检查厨房油烟管道内的油污以及洗衣房通风管道内的纤维等尘埃清理情况，每半年至少检查一次制度的落实情况。

（4）易燃、可燃液体（固体）的使用。应检查易燃、可燃液体（香蕉水、酒精、汽油、油漆、割草机油等）和固体（樟脑丸、火柴等）的安全管理状况及管理措施、责任人落实情况。

3. 烟气控制

（1）各竖向管道井内应进行防火封堵，防止火灾蔓延。

（2）玻璃幕墙建筑在每层楼板与玻璃的连接处的防火封堵应符合规范要求，应采用与楼板相同耐火等级的材料。

（3）客房设置吊顶的，应注意吊顶内横向孔洞缝隙的检查，防止烟气水平蔓延。

（4）建筑的防排烟设施应保持完好。

（5）进入楼梯间及其前室的防火门应处于常闭状态。

4. 明火管理

（1）客房内应配有禁止卧床吸烟的标志。禁烟区域内应合理设置禁烟标志，严禁吸烟。

（2）清洁餐厅、客房等时，应将烟蒂与其他垃圾分开。

（3）餐厅使用蜡烛时，应将蜡烛固定在不燃材料制作的基座上；使用酒精等加热炉时，应与可燃物保持安全距离，切不可在未关闭火源时添加燃料。

（4）厨房应落实油锅、气源管理制度和明确管理责任，工作结束应及时切断油、气源。

（5）厨房使用柴油、液化石油气、酒精做燃料时，应设置专用储存间（气化间），并和厨房内实墙分隔，且储存量不大于当时用量或 $1m^3$。

5.消防设施、器材

（1）消防设施是否完善、运行是否正常、故障是否及时修复。

（2）消防器材配备是否到位、型号准确、数量充足、设置合理、维修及时。

第六章 消防安全评估方法与技术

第一节 区域火灾风险评估

一、评估的目的及原则

(一)评估的目的

建筑火灾风险评估的目的一般包括以下两个方面：

一是查找、分析和预测建筑及其周围环境存在的各种火灾风险源，以及可能发生火灾事故的严重程度，并确定各风险因素的火灾风险等级。

二是根据不同风险因素的风险等级，提出相应的消防安全对策与措施，最大限度地消除或降低各项火灾风险。

(二)评估的原则

建立建筑火灾风险评估指标体系时，一般遵循如下原则：系统性原则、实用性原则以及可操作性原则。

二、评估内容及范围

(一)评估的内容

建筑火灾风险评估的内容，根据分析的角度不同而有所不同，一般包括以下几个方面：

1. 提出合理可行的消防安全对策及规划建议。

2. 对评估单元进行定性及定量分级，并结合专家意见建立权重系统。

3. 分析区域范围内可能存在的火灾危险源，合理划分评估单元，建立全面的评估指标体系。

4. 对区域的火灾风险做出客观公正的评估结论。

(二)评估的范围

整个区域范围内存在火灾危险的社会因素、建筑群和交通路网。

三、评估流程及注意事项

（一）评估流程

区域火灾风险评估流程包括以下六个方面：

1.信息采集

重点收集与区域安全相关的信息，主要包括：①建筑概况；②区域内消防重点单位情况；③周边环境情况；④消防设施相关资料；⑤火灾事故应急救援预案；⑥消防安全规章制度等。

2.风险识别

火灾风险源通常可分为两类，即客观因素和人为因素。

（1）人为因素

①用火不慎。主要起火因素都是由于人的不安全行为或失误造成的。例如厨房燃气泄漏。

②吸烟不慎。吸烟人员常常会出现随便乱扔烟蒂、无意落下烟灰、忘记熄灭烟蒂等不良吸烟行为，一部分可能会导致火灾。

③放火致灾。放火致灾包括吸烟火种、易燃易爆危险物品以及人为纵火等。

（2）客观因素

①气象因素。影响火灾的气象因素主要有大风、降水、高温以及雷击。

②电气火灾。各种诱因引发的电气火灾，一直居于各类火灾原因的首位。

③易燃易爆危险品引起火灾。

3.建立评估指标体系

针对区域火灾风险评估而言，可选择以下几个层次的指标体系结构：

（1）一级指标

一般情况下，一级指标主要包括火灾危险源、区域基础信息、消防力水平和社会面防控能力等。

（2）二级指标

一般情况下，二级指标主要包括客观因素、人为因素、建筑特性、被动防火措施、主动防火措施、增援力量和消防团队等。

（3）三级指标

一般情况下，三级指标主要包括易燃易爆危险品、周边环境、火灾荷载、用火不慎、放火致灾、吸烟不慎、气象因素、建筑密度、人员荷载（人口密度）、经济密度、路网密度、重点保护单位密度、内部装修、防火间距、防火分隔、消防通信指挥调度能力、消防安全责任制、消防应急预案，消防车配备及通行能力，消防站建设水平等相关内容。

4.确定评估结论及风险控制

根据评估结果，明确指出建筑设计或建筑本身的消防安全状态，提出合理可行的消防安全意见。根据火灾风险分析与计算结果，遵循针对性、技术可行性、经济合理性的原则，按照当前通行的风险规避、风险降低、风险转移以及风险自留四种风险控制措施，根据当前经济、技术、资源等条件下所能采用的控制措施，提出消除或降低火灾风险的技术措施和管理对策。

（二）注意事项

进行区域火灾风险评估时，应注意收集相关消防基础设施建设的情况，如消防站、市政消防水源等。其中，普通消防站的责任面积不宜大于 $7km^2$；设在近郊区的普通消防站的责任面积不应大于 $15km^2$。

第二节　建筑火灾风险评估

一、评估目的和内容

（一）评估目的

一般目的评估主要包括以下两点：

一是查找、分析和预测建筑及其周围环境存在的各种火灾风险源，以及可能发生火灾事故的严重程度，并确定各风险因素的火灾风险等级。

二是根据不同风险因素的风险等级，根据自身的经济和运营等承受能力，提出针对性的消防安全对策与措施，为建筑的所有者、使用者提供参考依据，最大限度地消除或降低各项火灾风险。

（二）评估原则

在建立建筑火灾风险评估指标体系时，应遵循的原则包括：①科学性；②系统性；③综合性；④适用性。

（三）评估内容

建筑火灾风险评估的内容，根据分析的角度不同而不同，从评估的具体工作内容来看，一般包括以下几方面：

1. 对评估单元进行定性及定量分级，并结合专家意见建立权重系统。

2. 对建筑的火灾风险做出客观、公正的评估结论。

3. 分析建筑内可能存在的火灾危险源，并合理划分评估单元，进而建立全面的评估指标体系。

4. 结合建筑火灾的实际情况，提出合理可行的消防安全对策及规划建议。

二、评估流程

（一）信息采集

在明确火灾风险评估的目的和内容的基础上，收集所需的资料，重点收集与建筑安全相关的信息，主要包括：①建筑概况，包括建筑的地理位置、功能布局、可燃物性质与分布等；②使用功能；③消防设施及相关资料；④火灾事故演练与应急救援预案；⑤消防安全规章制度；⑥相关检测报告等其他资料。

（二）风险识别

1. 影响火灾发生的因素

物质燃烧的三要素为：可燃物、助燃剂（主要是氧气）和火源。火灾是时间和空间上失去控制的燃烧，即是人们不希望出现的燃烧。因此，可以将火灾产生的五要素分为：可燃物、助燃剂、火源、时间和空间。

消防工作的主要对象就是围绕上述五要素进行控制。对于存在生产生活用燃烧的场所，即将燃烧控制在一定的范围内，控制的对象是时间和空间；对于除此之外的任何场所，控制不发生燃烧的对象为燃烧三要素，即控制这三要素同时出现的条件。

2. 影响火灾后果的因素

通过资料分析和现场勘查，查找评估对象的火灾风险来源，确定其存在的部位、方式以及发生作用的途径和变化规律。然后，根据所采集的信息，主要从以下几方面入手，分析与建筑火灾风险相关的各种影响因素：

（1）建筑历史情况。

（2）火灾危险源。

（3）建筑防护。

（4）人员疏散。

（5）消防安全管理。

（6）消防力量。

3.措施有效性分析

消防安全措施有效性分析一般可以从下列几个方面入手：

（1）防止火灾发生

建筑防火的首要因素是防止火源突破限制引起火灾。建筑中引起火灾的危险源主要有：①电气引起火灾；②易燃易爆物品引起火灾；③气象因素引起火灾；④用火不慎引起火灾；⑤吸烟不慎引起火灾；⑥违章操作引起火灾；⑦人为纵火等。当建筑中存在这些火灾风险因素时，相应的控制措施是否有效需要详细分析。

（2）防止火灾扩散

防止火灾扩散的措施通常都包括在建筑被动防火措施里面，主要措施包括：建筑耐火等级、防火间距、防火分区、防火分隔设施等是否满足设计、使用要求。

（3）初期火灾扑救

由于火灾初期阶段具有的一些特征，例如刺鼻的气味，人们一般都能及时发现，正确地使用人工报警装置和灭火器材将会有效地控制火灾的发展。

（4）专业队伍扑救

专业扑救队伍一般包括经过专业训练的义务消防队、专职消防队和消防部队。

（5）安全疏散设施

安全疏散设施的目的主要是使人能从发生事故的建筑中，迅速撤离到室外或避难层、避难间等安全部位，及时转移室内重要的物资和财产。

（6）消防安全管理

消防安全管理包括消防安全责任制的落实；消防安全教育、培训；防火巡查、检查；消防值班，消防设施、器材维护管理；火灾隐患整改，灭火和应急疏散预案演练，重点工种人员以及其他员工对消防知识的掌握情况，组织、引导在场群众疏散的知识和技能等内容在内的宣传教育和培训等。

（三）建立评估指标体系

根据确定的评估目的，在火灾风险源识别的基础上，进一步分析导致火灾隐患的影响因素及其相互关系，突出重点，选择主要因素，忽略次要因素。然后，对各影响因素按照不同的层次进行分类，形成不同层次的评估指标因素集。评估指标因素集的划分应科学合理、便于实施评估、相对独立且具有明显的特征界限。

（四）风险分析与计算

不同层次评估指标的特性不同，可以根据其特性的不同选择合理的评估方法，按照不同的风险因素确定风险概率，然后根据各风险因素对评估目标的影响程度，进行定量或定性的分析和计算，确定各风险因素的风险等级。

（五）确定评估结论

根据评估结果，明确指出建筑设计或建筑本身的消防安全状态，提出合理可行的消防安全意见。

（六）风险控制措施

根据火灾风险分析与计算结果，遵循针对性、技术可行性、经济合理性的原则，提出消除或降低火灾风险的技术措施和管理对策。常用的风险控制措施主要有风险消除、风险减少以及风险转移。

三、注意事项

（一）做好与现行技术规范的衔接

建筑物建设时间不同，其所适用的设计规范也有变化，这样在评估过程中就会遇到一些新旧规范冲突的地方，此时如果按照现行规范，则该建筑指标参数可能不满足消防安全要求。当出现这种情况时，应做好新旧规范的衔接，并且以当前规范为参考依据，进行评估。

（二）确认特殊设计建筑的边界条件

一些建筑由于规范未能完全涵盖，或者由于采用新技术、新材料，或者由于使用功能的特殊要求导致不能完全按照现行规范进行建筑消防设计，而是采用性能化消防设计的方法对这些建筑进行特殊设计。但是这种合规的特殊设计必须满足一定的条件，即特殊设计时选用的参数始终保持与设计时的一致。如果建筑在投入使用后其中的参数发生了变化，则会对该建筑的消防安全造成不利影响。对这些建筑进行评估时，需要确认特殊设计的边界条件的发生变化情况。

第三节 建筑性能化防火设计评估

一、性能化防火设计的设计范围

（一）适用范围

当建筑物符合下列情况时，可就建筑的整体或其中部分问题进行性能化设计：

1. 现行国家消防技术规范未明确规定的。

2. 现行国家消防技术规范规定的条件不适用于特定建筑情况的。

3. 依照现行国家消防技术规范进行设计确有困难的。

（二）禁止范围

下列情况不应采用性能化设计评估方法：

1. 国家法律法规和现行国家消防技术标准强制性条文规定的。

2. 国家现行消防技术标准已有明确规定，且无特殊使用功能的建筑。

3. 居住建筑。

4. 甲、乙类厂房，甲、乙类仓库，可燃液体、气体储存设施及其他易燃、易爆工程或场所。

5. 医疗建筑、教学建筑、幼儿园、托儿所、老年人建筑、歌舞娱乐游艺场所。

6. 室内净高小于 8m 的丙、丁、戊类厂房和丙、丁、戊类仓库。

二、性能化防火设计的基本规定

（一）建筑物性能化防火设计的消防安全目标

建筑消防设计的总目标应在进行性能化设计开始之前，由建设单位、设计单位、消防安全技术咨询机构、公安消防部门等共同研究确定，并应至少包括以下目标：

1. 减小火灾发生的可能性。

2. 在火灾条件下，保证建筑物内使用人员以及救援人员的人身安全。

3. 建筑物的结构不会因火灾作用而受到严重破坏或发生垮塌。

4. 减少由于火灾而造成商业运营、生产过程的中断。

5. 保证建筑物内财产的安全或减少火灾造成的财产损失。

6. 建筑物发生火灾后，不会引燃其相邻建筑物。

（二）建筑物性能化防火设计的基本步骤

建筑物性能化防火设计的基本步骤应符合下列要求：

1. 确定建筑物的使用功能和用途、建筑设计的适用标准。

2. 确定需要采用性能化设计方法进行设计的问题。

3. 确定建筑物的消防安全总体目标或消防安全水平、子目标及其性能化分析目标。

4. 进行性能化消防初步设计和评估验证，并宜包含下述内容或步骤。

（1）确定需要分析的具体问题及其性能判定标准。

（2）确定设定火灾场景、合理设定火灾。

（3）确定合理的火灾分析方法。

（4）分析和评价建筑物的结构特征、性能。

（5）分析和评价人员的特征、特性以及建筑物和人员的安全疏散性能。

（6）计算预测火灾的蔓延特性。

（7）计算预测烟气的流动特性。

（8）分析和验证结构的耐火性能。

（9）分析和评价火灾探测与报警系统、自动灭火系统、防排烟系统等消防系统的可行性与可靠性。

（10）评估建筑物的火灾风险，综合分析性能化设计过程中的不确定性因素及其处理。

5. 修改、完善设计并进一步评估验证确定是否满足所确定的消防安全目标，选择和确定最终性能化设计方案。

6. 编制设计说明与分析报告。

（三）建筑物性能化防火设计报告书

性能化防火设计完成后应编制相应报告书。设计报告书应包括下列内容：

1. 设计单位介绍、设计人员签字等。

2. 分析的目的。

3. 建筑基本情况描述。

4. 消防安全的目标。

5. 性能判定标准。

6. 设定火灾场景。

7. 所采用的分析模型、方法及其所基于的假设。

8. 分析模型和方法的选择与依据，关键参数及假定条件的选择与依据。

9. 分析结果与性能判定标准的比较。

10. 防火要求、管理要求、使用中的限制条件。

11. 参考文献。

在报告书中，应明确表述设计的消防安全目标，充分解释如何来满足目标，提出基础设计标准，明确描述设定火灾场景，并证明设定火灾场景选择的正确性等。等效性验证应以我国国家标准的规定为基础进行。

三、资料收集与安全目标设定

（一）资料收集

建筑设计包括对建筑空间的研究以及对构成建筑空间的建筑实体的研究两个方面。建筑设计时必须满足建筑法规、规范及相关标准的要求。

（二）设定安全目标

1. 被动防火系统

（1）建筑结构

①设计目的

在火灾发生时，建筑结构在一定的消防投入基础上，仍能保持足够的完整性能、隔热性能或者承载能力，或者具有其中的两个或三个性能。

②功能目标

a. 建筑内部人员的疏散安全和灭火救援人员的安全不因构件的破坏而受到危害。

b. 建筑构件不能因其在火灾中发生变形、破坏而造成建筑结构的严重破坏或失去承载力。

c. 预防因构件破坏致使火灾蔓延至其他防火区域或相邻建筑物。

d. 避免结构在火灾中因变形、垮塌而难以修复或影响重要功能的使用，减少灾后结构的修复费用和难度，缩短结构功能的恢复期。

③性能要求

a. 建筑物中各构件的耐火性能应具有合理的关系。

b. 在火灾作用下，建筑承重构件应具有足够的承载力。

c. 在火灾作用下，建筑构件的变形不应超过允许变形值。

d. 建筑构件的耐火性能应与构件的功能、建筑的功能与用途、建筑内的预计火灾荷载、火灾强度及其持续时间、建筑高度与体量以及建筑内外的消防设施相适应。

e. 建筑分隔构件的燃烧性能和耐火极限在设计所需时间内应能防止火灾和烟气的蔓延。

f. 建筑结构所提供的安全水平应与现行国家标准的规定一致。

（2）防火间距

①设计目标

防火间距是指与距离最近的建筑物之间的距离，防火间距设计目标要求建筑与相邻建筑、设施的防火间距应满足相应的安全规定。

②功能目标

a. 防火间距的设置要能有效防止建筑间的火灾蔓延。

b. 为了保证消防救援的需要，建筑周围的设施应有利于消防车展开灭火救援工作。

③性能要求

a. 建筑与相邻建筑及设施之间的防火间距通常是根据相邻建筑的耐火等级、外墙的防火构造以及一些其他的灭火救援设施性质等因素进行确定。

b. 工业与民用建筑与地下建筑之间应采取防止火灾蔓延的有效措施，这些地下建筑包括城市地下交通隧道、地下人行道及其他地下建筑。

c. 建筑周围应满足一定的扑救条件，例如设置消防车通道或有可供消防车通行、停靠与转弯的空地。消防车通道的畅通及完备应可以保证消防车能够顺利到达火场。

d. 大型工业或民用建筑周围应设置环形消防车通道或其他满足消防车灭火救援的场地。

e. 供消防车停留和作业的道路与建筑物之间的距离应能够满足消防车救援活动所需要的间距。

（3）防火分隔

①设计目的

防火分区，是指采用防火分隔措施划分出的、能在一定时间内防止火灾向同一建筑的其余部分蔓延的局部区域，目的是有效降低火灾危害，减少火灾损失。

②功能目标

采取相应的防火隔断措施，将建筑火灾控制在设定的防火空间内，阻止火灾向其他区域蔓延。

③性能要求

a. 建筑防火分隔构件要具有足够的耐火极限及满足一定的控制火灾的要求。

b. 在着火空间内不会发生轰燃现象。

c. 可以将火灾控制在设定的防火区域内。

d. 不会发生火灾的连续蔓延。

e. 火灾发生时的过火面积应与规范规定的防火分区的过火面积基本一致。

f. 灭火系统应可以有效控制火灾蔓延且符合相应的设计要求。

g. 排烟系统应可以有效排除烟气和热量且符合相应的设计要求。

2. 主动防火系统

（1）自动灭火系统

①设计目标

在发生火灾时，为建筑中不能中断防火保护的场所提供灭火措施，进而使其免受火灾影响，或者降低火灾的危害程度。

②功能目标

在建筑物内设置自动灭火系统的目的是在火灾发生的初期能够及时将火灾扑灭，进而阻止火灾蔓延，避免造成较大损失。

（2）火灾自动报警系统

①设计目标

根据火灾初起阶段的特征和征兆为人员及早提供火灾信息，避免造成较大的人员伤亡和经济损失。

②功能目标

a. 在火灾发生时，火灾自动报警系统能及时向使用人员发出报警信号，该人员接到报警后，可以有效地安排人员疏散及及时控制火灾蔓延。

b. 在火灾发生时，火灾自动报警系统应能及时联动相关消防设施，进而防止火灾蔓延、排除烟气或阻止烟气进入安全区域。

③性能要求

a. 建筑应根据其实际用途、预期的火灾特性和建筑空间特性、发生火灾后的危害等因素设置合适的报警设施。

b. 火灾报警系统所发出的警报声应能使人们准确地识别火灾信号，并采取相应的救援行动。

c. 火灾报警系统应能精准、及时地识别火灾信号，并联动相关的消防设施进行火灾的扑救。

d. 火灾报警装置应与保护对象的火灾危险性、火灾特性和空间高度、大小及环境条件相适应。

（3）排烟系统

①设计目标

建筑内设置排烟系统的目的是将烟气排到建筑物外，从而保证建筑内人员安全疏散与避难。

②功能目标

建筑内设置的排烟系统应能及时排除火灾产生的烟气，避免烟气对其他无烟区域的影响，进而保证建筑物内人员的顺利疏散和安全避难，为消防救援提供有利条件。

（4）安全疏散

①设计目标

建筑内应设置足够的安全疏散设施，在火灾发生时能够保证建筑内人员的生命安全。

②功能目标

安全疏散设施应确保发生火灾时，建筑内的人员能够在规定时间内顺利到达室外安全区域。

③性能目标

a. 建筑内要设置足够多的供人员安全疏散的安全出口，并且每个房间均应有与该房间人数相适应的疏散出口。

b. 为避免人员疏散过程中在安全出口发生拥挤、堵塞等情况，安全出口的宽度要与其使用人数相适应，并且需要考虑疏散过程中人流的速度和疏散的速度。

c. 建筑内的疏散应急照明与疏散指示标志均应与其所在场所相适应。

d. 为确保人员疏散所用时间满足安全疏散所允许的限度，即在有效时间内疏散到安全区域，那么安全疏散距离须与建筑内的人员行动能力相适应。

e. 在火灾发生时，为避免人员在疏散过程中遭到烟气或热量的危害，疏散设施在设置时应满足相应的防火要求。

（5）消防救援

①设计目标

在进行消防救援设计时，消防车通道、救援场地和救援窗口以及室外消防设施应能满足消防队员救援作业的要求。

②功能目标

a. 消防车登高操作场地应能满足消防车停靠、取水、灭火和救援需要。

b. 消防救援窗口的尺寸应能满足消防队员进入建筑物的要求。

c. 建筑物应设置消防车通道，保障消防车安全、快速通行。

③性能要求

a. 城市道路之间以及消防车通道之间都应能相互贯通，保证消防车顺利通行。

b. 消防车登高操作场地的尺寸、间距以及和建筑物的距离应满足消防车展开和安全操作的要求。

c. 为保证消防车顺利通行，消防车通道的净宽度和净空高度应大于消防车的宽度和高度。

d. 消防车通道的耐压强度应大于消防车满载时的轮压。

e. 消防车通道的转弯半径应满足消防车安全转弯的要求。

第七章　消防安全管理

第一节　社会单位消防安全管理

一、消防安全管理概述

（一）消防安全管理的主体

消防工作的主体包括政府、部门、单位和个人这四者，它们同时也是消防安全管理工作的主体。

1. 政府

消防安全管理是政府进行社会管理和公共服务的重要内容，是社会稳定和经济发展的重要保证。

2. 部门

政府有关部门对消防工作齐抓共管，这是由消防工作的社会化属性所决定的。《中华人民共和国消防法》（以下简称《消防法》）在明确消防救援机构职责的同时，也规定了安全监管、建设、工商、质监、教育以及人力资源等部门应当依据有关法律、法规和政策规定，依法履行相应的消防安全管理职责。

3. 单位

单位既是社会的基本单元，也是社会消防安全管理的基本单元。单位对消防安全及致灾因素的管理能力反映了社会公共消防安全管理水平，同时也在很大程度上决定了一个城市、一个地区的消防安全形势。各类社会单位是本单位消防安全管理工作的具体执行者，必须全面负责和落实消防安全管理职责。

4. 个人

消防工作的基础是公民个人，同时公民个人也是各项消防安全管理工作的重要参与者和监督者。在日常的社会生活中，公民在享受消防安全权利的同时也必须履行相应的消防义务。

（二）消防安全管理的对象

消防安全管理的对象，或者消防安全管理资源，主要包括人、财、物、信息、时间、事务六个方面。

1. 人

即消防安全管理系统中被管理的人员。任何管理活动及消防工作都需要人的参与和实施，在消防管理活动中也需要规范及管理人的不安全行为。

2. 财

即开展消防安全管理的经费开支。开展及维持正常的消防安全管理活动必然会需要正常的经费开支，在管理活动中也需要必要的经济奖励等。

3. 物

即开展消防安全管理需要的建筑设施、物质材料、机器设备、能源等。要注意物应该是严格控制的消防安全管理对象，也是消防技术标准所要调整和需要规范的对象。

4. 信息

即开展消防安全管理需要的文件、数据、资料、消息等。信息流是消防安全管理系统中正常运转的流动介质，应充分利用系统中的安全信息流，发挥它们在消防安全管理中的作用。

5. 时间

即消防安全管理的工作顺序、程序、时限、效率等。

6. 事务

即消防安全管理的工作任务、职责、指标等。消防安全管理应当明确工作岗位，确定岗位工作职责，建立健全逐级岗位责任制。

（三）消防安全管理的方法

1. 基本方法

基本方法主要包括行政方法、法律方法、行为激励方法、咨询顾问方法、经济奖励方法、宣传教育方法及舆论监督方法等。

（1）行政方法

行政方法主要指依靠行政（包括国家行政和内部行政）机构及其领导者的职权，通过强制性的行政命令，直接对管理对象产生影响，按照性质组织系统来进行消防安全管理的方法。其优点在于有利于统一领导、统一步调，缺点是行政管理机构的层次过多。行政方法通常和法律方法、宣传教育方法、经济奖励方法等结合起来使用。

（2）法律方法

法律方法主要指运用国家制定的法律法规等所规定的强制性手段，来处理、调解、制裁一切违反消防安全行为的管理方法。

（3）行为激励方法

行为激励方法主要指设置一定的条件和刺激，把人的行为动机激发起来，有效地达到行为目标，并应用于消防安全管理活动中，激励消防安全管理活动的参与者更好地从事管理活动，或者深入应用于消除人的不安全行为等领域。

（4）咨询顾问方法

咨询顾问方法主要指消防安全管理者借助专家顾问的智慧进行分析、论证和决策的管理方法。

（5）经济奖励方法

经济奖励方法主要指利用经济利益去推动消防安全管理对象自觉自愿地开展消防安全工作的管理方法。实施时应注意奖励和惩罚并用，幅度应该适宜，同其他管理方法一同使用。

（6）宣传教育方法

宣传教育方法主要指利用各种信息传播手段，向被管理者传播消防法规、方针、政策、任务和消防安全知识以及技能，使被管理者树立消防安全意识和观念，激发正确的行为，去实现消防安全管理目标的方法。

（7）舆论监督方法

舆论监督方法主要指针对被管理者的消防安全违法违规行为，利用各种舆论媒介进行曝光和揭露，制止违法行为，以伸张正义，并通过反面教育达到警醒世人的消防安全管理目标的方法。

2. 技术方法

技术方法主要包括安全检查表分析方法、因果分析方法、事故树分析方法及消防安全状况评估方法等。

（1）安全检查表分析方法

安全检查表分析方法主要是将消防安全管理的全部内容按照一定的分类划分为若干个子项，对各子项进行分析，并根据有关规定以及经验，查出容易发生火灾的各种危险因素，并将这些危险因素确定为所须检查项目，编制成表后以备在安全检查时使用。

（2）因果分析方法

因果分析方法主要指用因果分析图分析各种问题产生的原因及可能导致的后果的一种管理方法。

（3）事故树分析方法

事故树分析方法主要是一种从结果到原因描绘火灾事故发生的树形模型图。利用这种事故树图可以对火灾事故因果关系进行逻辑推理分析。应当包括以下三项内容：

①系统可能发生的火灾事故，即终端事件。

②系统内固有的或者潜在的危险因素。

③系统可能发生的灾害事故与各种危险因素之间的逻辑因果关系。

（4）消防安全状况评估方法

通常应首先确定将社会上公认或允许的防火安全指标作为防火安全评价的衡量标准，将自身的结果同安全指标进行比较，从而发现自身工作的不足与优势，以采取相应的技术或者管理措施予以加强。

3. 重点管理法

重点管理法即抓主要矛盾的方法，是在处理存在两个以上矛盾的事务时，找出起着领导与决定作用的矛盾，从而抓住主要矛盾，化解其他矛盾，推动整个工作全面开展的一种工作方法。

由于消防安全管理工作是涉及各个机关、工厂、团体、矿山、学校等企事业单位和千家万户以及每个公民个人的工作，社会性很强，因此，在开展消防安全管理工作时，必须学会运用抓主要矛盾的领导艺术，从思维方法和工作方法上掌握抓主要矛盾的工作方法，以推动全社会消防安全管理工作的开展。

（1）专项治理

专项治理就是针对一个大的地区性各项工作或一个单位的具体工作情况，从中找出起领导及决定作用的工作，即主要矛盾，作为一个时期或者一段时间内的中心工作去抓的工作方法。这种工作方法如果能运用得好，就可以避免不分主次、"眉毛胡子一把抓"的局面，从而收到事半功倍的效果。

关于消防工作专项治理的实践，全国各地均有很多的经验，但在实践中也有一些值得注意的问题。

①注意专项治理的时间性和地域性。消防安全管理工作的中心工作，在不同的时期、不同的地区是不同的。在执行中不能把某时期或某地区的中心工作硬套在另一时期或者另一地区。如就河北省麦收防火而言，在保定以南地区6月份是中心工作，而在张家口和承德地区就不一定是，因为这些地区气温较低，有的不种小麦，即使种植小麦，6月份也未

到收割季节。所以要注意专项治理内容的时间性和地域性，并贯彻"条块结合，以块为主"的原则。

②保证专项治理的专一性。一个地区在一定的时间内只能有一个中心工作，不能有多个中心工作。也就是说，一个地区在一定时间内仅能专项治理一个方面的工作，不能专项治理多个方面的工作，否则就不是专项治理。

③注意专项治理时的综合治理。所谓综合治理，就是根据抓主要矛盾的原理，围绕中心工作协调抓好与之相关联的其他工作。火灾的发生是由多种因素导致的，如单位领导的重视程度、人们的消防安全意识、社会的政治情势等，哪一项工作没跟上或哪一个环节未处理好，均会成为火灾发生的原因。所以，在对某项工作进行专项治理时，要千方百计地找出问题的主要矛盾和与之相联系的其他矛盾。尤其要注意发现和克服薄弱环节，统筹安排辅以第二位、第三位的工作，使各项工作能够协调发展、全面加强。

④注意专项治理与综合治理的从属关系问题。如在对消防安全工作进行专项治理时，与之相关联的治安工作、生产安全工作等又是治安综合治理的一项重要内容；在对治安工作和生产安全工作等进行专项治理时，消防安全工作又是治安综合治理的一项重要内容。不可把二者孤立起来、割裂开来。

（2）抓点带面

抓点带面就是领导决策机关为了推动某项工作的开展，或完成某项工作任务，根据抓主要矛盾与调查研究的工作原理，带着工作任务，深入实际，突破一点，取得经验（通常叫作抓试点），然后以这种经验去指导其他单位，进而考验和充实决策任务的内容，并将决策任务从面上推广开来的一种工作方法。这种工作方法既可以检验上级机关的决策是否正确，又可以避免大的失误，还可以提高工作效率，以极小的代价取得最佳成绩。

消防安全管理工作是社会性非常强的工作。对防火政令、消防措施的贯彻实施，宜采取抓点带面的方法贯彻。如消防安全重点单位的管理方法、专职消防队伍的建立和措施的推广等，宜采取抓点带面的方法。

抓点带面的方法一般有决策机关人员或者领导干部深入基层，在工作实践中发现典型并着力培养，以及有目的地推广工作试点两种方法。推广典型的方法，通常有召开现场会推广、印发经验材料推广和召开经验交流会推广三种。如某省消防总队每年都召开一次全省的消防工作会议，在会上总结上一年的工作，并布置下一年的工作任务，同时将各地市总结的经验材料一起在会上交流。这样既总结了上一年的工作，又布置了新的工作，同时也交流了各地的好经验，收到了很好的效果。但是，在抓典型时应注意以下问题：

①选择典型要准确、真实。培养典型切忌揠苗助长、急于求成，要有安排、有计划、持之以恒地抓。典型树起来之后就应一抓到底，树一个成熟一个，不能像黑熊掰玉米一样，掰一个丢一个。

②对典型要关心、爱护、培养以及帮助。切忌"给优惠""吃小灶"，搞锦上添花，切实使典型经验能在面上"开花、结果"。

（3）消防安全重点管理

消防安全重点管理，是根据抓主要矛盾的工作原理，将消防工作中的火灾危险性大，火灾发生后损失大、伤亡重、影响大，也就是对火灾的发生及火灾发生后的损失、伤亡、政治影响和社会影响等起主要领导和决定作用的单位、部位、工种、人员和事项，作为消防安全管理的重点来抓，从而有效地预防火灾发生的一种管理方法。

4. 调查研究方法

调查研究既是领导者必备的基本素质之一，也是实施正确决策的基础。调查研究方法是管理者管理成功的最重要的工作方法。由于消防安全管理工作的社会性、专业性很强，因此，在消防安全管理工作中调查研究方法的应用十分重要。加之目前随着社会主义市场经济的发展，消防工作出现了很多新问题、新情况，为了适应新形势、研究新办法、探索新路子，也必须大兴调查研究之风，这样才可以深入解决实际问题。

（1）消防安全管理中运用的调查研究方法

在消防安全管理的实际工作中，调查研究最直接的运用即为消防安全检查或者消防监督检查。归纳起来大体有以下几种方法：

①普遍调查法。普遍调查法指的是对某一范围内所有研究对象不留遗漏地进行全面调查。比如，某市消防救援机构为了全面掌握"三资"企业的消防安全管理状况，组织调查小组对全市所有"三资"企业逐个进行调查。通过调查发现该市"三资"企业存在安全体制管理不顺、过分依赖保险、主观忽视消防安全等问题，并且写出专题调查报告，上报下发，有力地促进了问题的解决。

②典型调查法。典型调查法是指在对调查对象有初步了解的基础上，依据调查目的不同，有计划地选择一个或者几个有代表性的单位进行详细的调查，以期取得对对象的总体认识的一种调查方法。这种方法是认识客观事物共同本质的一种科学方法，只要典型选择正确、材料收集方法得当，采取的措施就会有普遍的指导意义。比如，某市消防支队依据流通领域的职能部门先后改为企业集团，企业性职能部门也迈出了政企分开的步伐这一实际情况，及时选择典型，对部分市县（区）两级商业、物资、供销以及粮食等部门进行了调查，发现其保卫机构、人员以及保卫工作职能都发生了变化。为此，他们认真分析了这些变化给消防工作可能带来的有利和不利因素，及时提出了加强消防立法、加强专职消防队伍建设、加强消防重点单位管理和加强社会化消防工作的建议和措施。

③个案调查法。个案调查法就是把一个社会单位（一个人、一个企业、一个乡等）作为一个整体，进行尽可能全面、完整、深入、细致的调查了解。这种调查方法属于集约性

研究，探究的范围较窄，但调查得深入，得到的资料也十分丰富。实质上这种调查方法，在消防安全管理工作中的火灾原因调查及具体深入某个企业单位进行专门的消防监督检查等方面都是最具体和最实际的运用。如在对一个企业单位进行消防监督检查时，可以最直观地发现企业单位领导对于消防安全工作的重视程度、职工的消防安全意识、消防制度的落实情况、消防组织建设和存在的火灾隐患、消防安全违法行为和整改落实情况等。

④抽样调查法。抽样调查法是指从被调查的对象中，依据一定的规则抽取部分样本进行调查，以期获得对有关问题的总体认识的一种方法。比如《消防法》第十条、第十三条分别规定，对按照国家工程建设消防技术标准需要进行消防设计的建设工程，实行建设工程消防设计审查验收制度；一般建设工程竣工后，建设单位在验收后应当报住房和城乡建设主管部门备案，住房和城乡建设主管部门应当进行抽查，经依法抽查不合格的，应停止使用。这些都是具体运用抽样调查法的法律依据。

（2）调查研究的要求

开展一次调查研究，实际就是进行一次消防安全检查。我们不仅要注意调查方法，还要注意调查技巧，否则也会影响到调查的结果。

①通过调查会做讨论式调查，不能仅凭一个人的经验和方法，也不能只是简单了解；要提出中心问题在会上讨论，否则很难得出正确的结论。

②让深切明了问题的有关人员参加调查会，并且要注意年龄、知识结构和行业。

③调查会的人数不宜过多，但也不宜过少，至少应三人，以防囿于见闻，使调查了解的内容与真实情况不符。

④事先准备好调查纲目。调查人要根据纲目问题进行研讨。对不明了的和有疑问的内容要及时明确。

⑤亲自出马。担任指导工作的人，一定要亲自从事调查研究、亲自进行记录，不能只依赖书面报告，不能假手于人。

⑥深入、细致、全面。在调查工作中要能深入、细致、全面地了解问题，不可走马观花、蜻蜓点水。

以上调查研究的要求不仅在调查工作时应注意，在进行消防安全检查时也应注意。

5.PDCA 循环工作法

PDCA循环工作法即领导或专门机关将群众的意见（分散的不系统的意见）集中起来（经过研究，化为集中的系统的意见），又到群众中去做宣传解释，化为群众的意见，使群众坚持下去，见之于行动，并在群众行动中考验这些意见正确与否；从群众中集中起来，到群众中坚持下去，如此无限循环，一次比一次更正确、更生动、更丰富的工作方法。

由于消防安全工作的专业性很强，所以，此工作方法在消防救援机构通常称为专门机关与群众相结合的方法。如某省消防总队，每年年终或者年初都要召开全省的消防（监督管理）工作会议，总结全省消防救援机构上一年的工作，布置下一年的工作计划。其间分期、分批、分内容和分重点地深入基层机构检查、了解工作计划的贯彻落实情况，及时检查指导工作，发现并且纠正工作计划的不足或存在的问题。每半年还要做工作小结，使全省消防救援机构的工作能够有计划、有规律、有重点、有步骤地进行，每年都有新的内容和新的起色。通常来讲，在运用此工作方法时可按以下四个步骤进行：

（1）制订计划

制订计划，即决策机关或决策人员根据本单位、本系统或本地区的实际情况，在对所属单位、广大群众或基层单位调查研究的基础上，将分散的不系统的群众或专家意见集中起来进行分析和研究，进而确定下一步的工作计划。如在制订全省或者全市全年或者半年的消防安全管理工作计划时，也应在对基层人员或者群众调查研究的基础上，经过周密而系统地研究后，再制订出具体的符合实际情况的实施计划。

（2）贯彻实施

贯彻实施，即把制订的计划向要执行的单位和群众进行贯彻，并向下级或者"到群众中"做宣传解释，将上级的计划"化为群众的意见"，使下级及群众能够贯彻并且坚持下去，见之于行动，并在下级和群众的实践中考验上级制定的政策、办法以及措施正确与否。部署一个时期的工作任务，制定的消防安全规章制度，均应当向下级、向人民群众做宣传解释，让下级和下级的人民群众知道为什么要这样做、应如何做，把上级政府或消防监督机关制定的方针政策、防火办法以及规章制度变为群众的自觉行动。如利用广播、电视、刊物、报纸开展的各种消防安全宣传教育活动，以及各种消防安全培训班等均是向群众做宣传解释的具体运用。

（3）检查督促

检查督促，即决策机关或决策人员要不断深入基层单位，检查计划、办法和措施的执行情况，查看哪些执行得好、哪些执行得不够好，并找出原因；了解这些计划、办法以及措施通过实践途径的检验，正确与否，还存在哪些不足和问题。把好的做法向其他单位推广，把问题带回去，做进一步的改进和研究，对一些简单的问题可以就地解决。对实践证明是正确的计划、办法以及措施，基于认识或其他原因没有落实好的单位或个人，给予检查和督促。如经常运用的消防监督检查就是很好的实践。

（4）总结评价

总结评价，即决策机关或决策人员对所制订的计划、办法的贯彻落实情况，进行总结分析和评价。其方法是通过深入群众、深入实际，了解下级或群众对计划、办法的意见，以及计划、办法的实施情况，并把这些情况汇总起来进行分析、评价。对实践证明是正确的计划、办法，要继续坚持，抓好落实；对不正确的地方予以纠正；对有欠缺的方面进行补充、提高；对执行好的单位及个人给予表彰和奖励；对不认真执行和落实正确计划、办法的单位及个人给予批评；对导致不良影响的单位及个人给予纪律处罚。

最后，根据总结评价情况，提出下一步工作计划，再到群众和工作实际中贯彻落实，从而进入下一个工作循环。"如此无限循环，一次比一次更正确、更生动、更丰富。"这是消防安全管理决策人员应掌握的最基本的管理艺术。

二、消防安全管理的原则

任何一项管理活动都必须遵循一定的原则。依据我国消防安全管理的性质，消防安全管理除应遵循普遍政治原则和科学管理原则外，还必须遵循下列特有原则：

（一）统一领导，分级管理

根据消防安全管理的性质与消防实践，我国的消防安全管理实行统一领导，即实行统一的法律、法规、方针、政策，以确保全国消防管理工作的协调一致。但是，我国是一个人口众多、地域广阔的国家，各地经济、文化以及科技发展不平衡，发生火灾的具体规律和特点也不同，不可能用一个统一的模式来管理各地区、各部门的消防业务。所以，必须在国家消防主管部门的统一领导下，实行纵向的分级管理，赋予各级消防管理部门一定的职责及权限，调动其积极性与主动性。

（二）专门机关管理与群众管理相结合

各级消防监督机构是消防管理的专门机关，担负着主要的消防管理职能，但是消防工作涉及各行各业、千家万户，消防工作与每一个社会成员息息相关，如果不发动群众参与管理，消防工作的各项措施就很难落实。只有坚持在专门机关组织指导下群众参加管理，才能够卓有成效地搞好这一工作。

（三）安全与生产相一致

安全和生产是一个对立统一的整体。安全是为了更好地生产，生产必须以安全为前提，二者不可偏废。消防监督机关在消防管理中，要认真坚持安全与生产相一致的原则，对机关、团体、企业以及事业单位存在的火险隐患决不姑息迁就，而应积极督促其整改，使安全与生产同步前进。若忽视这一点，则会造成很大的损失。

（四）严格管理、依法管理

由于各种客观因素的存在，一部分单位与个人往往对消防安全的重要性认识不足，存在对消防安全不重视的现象，导致大量的火险隐患得不到发现或发现后不能及时进行整改。为了减少和消除引发火灾的各种因素，消防管理组织尤其是消防监督机构本应着严格管理的原则，对所有监督管理范围内的单位、部门以及区域的消防安全提出严格的要求，发现火险隐患严格督促检查、整改。

依法管理，就是要依照国家司法机关和行政机关制定和颁布的法律、法规以及规章等，对消防事务进行管理。消防管理要依法进行，这是由于火灾的破坏性所决定的。火灾危害社会安宁，破坏人们正常的生产、工作以及生活秩序，这就需要有强制性的管理措施才能够有效地控制火灾的发生。而强制性的管理又必须以法律做后盾，因此，消防安全管理工作必须坚持依法管理的原则。

三、消防安全管理组织职能及其架构

（一）消防安全管理组织机构

组长：项目经理。

副组长：项目副经理、书记、总工程师、质量总监、安全总监及各分包项目经理。

组员：总包消防部门、各部门经理，分包生产经理及消防监督负责人。

（二）消防监督管理体系

消防监督管理体系如图 7-1 所示。

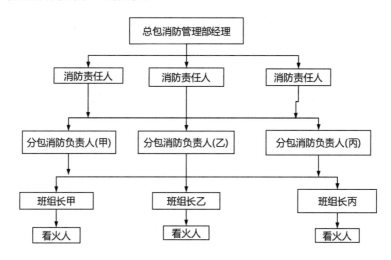

图 7-1　消防监督管理体系

四、消防安全管理制度建设

（一）消防安全管理制度

1. 消防管理制度。

2. 动用明火管理制度。

3. 防水作业的防火管理制度。

4. 仓库防火制度。

5. 宿舍防火制度。

6. 食堂防火制度。

7. 各级灭火职责及管理制度。

8. 雨期施工防火制度。

9. 施工现场消防管理规定。

10. 木工车间（操作棚）防火规定。

11. 冬季防火规定。

12. 吸烟管理规定。

13. 防火责任制。

（二）消防安全管理制度示例

1. 消防安全管理制度

为加强内部消防工作，保障施工安全，保护国家和人民的生命财产安全，根据中华人民共和国国务院令（第 421 号）、市政府 XX 号令精神特制定本规定。

（1）施工现场禁止吸烟，现场重点防火部位按规定合理配备消防设施和消防器材。

（2）施工现场不得随意动用明火，凡施工用火作业必须在使用之前报消防部门批准，办理动火证手续并有看火人监视。

（3）物资仓库、木工车间、木料及易燃品堆放处、油库处、机械修理处、油漆房、配料房等部位严禁烟火。

（4）职工宿舍、办公室、仓库、木工车间、机械车间、木工工具房不得违反下列规定：

①严禁使用电炉取暖、做饭、烧水，禁止使用碘钨灯照明，宿舍内严禁卧床吸烟。

②各类仓库、木工车间、油漆配料室冬季禁止使用火炉取暖。

③严禁乱拉电线，如需者必须由专职电工负责架设，除工具室、木工车间（棚）、机械修理车间、办公室、临时化验室使用照明灯泡不得超过 150W 外，其他不得超过 60W。

④施工现场禁止搭易燃临建和防晒棚，禁止冬季用易燃材料保温。

⑤不得阻塞消防车通道，消火栓周围 3m 内不得堆放材料和其他物品，禁止动用各种消防器材，严禁损坏各种消防设施、标志牌等。

⑥现场消防竖管必须设专用高压泵、专用电源，室内消防竖管不得接生产、生活用水设施。

⑦施工现场的易燃易爆材料要分类堆放整齐，存放于安全可靠的地方，油棉纱与维修用油应妥善保管。

⑧施工和生活区冬季取暖设施的安装要求按有关冬季施工的防火规定执行。

2. 动用明火管理制度

（1）项目部各部门、分包、班组及个人，凡由于施工需要在现场动用明火时，必须事先向项目部提出申请，经消防部门批准，办理用火手续之后方可用火。

（2）对各种用火的要求

①电焊。操作者必须持有效的电焊操作证，在操作之前必须向经理部消防部门提出申请，经批准并办理用火证后，方可按用火证批准栏内的规定进行操作。操作之前，操作者必须对现场及设备进行检查，严禁使用保险装置失灵、线路有缺陷及有其他故障的焊机。

②气焊（割）。操作者必须持有气焊操作证，在操作前首先向项目部提出申请，通过批准并办理用火证后，方可按用火证批准栏内的规定进行操作。在操作现场，乙炔瓶、氧气瓶以及焊枪应呈三角形分开，乙炔瓶与氧气瓶之间的距离不得小于 5m，焊枪（着火点）同乙炔、氧气瓶之间的距离不得小于 10m，禁止将乙炔瓶卧倒使用。

③因工作需要在现场安装开水器，必须经相关部门同意方可安装使用，用电地点禁止堆放易燃物。

④在使用喷灯、电炉和搭烘炉时，必须通过消防部门批准，办理用火证方可按用火证上的具体要求使用。

⑤安装冬季取暖设施时，必须经消防部门检查批准之后方可进行安装，在投入使用前须经消防部门检查，合格后方可使用。

⑥施工现场内严禁吸烟，吸烟应到指定的吸烟室内，烟头必须放入指定水桶内，禁止随地抛扔。

⑦施工现场内须进行其他动用火作业时，必须经过消防部门批准，在指定的时间、地点动火。

3. 防水作业的防火管理制度

（1）使用新型建筑防水材料进行施工之前，必须有书面的防火安全交底。较大面积施工时，要制定防火方案或措施，报上级消防部门审批之后方可作业。

（2）施工前应对施工人员进行培训教育，了解掌握防水材料的性能、特点及灭火常识、防火措施，做到"三落实"，即人员落实、责任落实、措施落实。

（3）施工时，应划定警戒区，悬挂明显的防火标志，确定看火人员和值班人员，明确职责范围，警戒区域内严禁烟火，不准配料，不准存放使用数量以外的易燃材料。

（4）在室内作业时，要设置防爆、排风设备以及照明设备，电源线不得裸露，不得用铁器工具，并避免撞倒，防止产生火花。

（5）施工时应采取防静电设施，施工人员应穿防静电服装，作业后警戒区应有确保易燃气体散发的安全措施，避免静电产生火花。

4.仓库防火制度

（1）认真贯彻执行公安部颁布的《仓库防火安全管理规则》与上级有关制度，制定本部门防火措施，完善健全防火制度，做好材料物资运输和存放保管中的防火安全工作。

（2）对易燃、易爆等危险及有毒物品，必须按照规定保管，发放要落实专人保管，分类存放，防止爆炸及自燃起火。

（3）对所属仓库和存放的物资要定期开展安全防火检查，及时将安全隐患清除。

（4）仓库要按规定配备消防器材，定期检修保养，保证完好有效，库区要设明显的防火标志、责任人，严禁吸烟及明火作业。

（5）仓库保管员是本库的兼职防火员，对防火工作负直接责任，必须严格遵守仓库有关的防火规定，下班前对本库进行仔细检查，没有问题时，锁门断电方可离开。

5.食堂防火制度

（1）食堂的搭设应采用耐火材料，炉灶应同液化石油气罐分隔，隔断应用耐火材料。炉灶与气罐的距离不小于 2m，炉灶周围严禁堆放易燃、易爆、可燃物品。

（2）食堂内的煤气及液化气炉灶等各种火种的设备要有专人负责。

（3）一旦发现液化气泄漏应立即停止使用，将火源关灭，拧紧气瓶阀门，打开门窗进行通风，并立即报告有关领导，设立警戒，远离明火，立即维修或更换气瓶。

（4）炼油或油炸食品时，油温不得过高或跑油，设置看火人，不得远离岗位。

（5）食堂内要保持所使用的电器设备清洁，应做防湿处理，必须保持良好绝缘，开关、闸刀应安装在安全的地方，并设立专用电箱。

（6）炊事班长应在下班前负责安全检查，确认没有问题时，应熄火、关窗、锁门后方可下班。

6.宿舍防火制度

（1）宿舍内不得使用电炉和 60W 以上白炽灯及碘钨灯照明及取暖，不准私自拉接电源线。

（2）不准卧在床上吸烟，火柴、烟头、打火机不得随便乱扔，烟头要熄灭，放进烟灰缸里。

（3）宿舍区域内严禁存放易燃、易爆物品，宿舍内禁止用易燃物支搭小房或隔墙。

（4）冬季取暖须用炉火或电暖器时，必须经消防部门批准、备案后方可使用，禁止在宿舍内做饭或生明火。

（5）宿舍区应配备足够的灭火器材和应急消防设施。

7. 各级负责人灭火职责

（1）灭火作战总指挥的职责。接到报警后，迅速奔赴火灾现场，依据火场情况，组织指挥灭火，制定灭火措施，控制火势蔓延，并且对火场情况做出判断。

（2）物资抢救负责人的职责。带领义务消防队，组成物资抢救队伍，将现场物资材料及时运到安全地点，将损失降到最低。

（3）灭火作战负责人的职责。积极组织义务消防队伍，动用现场消防器材和设施进行灭火作业。

（4）人员救护负责人的职责。率领义务人员、红十字会成员及其他人员，负责伤员的救护及运送工作。

（5）宣传联络负责人的职责。负责及时传达总指挥的命令和各组的信息反馈工作，依据中心任务，对广大职工进行宣传教育，鼓舞斗志；迅速拨打火警电话，并到路口迎接消防车辆，协助警卫人员维护火场秩序，疏导围困人员至安全地点。

（6）后勤供应负责人的职责。负责车辆、消防器材及各种必要物资的供应工作，确保灭火作战人员的茶水、食品、毛巾充足，做好后勤保障。

8. 雨期施工防火制度

（1）施工现场禁止搭设易燃建筑，搭设防晒棚时，必须符合易燃建筑防火规定。

（2）施工现场、库房、料厂、油库区、木工棚、机修汽修车间、喷漆车间部位，未经批准，任何人不得使用电炉和明火作业。

（3）易燃易爆、化学、剧毒物品应设专人进行管理，使用过程中，应建立领用、退回登记制度。

（4）散装生石灰不要存放在露天及可燃物附近。袋装的生石灰粉不得储存于木板房内。电石库房使用非易燃材料建筑，应同用火处保持 25m 以上距离。对零星散落的电石，必须随时随地清除。

（5）高层建筑、高大机械（塔吊）、卷扬机和室外电梯、油罐及电器设备等必须采取防雷、防雨、防静电措施。

（6）室内外的临时电线，不得随地随便乱拉，应架空，并且接头必须牢固包好；临时电闸箱上必须搭棚，防止漏雨。

（7）加强各种消防器材的雨期保养，要做到防雨、防潮。

（8）冬季施工保温不得采用易燃品。

9. 施工现场消防管理规定

本办法适用于 XX 建设工程参加施工所有的人员，除认真遵守《消防法》《XX 市消防条例》以及市政府、市住建委有关施工现场消防安全管理规定，落实防火责任制外，还必须遵守项目管理规定，若擅自违反规定，导致事故或有可能造成事故，项目部将依据《XX工程项目部施工现场消防管理处罚规定》进行处罚。

（1）施工人员入场前，必须持合法证件到经理部保卫部门登记注册，经入场教育，办理现场出入证之后方可进入现场施工。

（2）易燃易爆、有毒等危险材料进场，必须提前以书面形式报消防部门，报告要写明材料性质、数量及将要存放的地点，经保卫负责人确认安全之后方可限量进入现场。

（3）在施工现场不得随意使用明火，凡施工用火，必须经消防部门批准办理动火手续，同时自备灭火器并设专职看火人员。

（4）施工现场严禁吸烟，现场各部位按照责任区域划分，各单位自觉管理，自备足够的消防器材和消防设施，并各自做好灭火器材的维护、维修工作。

（5）未经项目部、消防部批准，施工单位或者个人不得在施工现场、生活区以及办公区内使用电热器具。

（6）施工现场所设泵房、消火栓、灭火器具、消防水管、消防道路、安全通道防火间距以及消防标志等设施，禁止埋压、挪用、圈占、阻塞、破坏。

（7）工程内、现场内部由于施工需要支搭简易房屋时，应报请项目工程部、消防部，经批准后按要求搭设。

（8）现场内临时库房或者可燃材料堆放场所按规定分类码放整齐，并悬挂明显标志，配备相应的消防器材。

（9）工程内严禁搭设库房，严禁存放大量可燃材料。

（10）工程内不准住人，确因施工需要，必须经项目部及安全部消防负责人同意、批准后，按照要求进住。

（11）施工现场、宿舍、办公室、工具房、临时库房、木工棚等各类用电场所的电线，必须由电工敷设、安装，不得随意私拉乱接电线。

（12）季施工保温材料的购进，要符合 XX 年住建委颁发的（XX）号文件精神，以达到防火、环保的要求。

（13）各分包、外协力量要确定一名专职或者兼职安全员，负责本单位的日常防火管理工作。

（14）遇有国家政治活动期间，各分包必须服从项目统一指挥、统一管理，并且严格遵守项目部制订的"应急准备和响应"方案。

10. 木工车间（操作棚）防火规定

（1）木工车间和工棚的建筑应耐火。

（2）木工车间、木工棚内严禁吸烟及明火作业。车间内禁止使用电炉，不许安装取暖火炉。

（3）木工车间、木工棚的刨花、木屑、锯末、碎料，每天随时清理，集中堆放到指定的安全地点，做到工完场清。

（4）熬胶用的炉火，要设在安全地点，落实专人负责。使用的酒精、汽油、油漆、稀料等易燃物品，要定量领用，必须专柜存放、专人管理。油棉丝、油抹布禁止随地乱扔，用完后应放在铁桶内，定期处理。

（5）必须保持车间内的电机、电闸等设备干燥清洁。电机应采取封闭式，敞开式的电机应设防护罩。电闸应安装在铁皮箱内并加锁。

（6）车间内必须设一名专人负责，下班前进行详细检查，确认安全，断电、关窗以及锁门后方可下班。

11. 吸烟管理规定

（1）施工现场禁止吸烟，禁止在施工和未交工的建筑物内吸烟。

（2）吸烟者必须到允许吸烟的办公室或者指定的吸烟室吸烟，允许吸烟的办公室要设置烟灰缸，吸烟室要设置存放烟头及烟灰和火柴棍的用具。

（3）在宿舍或休息室内不准卧床吸烟，烟灰、火柴棍不得随地乱扔，禁止在木料堆放地、材料库、木工棚、电气焊车间、油漆库等部位吸烟。

12. 冬季防火规定

（1）施工现场生活区、办公室取暖用具，须经主管领导及消防部门检查合格，持合格证方准安装使用，并设专人负责，制定必要的防火措施。

（2）严禁用油棉纱生火，禁止在生火部位进行易燃液体、气体操作，无人居住的部位要做到人走火灭。

（3）木工车间、材料库、清洗间、喷漆（料）配料间，禁止吸烟及明火作业。

（4）在施工场地内一律不准暂设用房，不准使用炉火和电炉、碘钨灯取暖。若因施工需要用火，生产技术部门应制定消防技术措施，将使用期限写入施工方案，并且经消防部门检查同意后方可用火。

（5）各种取暖设施上严禁存放易燃物。

（6）施工中使用的易燃材料要控制使用，专人管理，不准积压，现场堆放的易燃材料必须满足防火规定，工程使用的木方、木质材料应码放在安全地方。

（7）保温须用岩棉被等耐火材料，禁止使用草帘、草袋、棉毡保温。

（8）常温后，应立即停止保温，并将生活取暖设施拆除。

13. 防火责任制

（1）项目部主要负责人防火责任制

项目主要负责人为消防工作第一责任人、主要负责人，直接指导消防保卫工作。

①组织施工和工程项目的消防安全工作，按照领导责任指挥和组织施工，要遵守有关消防法规和内部规定，逐级落实防火责任制。

②把消防工作纳入施工生产全过程，认真落实保卫方案。

③施工现场易燃暂设支架应符合要求，应经消防部门审批同意之后方可支搭。

④坚持周一防火安全教育、周末防火安全检查，及时整改隐患，对于难以整改的问题，应积极采取临时安全措施，及时汇报给上级，不准强令违章作业。

⑤加强对义务消防组织的领导，组织开展群防活动，并保护现场，协助事故调查。

（2）项目部副经理防火责任制

①对项目分管工作负直接领导责任，协助项目经理认真贯彻执行国家、市有关消防法律、法规，并落实各项责任制。

②组织施工工程项目各项防火安全技术措施方案。

③组织施工现场定期的防火安全检查，对检查出的问题要定时、定人、定措施予以解决。

④组织义务消防队的定期学习、演练。

⑤组织实施对职工的安全教育。

⑥协助事故的调查，发生事故时组织人员抢救，并且保护好现场。

（3）项目部消防干部责任制

①协助防火负责人制定施工现场防火安全方案及措施，并督促落实。

②纠正违反法律、规章的行为，并报告给防火负责人，提出对违章人员的处理意见。

③对重大火险隐患及时提出消除措施的建议，填写"火险隐患通知单"，并且报消防监督机关备案。

④配备、管理消防器材，建立防火档案。

⑤组织义务消防队的业务学习及训练。

⑥组织扑救火灾，保护火灾现场。

（4）项目技术部防火责任制

①依据有关消防安全规定，编制施工组织设计与施工平面布置图，应有消防车通道、消防水源、易燃易爆等危险材料堆放场，临建的建设要满足防火要求。

②施工组织设计须有防火技术措施。对施工过程中的隐蔽项目及火灾危险性大的部位，要制定专项防火措施。

③讨论施工组织设计及平面图时，应通知消防部门参加会审。

④施工现场总平面图要注明消防泵、竖管以及消防器材设施的位置及其他各种临建位置。

⑤设计消防竖管时，管径不小于100mm。

⑥施工现场道路须循环，宽度不小于3.5m。

⑦做防水工程时，要有针对性的防火措施。

（5）项目土建工程部防火责任制

①对负责组织施工的工程项目的消防安全负责，在组织施工中要遵守有关消防法规及规定。

②在安排工作的同时要有书面的消防安全技术交底，并采取有效的防火措施，不准强令违章作业。

③坚持周一进行防火安全教育，并且及时整改隐患。

④在施工、装修等不同阶段，要有书面的防火措施。

（6）项目综合办公室防火责任制

①负责本部门、本系统的安全工作，对食堂、生活用取暖设施及工人宿舍等要建立防火安全制度。

②对所属人员要经常进行防火教育，建立记录，增强安全意识。

③定期开展防火检查，及时将安全隐患清除掉。

④生产区支搭易燃建筑，应符合防火规定。

⑤仓库的设置与各类物品的管理必须符合安全防火规定，并且配备足够的器材。

（7）电气维修人员防火责任制

①电工作业必须遵守操作规范及安全规定，使用合格的电气材料，依据电气设备的电容量，正确选择同类导线，并且安装符合容量的保险丝。

②所拉设的电线应符合要求，导线与墙壁、顶棚以及金属架之间保持一定距离，并加绝缘套管，设备与导线、导线与导线之间的接头要牢固绝缘，铅线接头要有铜铅过渡焊接。

③定期检查线路、设备，对老化及残缺线路要及时更新，通常情况下不准带电作业及维修电气设备，安装设备要接零线保护。

④架设动力线不乱拉、乱挂，经过通道时要加套管，通过易燃场所时应设支点、加套塑料管。

⑤电工有权制止乱拉电线人员，有权制止非电工作业，有权禁止未经批准使用电炉。

（8）油漆工防火责任制

①油漆、调漆配料室内严禁吸烟，明火作业及使用电炉要经消防部门批准，并配备消防器材。

②调漆配料室要有排风设备，保持良好通风，稀料与油漆分库存放。

③调漆应在单独房间进行，油漆库和休息室分开。

④室内电器设备要安装防爆装置，电闸安装在室外，下班时随手拉闸断电。

⑤用过的油毡棉丝、油布以及纸等应放在金属容器内，并及时清理排风管道内外的油漆沉积物。

（9）分包队伍及班、组消防工作责任制

①对本班、组的消防工作负全面责任，自觉遵守相关消防工作法规制度，将消防工作落实到职工个人，实行分片包干。

②将消防工作纳入班组管理，分配任务要进行防火安全交底，并且坚持班前教育、下班检查活动，消防检查隐患做到不隔夜，杜绝违章冒险作业。

③支持义务消防队员和积极参加消防学习训练活动，发生火灾事故立即报告，并且组织力量扑救，保护现场，配合事故调查。

（10）职工个人防火安全责任制

①负责本岗位上的消防工作，学习消防法规和内部规章制度，提高法制观念，积极参加消防知识学习、训练活动，做到熟知本单位、本岗位消防制度，发生火灾事故会报警（火警电话119），并且会使用灭火器材，积极参加灭火工作。

②工作生产中必须遵守本单位的安全操作规程及消防管理规定，随时对自己的工作生产岗位周围进行检查，保证不发生火灾事故、不留下火灾隐患。

③勇于制止和揭发违反消防管理的行为，遇到火灾事故要奋力扑救，并注意保护现场。

（11）易燃、易爆品和作业人员防火责任制

①焊工必须经过专业培训掌握焊接安全技术，并经过考试合格之后持证操作，非电焊工不准操作。

②焊割前应经本单位同意，消防负责人检查批准申请动火证，方可操作。

③焊割作业之前要选择安全地点，焊割前仔细检查上下左右情况及设备安全情况，必须将周围的易燃物清理掉，对不能清理的易燃物要用水浇湿或者用非燃材料遮挡，开始焊割时要配备灭火器材，有专人看火。

④乙炔瓶、氧气瓶不准存放在建筑工程内，在高空焊割时，不准放于焊接部位下面，并保持一定的水平距离，回火装置及胶皮管发生冻结时，只能用热水和蒸汽解冻，禁止用明火烤、用金属物敲打，检查漏气时严禁用明火试漏。

⑤气瓶要装压力表，搬运时严禁滚动、撞击，夏季不得暴晒。

⑥电焊机和电源符合用电安全负荷，严禁使用铜、铁、铝线代替保险丝。

⑦电焊机地线不准接在建筑物、机械设备及金属架上，必须设置接地线，不得借路。地线要接牢，在安装时要注意正负极不要接错。

⑧不准使用有故障的焊割工具。电焊线不要接触有气体的气瓶，也不要与气焊软管或气体导管搭接。氧气瓶管、乙炔导管不得从生产、使用、储存易燃易爆物品的场所或者部

位经过。油脂或黏油的物品严禁与氧气瓶、乙炔气瓶导管等接触。氧气、乙炔管不能混用（红色气管为氧气专用管；黑色气管为乙炔专用管）。

⑨焊割点火前要遵守操作规程，焊割结束或者离开现场前，必须切断气源、电源，并仔细检查现场，消除火险隐患，在屋顶隔墙的隐蔽场所焊接操作完毕半小时内要复查，避免自燃问题发生。

⑩焊接操作不准与油漆、喷漆等易燃物进行同部位、同时间、上下交叉作业。

⑪当遇到5级以上大风时，应立即停止室外电气焊作业。

⑫施工现场动火证在一个部位焊割一次，申报一次，不得连续使用。

⑬禁止在下列场所及设备上进行电、气焊作业。

a. 生产、使用、存放易燃易爆和化学危险品的场所及其他禁火场所。

b. 密封容器未开盖的，盛过或者存放易燃可燃气体、液体的化学危险品的容器，以及设备未经彻底清洗干净处理的。

c. 场地周围易燃物、可燃物太多不能清理或者未采取安全措施，无人看火监视的。

（12）看火人员（包括临时看火人员）防火责任制

①动火须通过消防部门审批，办理动火证，看火人员要了解动火部位环境。

②动火前要认真清理动火部位周围的易燃物，不能清理的要用水浇湿或者用非燃材料遮盖。

③高空焊接、夹缝焊接或者邻近脚手架上焊接时，要铺设接火用具或用石棉布接火花。

④准备好消防器材及工具，做好灭火准备工作。

⑤使用碎木料明火作业时，炉灶要远离木料1.5m之外。

⑥焊接和明火作业过程中，要随时检查，不得擅离职守。动火完毕应认真检查，确认没有危险后才可离去。

⑦看火人员严禁兼职，必须专人，一旦起火要立即呼救、报警并且及时扑救。

第二节　单位消防安全宣传与教育培训

一、概述

（一）消防安全宣传与教育培训的联系与区别

消防宣传与消防教育培训两者之间既有联系，又有区别，具体如下：

1. 联系：消防宣传和消防教育培训的原则和目标相同，都是通过一定的形式和手段帮助人们提高消防安全意识，掌握基本的消防常识，掌握基本的防灭火技能。

2. 区别：消防宣传的对象是各种年龄层次和各行业的人民群众，在效果方面注重长期性，在内容上侧重于人民群众消防意识的提高和对基本消防常识的传播；消防教育培训的对象主要是特定的群体，在效果方面注重实效性，在内容上侧重于对消防技能的培训。

（二）消防安全宣传与教育培训工作的现实意义

通过广泛宣传和坚持不懈地教育，动员督促全社会各行业、各部门、各单位以及每个社会成员积极接受消防教育并参加消防培训，深入了解和掌握基本的消防安全知识和自救逃生技能，共同维护公共消防安全，进而真正提升全社会防控火灾能力。

（三）消防安全宣传与教育培训的相关要求

《消防法》明确了政府、各职能部门和机关、团体、企业、事业消防宣传与教育培训工作职责；《社会消防安全教育培训规定》（公安部令第109号），明确了各相关职能部门应当履行的职责，细化了各类单位教育培训的内容及要求，提出了落实教育培训的奖惩制约措施；《国务院关于加强和改进消防工作的意见》（国发〔2011〕46号），就新形势下扎实做好消防宣传与教育培训工作提出了意见和要求。

（四）消防安全宣传与教育培训的原则和目标

1. 原则

按照"政府统一领导、部门依法监管、单位全面负责、公民积极参与"的原则，实行消防安全宣传教育培训责任制。

2. 目标

通过开展消防宣传与教育培训活动，可以让公民树立"全民消防，生命至上"理念，激发他们关注消防安全、学习消防知识、参与消防工作的积极性和主动性，并不断提升全民消防安全素质，夯实公共消防安全基础，减少火灾危害，进而创造良好的消防安全环境。

二、消防安全宣传与教育培训的内容和形式

（一）消防安全宣传的内容和形式

1. 家庭、社区消防安全宣传

（1）家庭安全宣传主要为：安全用火、用电、用气、用油和火灾报警、初起火灾扑救、逃生自救常识，经常查找、消除家庭火灾隐患；教育未成年人不玩火；教育家庭成员自觉遵守消防安全管理规定；提倡家庭制订应急疏散预案并进行演练。

（2）社区居民委员会、住宅小区业主委员会应建立消防安全宣传教育制度；发动社

区老年协会、物业管理公司职工、消防志愿者、义务消防队员参与消防安全宣传教育工作；为每栋住宅指定专兼职消防宣传员，绘制、张贴住宅楼疏散逃生示意图，开展楼内消防巡查，确保疏散通道畅通、防火门常闭、消防设施器材和标志标示完好。

（3）社区居民委员会、住宅小区业主委员会应在社区、住宅小区因地制宜设置消防宣传牌（栏）、橱窗等，并适时更新内容；小区楼宇电视、户外显示屏、广播等应经常播放消防安全常识。

（4）街道办事处、乡镇政府等应引导城镇居民家庭和有条件的农村家庭配备必要的消防器材，其他农村家庭应储备灭火用水、沙土，配备简易灭火器材，并掌握正确的使用方法。

（5）街道办事处、乡镇政府等应将家庭消防安全宣传教育工作纳入"平安社区""文明社区""五好文明家庭"等创建、评定内容。

2. 学校消防安全宣传

（1）学校应利用"全国中小学生安全教育日""防灾减灾日""科技活动周""119消防日"等集中开展消防宣传活动。

（2）校园电视、广播、网站、报刊、电子显示屏、板报等，应经常播、刊、发消防安全内容，每月不少于一次；有条件的学校应建立消防安全宣传教育场所，配置必要的消防设备、宣传资料。

（3）学校教室、行政办公楼、宿舍及图书馆、实验室、餐厅、礼堂等，应在醒目位置设置疏散逃生标志等消防安全提示。

（4）学校应落实相关学科课程中消防安全教育内容，针对不同年龄段学生分类开展消防安全宣传；每学年组织师生开展疏散逃生演练、消防知识竞赛、消防趣味运动会等活动；有条件的学校应组织学生在校期间至少参观一次消防科普教育场馆。

（5）小学、初级中学每学年应布置一次由学生与家长共同完成的消防安全家庭作业；普通高中、中等职业学校、高等学校应鼓励学生参加消防安全志愿服务活动，将学生参与消防安全活动纳入校外社会实践、志愿活动考核体系，每名学生在校期间参加消防安全志愿活动应不少于4h。

3. 人员密集场所消防安全宣传

（1）在文化娱乐场所、商场市场、宾馆饭店以及大型活动现场应通过电子显示屏、广播或主持人提示等形式向顾客告知安全出口位置和消防安全注意事项。

（2）在公共交通工具的候车（机、船）场所、站台等应在醒目位置设置消防安全提示，宣传消防安全常识；电子显示屏、车（机、船）载视频和广播系统应经常播放消防安全知识。

（3）在人员密集场所的安全出口、疏散通道和消防设施等位置应设置消防安全提示；

结合本场所情况，向顾客提示场所火灾危险性、疏散出口和路线、灭火和逃生设备器材位置及使用方法。

4. 单位消防安全宣传

（1）单位应建立本单位消防安全宣传教育制度，健全机构，落实人员，明确责任，定期组织开展消防安全宣传活动。

（2）单位应设置消防宣传阵地，配备消防安全宣传教育资料，经常开展消防安全宣传教育活动；单位广播、闭路电视、电子屏幕、局域网等应经常宣传消防安全知识。

（3）单位应制订灭火和应急疏散预案，张贴逃生疏散路线图。消防安全重点单位至少每半年、其他单位至少每年组织一次灭火、逃生疏散演练。

5. 农村消防安全宣传

（1）引导村民开展消防安全隐患自查、自改行动；教育村民掌握火灾报警、初起火灾扑救和逃生自救的方法。

（2）农忙时节、火灾多发季节以及节庆、民俗活动期间，乡镇、村应集中开展有针对性的消防安全宣传活动。

（3）制定完善消防安全宣传教育工作制度和村民防火公约，明确职责任务；指导村民建立健全自治联防制度，轮流进行消防安全提示和巡查，及时发现、消除火灾隐患。

（4）乡镇政府应在农村集市、场镇等场所设置消防宣传栏（牌）、橱窗等，并及时更新内容；举办群众喜闻乐见的消防文艺演出；督促乡镇企业开展消防安全宣传工作。

（5）乡镇、村应设专兼职消防宣传员，鼓励农村基干民兵、村镇干部和村民加入义务消防队、消防志愿者队伍，与弱势群体人员结成帮扶对子，上门宣传消防安全知识、查找隐患，遇险时协助逃生自救。

（二）消防安全教育培训的内容和形式

1. 社区居民委员会、村民委员会消防教育培训

（1）在火灾多发季节、农业收获季节、重大节日和乡村民俗活动期间，有针对性地开展防火和灭火技能的消防教育培训。社区居民委员会、村民委员会应当确定至少一名专（兼）职消防安全员，具体负责消防安全宣传教育工作。

（2）通过文化活动站、学习室等场所，对居民、村民开展经常性防火和灭火技能的消防安全宣传教育。

（3）组织志愿消防队、治安联防队和灾害信息员、保安人员等开展防火和灭火技能的消防教育培训。

2. 学校消防安全教育培训

学校应按照下列要求开展消防教育培训工作：

（1）开学初、放寒（暑）假前、学生军训期间，应对学生普遍开展专题消防教育培训。

（2）对寄宿学生要经常开展安全用火用电教育培训和应急疏散演练。

（3）将消防安全知识纳入教学培训内容。

（4）结合不同课程实验课的特点和要求，对学生进行有针对性的消防教育培训。

（5）组织学生到当地消防站参观体验。

（6）每学年至少组织学生开展一次应急疏散演练。

3. 单位消防安全教育培训

单位应按照下列规定对职工进行消防安全教育培训：

（1）对新上岗和进入新岗位的职工进行上岗前消防教育培训。

（2）对在岗的职工每年至少进行一次消防教育培训。

（3）消防安全重点单位每半年至少组织一次、其他单位每年至少组织一次灭火和应急疏散演练。

（4）单位应定期开展全员消防教育培训，落实从业人员上岗前消防安全培训制度，单位对职工的消防教育培训应当将本单位的火灾危险性、防火灭火措施、消防设施及灭火器材的操作使用方法、人员疏散逃生知识等作为培训的重点。

第三节　消防应急预案制订与演练方案

一、消防应急预案编制的目的和意义

（一）应急预案的编制目的

制订灭火救援预案的目的是：针对设定的火灾事故的不同类型、规模及社会单位情况，合理调动、分配单位内部员工组成的灭火救援力量，正确采用各种技术和手段，成功地实施灭火救援行动，最大限度地减少人员伤亡、降低财产损失。

（二）应急预案的编制意义

1. 提高科学施救的主动性

（1）通过制订应急预案，有助于各单位员工熟悉本单位内部情况，掌握火灾、自然灾害以及突发事件发生的规律和特点。

（2）通过制订应急预案，有助于不断提升单位内部快速处置火灾的能力，一旦发生火情，可以按照计划实施组织指挥，从而及时控制火势，疏散人群，减少损失。

2. 促进单位内部的熟悉性

在制订应急预案过程中，经常性深入本单位内部，了解本单位各方面的情况，使制作人员不仅为制订预案掌握到第一手资料，同时，较好地促进了对以下六个方面的熟悉：单位周边和单位内部的交通情况、消防水源情况；单位建筑物的分类、数量级分布情况；单位内部的消防设施情况；单位内部的建筑使用及重点部位情况；单位内主要灾害事故处置的对策及基本情况；单位的消防组织及其灭火救援任务分工情况。

3. 增强演练工作的针对性

依据应急预案在进行演练工作时，员工可以通过实战演练促进训练与实战相结合，提高对灾害事故的快速处置能力，有助于增强灭火救援训练的针对性。

二、消防应急预案制订

（一）消防应急预案制订的依据和范围

1. 编制依据

应急预案在编制过程中的依据主要有以下三种：

（1）客观依据：客观依据主要是指本单位的实际情况、消防安全重点部位的基本情况等。

（2）主观依据：主观依据只要指本单位员工的基本情况，包括员工的变化程度、消防安全素质以及防火、灭火救援技能等。

（3）法律、法规依据：法律、法规依据主要指在消防救援工作中起到指导性作用的一些法律和规章制度，包括消防法律法规规章、涉及消防安全的相关法律规定和本单位的消防安全制度。

2. 编制范围

应急预案的编制范围主要包括：消防安全重点单位、在建重点工程、各类重大灾害事故、重要保卫勤务、跨区域救援行动以及其他需要制订应急预案的单位或场所。

（二）消防应急预案的分类

根据火灾类型，应急预案大致划分以下六类：

1. 建筑类：针对具有一定规模（建筑规模由社会单位根据实际情况确定）的多、高层以及地下建（构）筑物，在可能发生火灾、爆炸等灾害事故情况下所编制的应急预案。

2. 大型勤务类：是针对由各级政府组织开展的大型会议，重要活动、集会，各种节日庆典等，在可能发生火灾、爆炸、建筑物倒塌等灾害事故情况下所编制的应急预案。

3. 化工类：针对生产与储存具有一定爆炸危险性的化工产品单位，在可能发生爆炸、燃烧、有毒、其他泄漏等灾害事故情况下所编制的应急预案。

4. 运输工具类：是针对轮船、飞机、列车和公路上大型运输车辆，在进出港、起降过程和行驶途中可能发生火灾、爆炸等灾害事故情况下所编制的应急预案。

5. 一般的工矿企业类：针对具有一定规模（建筑规模由社会单位根据实际情况确定）的工矿企业建（构）筑物，在可能发生火灾、爆炸等灾害事故情况下所编制的应急预案。

6. 其他类：针对以上五类以外的单位，在可能发生各种火灾事故的情况下，根据其规律与特点所编制的应急预案。

（三）消防应急预案制订的程序

1. 明确范围及重点保护部位

各单位应结合本单位的实际情况，确定范围，进而明确重点保护对象或者部位。

2. 调查、收集资料进行救援对策研究

为使所制订的应急预案符合客观实际，应进行大量细致的调查研究工作，要正确分析、预测重点单位和部位发生火灾的可能性和各种险情，并制定出相应的火灾扑救和应急救援对策。由此可见，制订应急预案，是一项细致复杂的工作。

3. 科学计算，确定人员力量和器材装备

可以通过计算，确定现场灭火和疏散人员所需要的人员力量、保障的器材装备和物资等方面的数量，为完成灭火救援应急任务提供基本依据。

4. 策划构思灭火救援应急行动总体安排

根据灾情，对灭火救援应急行动的目标、任务、手段、措施等进行总体策划和构思。其主要内容有作战目标与任务、战术与技术措施、兵力、人员部署与力量安排等。

5. 逐级审核不断完善应急预案各方面内容

应急预案实行逐级审核制度。审核的重点应当侧重于情况设定、处置对策、人员安排部署、战术措施、技术方法、后勤保障等内容。

（四）消防应急预案的制订内容

1. 五个目的

应急预案演练的目的主要包括以下五个方面：

（1）检验预案：通过对应急预案的演练，对已制订的应急预案进行检测，找出预案的不足和存在的问题进而进行修订完善，提高预案的可操作性和实用性。

（2）完善准备：从应急预案的演练过程中，找出应对突发火灾事故所需应急队伍、物资、装备、技术等方面的不足，并及时进行调整补充，进而完善准备工作。

（3）锻炼队伍：在开展应急预案演练的过程中，可以提高相关人员的应急处理能力以及对应急预案的熟悉程度。

（4）磨合机制：通过参与应急预案的演练，可以使参与人员更能分清自己的工作职责，完善应急机制。

（5）科普宣教：通过开展应急预案演练，可以更生动形象地向公众普及应急知识，提高公众的灾害应对能力，加强风险防范意识及自救互救能力。

2. 四项原则

应急预案演练开展要本着结合实际、合理定位，着眼实战、重视效果，精心策划组织、确保人员设施安全，统筹规划、节约资源的原则。

3. 三大分类

应急预案演练根据不同的形式、内容以及目的可以划分为不同的类型，具体如下：

（1）按形式划分。按照不同的组织形式，应急预案演练可划分成桌面演练和实战演练两类。

（2）按内容划分。按照不同的演练内容，应急预案演练可划分成单项演练和综合演练两类。

（3）按目的划分。按照不同的演练目的及作用，应急预案演练可分为检验性演练、示范性演练和研究性演练。

4. 五种演练规划

按照《机关、团体、企业、事业单位消防安全管理规定》的要求，消防安全重点单位应当每半年开展一次灭火和应急疏散预案的演练，其他单位应当每年开展一次灭火和应急疏散预案的演练。演练组织单位须进行相关应急预案演练规划，通常由相关单位领导组成演练领导小组，下设策划部、保障部和评估组等。

（1）演练领导小组

演练领导小组负责应急演练活动全过程的组织领导，审批决定演练的重大事项。演练领导小组组长一般由演练组织单位或其上级单位的负责人担任；副组长一般由演练组织单位或主要协办单位负责人担任；小组其他成员一般由各演练参与单位相关负责人担任。在演练实施阶段，演练领导小组组长，副组长通常分别担任演练总指挥、副总指挥。

（2）策划部

策划部负责应急演练策划、演练方案设计，演练实施的组织协调、演练评估总结等工作。策划部设总策划、副总策划，下设文案组、协调组、控制组、宣传组等。

（3）保障部

保障部负责调集演练所需物资装备，购置和制作演练模型、道具、场景，准备演练场地，维持演练现场秩序，保障运输车辆，保障人员生活和安全保卫等。其成员一般是演练组织单位及参与单位后勤、财务、办公等部门人员，常称为后勤保障人员。

（4）参演队伍和人员

参演人员包括：应急预案规定的有关应急管理部门（单位）工作人员、各类专兼职应急救援队伍以及志愿者队伍等。参演人员承担具体演练任务，针对模拟火灾事故场景做出应急响应行动。

（5）评估组

评估组负责设计演练评估方案和编写演练评估报告，对演练准备、组织、实施及其安全事项等进行全过程、全方位评估，及时向演练领导小组、策划部和保障部提出意见、建议。其成员一般是应急管理专家、具有一定演练评估经验和突发火灾事故应急处置经验的专业人员，常称为演练评估人员。评估组可由上级或专业部门组织，也可由演练组织单位自行组织。

5. 演练准备工作

（1）演练计划制订内容

演练计划的主要内容包括如下几点：

①演练计划要明确演练目的、原因，以及要解决的问题和期望达到的效果等。

②演练计划制订中分析演练需求，确定须调整的演练人员、须锻炼的技能、须检验的设备、须完善的应急处置流程以及须进一步明确的职责等。

③演练计划中确定演练范围，即确定演练事件的类型、等级、地域、参演机构及人数、演练方式等。

④演练计划要包含安排演练准备与实施的日程计划。

⑤演练计划中要确定演练经费预算以及演练经费筹措的渠道。

（2）演练方案设计程序

①确定演练目标。在设计演练方案时首先要确定演练目标，即在演练过程中需要完成的主要任务及需要达到的效果。

②设计演练情景与实施步骤。演练情景的设计与演练效果有着密切联系，演练活动需要通过一系列的情景事件进行。演练情景包括演练场景概述和演练场景清单。

③设计评估标准与方法。演练评估是通过观察、体验和记录演练活动，比较演练实际效果与目标之间的差异，总结演练成效和不足的过程。演练评估应以演练目标为基础。

④编写演练方案文件。演练方案是演练实施的依据，根据演练类别和规模的不同，演练方案可以由一个或多个文件组成。对涉密应急预案的演练或不宜公开的演练内容，还要制定保密措施。

⑤演练方案评审。对于综合性较强、风险较大的应急演练，为了确保应急演练工作的顺利开展，需要相关人员对文案组制订的演练方案进行评审，通过后方可执行。

（3）演练动员与培训

①在演练开始前要进行演练动员和培训，确保所有演练参与人员掌握演练规则、演练情景和各自在演练中的任务。

②所有演练参与人员都要经过应急基本知识、演练基本概念、演练现场规则等方面的培训。

③对控制人员要进行岗位职责、演练过程控制和管理等方面的培训；对评估人员要进行岗位职责、演练评估方法、工具使用等方面的培训；对参演人员要进行应急预案、应急技能及个体防护装备使用等方面的培训。

（4）应急演练保障主要内容

应急预案演练保障主要包括：人员保障、经费保障、场地保障、物资和器材保障、通信保障、安全保障。

6. 演练实施步骤

应急预案的演练包括三个步骤，分别为应急预案的启动、应急预案的执行以及应急预案的结束与终止。

7. 演练评估与总结

（1）演练评估的方式及内容

①演练评估的方式包括：组织评估会议、填写演练评价表和对参演人员进行访谈等，也可以要求参演单位提供自我评估总材料。

②演练评估报告的主要内容一般包括：演练执行情况、预案的合理性与可操作性、应急指挥人员的指挥协调能力、参演人员的处置能力、演练所用设备装备的适用性、演练目

标的实现情况、演练的成本效益分析、对完善预案的建议等。

（2）客观全面的演练总结

演练结束后，进行客观的总结是全面评价演练的依据，也是为了进一步加强和改进突发事件应对处置工作。一般而言演练总结可分为现场总结和事后总结。

（3）进行演练成果运用

对演练暴露出来的问题，演练单位应当及时采取措施予以改进，包括修改完善应急预案，有针对性地加强应急人员的教育和培训、对应急物资装备有计划地更新等，并建立改进任务表，按规定时间对改进情况进行监督检查。

（4）演练文件归档与备案

①演练组织单位在演练结束后应将演练计划、演练方案、演练评估报告、演练总结报告等资料归档保存。

②对于由上级有关部门布置或参与组织的演练，或者法律、法规、规章要求备案的演练，演练组织单位应当将相应资料报有关部门备案。

（5）注重考核与奖惩

演练组织单位要注重对演练参与单位及人员进行考核。对在演练中表现突出的单位及个人，可给予表彰和奖励；对不按要求参加演练，或影响演练正常开展的，可给予相应批评。

第四节　建设工程施工现场消防安全管理

一、施工现场的特点及责任管理

（一）施工现场的火灾危险性

常见施工现场的火灾危险性有如下几点：

1. 可燃物、易燃物多。

2. 临建设施多，防火标准低。

3. 动火作业多。

4. 临时电气线路多。

5. 施工临时员工多，流动性强，整体素质不高。

6. 既有建筑进行扩建、改建火灾危险性大。

7. 隔音、保温材料用量大。

8. 现场管理受外部因素影响大。

（二）三类常见的火灾成因

1. 焊接、切割

电焊引发火灾的主要原因有以下几点：

（1）产生的高温因热传导引燃其他房间或部位的可燃物。

（2）金属火花飞溅引燃周围可燃物。

（3）焊接导线与电焊机、焊钳连接接头处理不当，松动打火。

（4）焊接导线（焊把线）选择不当，截面过小，使用过程中超负荷使绝缘损坏造成短路打火。

（5）电焊回路线与电器设备或电网零线相连，电焊时大电流通过，将保护零线或电网零线烧断。

（6）焊接导线受压、磨损造成短路或铺设不当、接触高温物体或打卷使用造成涡流，过热失去绝缘短路打火。

（7）电焊回路线（搭铁线或接零线）使用、铺设不当或乱搭乱接，在焊接作业时产生电火花或接头过热引燃易燃、可燃物。

2. 电器、电路

漏电电流的热效应是火灾的起火源，漏电电流的电阻性发热和击穿性电弧作用，常常会引燃其作用点处的可燃物造成火灾。施工现场漏电的原因主要是电气安装不当、电气设备装备不当、线路缺乏维修保养而使绝缘老化，或长期受到雨水、腐蚀气体的侵蚀，机械损伤等。

3. 用火不慎、遗留火种

施工人员的生活用火、照明等使用不慎，或因吸烟乱丢烟头引燃周围可燃物起火。

（三）施工现场管理职责

施工现场的消防安全管理应由施工单位负责。施工现场实行施工总承包的，由总承包单位负责。

一是总承包单位应对施工现场防火实施统一管理，并对施工现场总平面布局、现场防火、临时消防设施、防火管理等进行总体规划、统筹安排，确保施工现场防火管理落到实处。

二是分包单位应向总承包单位负责，并应服从总承包单位的管理，同时应承担施工现场管理职责及国家法律、法规规定的消防责任和义务。监理单位应对施工现场的消防安全管理实施监理。

施工单位应根据建设项目规模、现场消防安全管理的重点，在施工现场建立消防安全管理组织机构及义务消防组织，并应确定消防安全负责人和消防安全管理人，同时应落实相关人员的消防安全管理责任。

二、施工现场总平面布局

（一）总平面布置

1. 明确总平面布局的原则

临时用房、临时设施的布置应满足现场防火、灭火及人员疏散的要求。下列临时用房和临时设施应纳入施工现场总平面布局：

（1）施工现场的出入口、围墙设施。

（2）施工现场内的临时道路。

（3）管网布置以及配电线路敷设或架设的走向、高度。

（4）临时消防车通道、消防救援场地和消防水源。

（5）施工现场办公用房、宿舍、发电机房、配电房、可燃材料库房、易燃易爆危险品库房、可燃材料堆场及其加工场、固定动火作业场等。

2. 明确重点区域的布置原则

（1）施工现场出入口设置的基本原则

施工现场出入口的设置应满足消防车通行的要求，并宜布置在不同方向，其数量不宜少于两个。当确有困难只能设置一个出入口时，应在施工现场内设置满足消防车通行的环形道路。

（2）危险品库房的布置原则

易燃易爆危险品库房应远离明火作业区、人员密集区和建筑物相对集中区。可燃材料堆场及其加工场、易燃易爆危险品库房不应布置在架空电力线下。

（3）固定动火作业场的布置原则

①固定动火作业场应布置在可燃材料堆场及其加工场、易燃易爆危险品库房等全年最小频率风向的上风侧。

②宜布置在临时办公用房、宿舍、可燃材料库房、在建工程等全年最小频率风向的上风侧。

（二）防火间距

1. 临建用房与在建工程之间

保持临时用房、临时设施与在建工程的防火间距是防止施工现场火灾相互蔓延的关键。具体要求如下：

（1）人员住宿、可燃材料及易燃易爆危险品储存等场所严禁设置于在建工程内。

（2）易燃易爆危险品库房与在建工程应保持足够的防火间距。

（3）可燃材料堆场及其加工场、固定动火作业场与在建工程的防火间距不应小于10m。

（4）其他临时用房、临时设施与在建工程的防火间距不应小于6m。

2.临建用房与临建用房之间

临建用房间的防火间距的要求如下：

（1）施工现场主要临时用房、临时设施的防火间距不应小于表7-1所示的规定。

表7-1 施工现场主要临时用房、临时设施的防火间距（m）

名称	办公用房、宿舍	发电机房、变配电房	可燃材料库房	厨房操作间、锅炉房	可燃材料堆场及其加工场	固定动火作业场	易燃易爆危险品库房
办公用房、宿舍	4	4	5	5	7	7	10
发电机房、变配电房	4	4	5	5	7	7	10
可燃材料库房	5	5	5	5	7	7	10

（2）当办公用房、宿舍成组布置时，其防火间距可适当减小，但应符合以下要求：

①每组临时用房的栋数不应超过10栋，组与组之间的防火间距不应小于8m。

②组内临时用房之间的防火间距不应小于3.5m；当建筑构件燃烧性能等级为A级时，其防火间距可减少到3m。

（三）临时消防车通道与救援场地

1.临时消防车通道的设置

临时消防车通道的设置要求如下：

（1）临时消防车通道与在建工程、临时用房、可燃材料堆场及其加工场距离不宜小于5m，且不宜大于40m。

（2）施工现场周边道路满足消防车通行及灭火救援要求时，施工现场内可不设置临时消防车通道。

（3）临时消防车通道的设置应符合下列规定：

①临时消防车通道的净宽度和净空高度均不应小于4m。

②临时消防车通道宜为环形，如设置环形车道确有困难，应在消防车通道尽端设置尺寸不小于12m×12m的回车场。

③临时消防车通道路基、路面及其下部设施应能承受消防车通行压力及工作荷载。

④临时消防车通道的右侧应设置消防车行进路线指示标志。

2. 临时消防救援场地的设置

（1）有设置需求的施工现场

下列建筑应设置环形临时消防车通道，设置环形临时消防车通道确有困难时，除应按相关规定设置回转场外，还应设置临时消防救援场地：

①建筑工程单体占地面积大于 3000m² 的在建工程。

②建筑高度大于 24m 的在建工程。

③超过 10 栋，且为成组布置的临时用房。

（2）临时消防救援场地的设置要求

①场地宽度应满足消防车正常操作要求且不应小于 6m，与在建工程外脚手架的净距不宜小于 2m，且不宜超过 6m。

②临时消防救援场地应在在建工程装饰装修阶段设置。

③临时消防救援场地应设置在成组布置的临时用房场地的长边一侧及在建工程的长边一侧。

三、施工现场内建筑的防火要求

（一）施工现场内建筑的防火设置原则

1. 临时用房

（1）临时用房和在建工程应采取可靠的防火分隔和安全疏散等防火技术措施。

（2）临时用房的防火设计应根据其使用性质及火灾危险性等情况进行确定。

2. 在建工程

在建工程防火设计应根据施工性质、建筑高度、建筑规模及结构特点等情况进行确定。

（二）临时用房防火要求

1. 宿舍、办公用房

宿舍、办公用房的防火要求如下：

（1）建筑构件的燃烧性能等级应为 A 级，当临时用房是金属夹芯板时，其芯材的燃烧性能等级应为 A 级。

（2）建筑层数不应超过 3 层，每层建筑面积不应大于 300m²。

（3）建筑层数为 3 层或每层建筑面积大于 200m² 时，应设置不少于 2 部疏散楼梯，房间疏散门至疏散楼梯的最大距离不应大于 25m。

（4）单面布置用房时，疏散走道的净宽度不应小于 1.0m；双面布置用房时，疏散走道的净宽度不应小于 1.5m。

（5）疏散楼梯的净宽度不应小于疏散走道的净宽度。

（6）宿舍房间的建筑面积不应大于 30m²，其他房间的建筑面积不宜大于 100m²。

（7）房间内任一点至最近疏散门的距离不应大于 15m，房门的净宽度不应小于 0.8m，房间建筑面积超过 50m² 时，房门的净宽度不应小于 1.2m。

（8）隔墙应从楼地面基层隔断至顶板基层底面。

2.特殊用房

特殊用房的防火要求如下：

（1）建筑构件的燃烧性能等级应为 A 级。

（2）建筑层数应为一层，建筑面积不应大于 200m²；可燃材料、易燃易爆物品存放库房应分别布置在不同的临时用房内，每栋临时用房的面积均不应超过 200m²。

（3）可燃材料库房应采用不燃材料将其分隔成若干间库房。单个房间的建筑面积不应超过 30m²，易燃易爆危险品库房单个房间的建筑面积不应超过 20m²。

（4）房间内任一点至最近疏散门的距离不应大于 10m，房门的净宽度不应小于 0.8m。

3.组合建造功能用房

一般应满足如下要求：

（1）宿舍、办公用房不应与厨房操作间、锅炉房、变配电房等组合建造。

（2）会议室与办公用房可组合建造；文化娱乐室、培训室与办公用房或宿舍可组合建造；餐厅与办公用房或宿舍可组合建造。

（3）发电机房、变配电房可组合建造；厨房操作间、锅炉房可组合建造；餐厅与厨房操作间可组合建造。

（4）现场办公用房、宿舍不宜组合建造。例如，现场办公用房与宿舍的规模不大，两者的建筑面积之和不超过 300m²，可组合建造。

（5）施工现场人员较为密集的如会议室、文化娱乐室、培训室、餐厅等房间应设置在临时用房的第一层，其疏散门应向疏散方向开启。

（三）在建工程防火要求

1. 临时疏散通道

在建工程作业场所的临时疏散通道应采用不燃或难燃材料建造，并应与在建工程结构施工同步设置，也可利用在建工程施工完毕的水平结构、楼梯。在建工程作业场所临时疏散通道的设置应符合下列规定：

（1）在建工程作业场所的临时疏散通道应采用不燃、难燃材料建造并与在建工程结构施工同步设置，临时疏散通道应具备与疏散要求相匹配的耐火性能，其耐火极限不应低于 0.50h。

（2）临时疏散通道为坡道且坡度大于 25 度时，应修建楼梯或台阶踏步或设置防滑条。

（3）临时疏散通道应具备与疏散要求相匹配的通行能力。设置在地面上的临时疏散通道，其净宽度不应小于 1.5m；利用在建工程施工完毕的水平结构、楼梯做临时疏散通道，其净宽度不应小于 1.0m；用于疏散的爬梯及设置在脚手架上的临时疏散通道，其净宽度不应小于 0.6m。

（4）临时疏散通道如搭设在脚手架上，脚手架作为疏散通道的支撑结构，其承载力和耐火性能应满足相关要求。进行脚手架刚度、强度、稳定性验算时，应考虑人员疏散荷载。

（5）临时疏散通道应具备与疏散要求相匹配的承载能力。

（6）临时疏散通道应保证疏散人员安全，侧面如为临空面，必须沿临空面设置高度不小于 1.2m 的防护栏杆。

（7）临时疏散通道应保证人员有序疏散，应设置明显的疏散指示标志及应急照明设施。

2. 既有建筑进行扩、改建施工

既有建筑进行扩建、改建施工时，必须明确划分施工区和非施工区。施工区不得营业、使用和居住；非施工区继续营业、使用和居住时，应符合下列要求：

（1）非施工区内的消防设施应完好和有效，疏散通道应保持畅通，并应落实日常值班及消防安全管理制度。

（2）施工单位应向居住和使用者进行消防宣传教育，告知建筑消防设施、疏散通道的位置及使用方法，同时应组织进行疏散演练。

（3）施工区和非施工区之间应采用不开设门、窗、洞口及耐火极限不低于 3.0h 的不燃烧体隔墙进行防火分隔。

（4）施工区的消防安全应配有专人值守，发生火情应能立即处置。

（5）外脚手架搭设不应影响安全疏散、消防车正常通行及灭火救援操作。

3.其他相关工程

（1）外脚手架、支模架

外脚手架、支模架等的架体宜采用不燃或难燃材料搭设，下列工程的外脚手架、支模架的架体，应采用不燃材料搭设：

①高层建筑。

②既有建筑的改造工程。

（2）安全网

下列安全防护网应采用阻燃型安全防护网：

①高层建筑外脚手架的安全防护网。

②既有建筑外墙改造时，其外脚手架的安全防护网。

③临时疏散通道的安全防护网。

（3）疏散指示标志及疏散示意图

为了使人员在疏散过程中更加畅通，作业场所应设置明显的疏散指示标志，其指示方向应指向最近的临时疏散通道入口。

由于在建设工程施工期间，人员的可视条件受到很大限制，因此，作业层的醒目位置应设置安全疏散示意图。

四、施工现场临时消防设施防火要求

（一）临时消防设施设置原则

1.同步设置原则

临时消防设施的设置应与在建工程的施工保持同步。对于房屋建筑工程，临时消防设施的设置与在建工程主体结构施工进度的差距不应超过三层。

2.合理设置原则

在建工程可利用已具备使用条件的永久性消防设施作为临时消防设施。当永久性消防设施无法满足使用要求时，应增设临时消防设施，满足消防设施设置的有关规定。

3.其他设置原则

（1）由于地铁工程、隧道工程以及较深的地下工程的施工作业场所条件较差，一旦发生火灾，消防救援和人员疏散都比较困难，因此，应尽量将临时消防给水引入，并且地下工程的施工作业场所宜配备防毒面具。

（2）临时消防给水系统的储水池、消火栓泵、室内消防竖管及水泵接合器等，应设有醒目标志。

（二）灭火器配置

1. 灭火器配置场所

下列场所应配置灭火器：

（1）动火作业场所。

（2）厨房操作间、锅炉房、发电机房、变配电房、设备用房、办公用房、宿舍等临时用房。

（3）易燃易爆危险品存放及使用场所。

（4）可燃材料存放、加工及使用场所。

（5）其他具有火灾危险的场所。

2. 灭火器配置要求

施工现场灭火器配置应符合下列规定：

（1）灭火器的最低配置标准应符合表7-2的规定。

表7-2 灭火器最低配置标准

项目	固体物质火灾		液体或可熔化固体物质火灾、气体火灾	
	单具灭火器最小灭火级别	单位灭火级别最大保护面积 m²/A	单具灭火器最小灭火级别	单位灭火级别最大保护面积 m²/A
易燃易爆危险品存放及使用场所	3A	50	89B	0.5
固定动火作业场	3A	50		0.5
临时动火作业点	2A	50		0.5
可燃材料存放、加工及使用场所	2A	75		1.0
厨房操作间、锅炉房	2A	75		1.0
自备发电机房	2A	75		1.0
变、配电房	2A	75		1.0
办公用房、宿舍	1A	100		—

（2）灭火器的配置数量应按照《建筑灭火器配置设计规范》（GB 50140-2005）经计算确定，且每个场所的灭火器数量不应少于2具。

（3）施工现场的某些场所，既可能发生固体火灾，也可能发生液体或气体或电气火灾，在选配灭火器时，应选用能扑灭多类火灾的灭火器。灭火器的类型应与配备场所可能发生的火灾类型相匹配。

（4）灭火器的最大保护距离应符合表 7-3 的规定。

表 7-3　灭火器的最大保护距离

灭火器配置场所	固体物质火灾	液体或可熔化固体物质火灾、气体类火灾
易燃易爆危险品存放及使用场所	15	9
固定动火作业场	15	9
临时动火作业点	10	6
可燃材料存放、加工及使用场所	20	12
厨房操作间、锅炉房	20	12
发电机房、变配电房	20	12
办公用房、宿舍等	25	—

（三）临时消防给水系统防火要求

1. 临时消防用水要求

（1）消防水源的设置要求

①施工现场或其附近应设置稳定、可靠的水源，并应能满足施工现场临时消防用水的需要。

②消防水源可采用市政给水管网或天然水源，采用天然水源时，应有可靠措施确保冰冻季节、枯水期最低水位时顺利取水，并满足消防用水量的要求。

（2）消防用水量的确定

①施工现场的临时消防用水量应包含临时室外消防用水量和临时室内消防用水量，消防水源应满足临时消防用水量的要求。其中，临时消防用水量应为临时室外消防用水量与临时室内消防用水量之和。

②临时室外消防用水量应按临时用房和在建工程的临时室外消防用水量的较大者确定，施工现场火灾次数可按同时发生一次确定。

2. 临时室外消防给水系统设置要求

（1）临时室外消防给水系统的设置条件

临时用房建筑面积之和大于 $1000m^2$ 或在建工程单体体积大于 $10000m^3$ 时，应设置临时室外消防给水系统。当施工现场处于市政消火栓 150m 保护范围内且市政消火栓的数量满足室外消防用水量要求时，可不设置临时室外消防给水系统。

（2）临时室外消防用水量的具体要求

①临时用房的临时室外消防用水量不应小于表 7-4 的要求。

表 7-4 临时用房的临时室外消防用水量

临时用房的建筑面积之和	火灾延续时间 /h	消火栓用水量（L/s）	每支消防水枪最小流量（L/s）
100m² ＜面积≤ 5000m²	1	10	5
面积＞ 5000m²		15	5

②在建工程的临时室外消防用水量不应小于表 7-5 的要求。

表 7-5 在建工程的临时室外消防用水量

在建工程（单体）体积	火灾延续时间 /h	消火栓用水量（L/s）	每支消防水枪最小流量（L/s）
10000m³ ＜体积≤ 3000m³	1	10	5
体积＞ 30000m³	2	15	5

（3）临时室外消防给水系统的设置要求

施工现场临时室外消防给水系统的设置应符合下列要求：

①给水管网宜布置成环状。

②临时室外消防给水干管的管径应依据施工现场临时消防用水量和干管内水流计算速度进行计算确定，且最小管径不应小于 DN100。

③室外消火栓应沿在建工程、临时用房及可燃材料堆场及其加工场均匀布置，距在建工程、临时用房及可燃材料堆场及其加工场的外边线不应小于 5m。

④室外消火栓的间距不应大于 120m。

⑤室外消火栓的最大保护半径不应大于 150m。

3.临时室内消防给水系统设置要求

（1）临时室内消防给水系统的设置条件

施工现场除设置室外消防给水系统外，还应设置临时室内消防给水系统。一般要求建筑高度大于 24m 或单体体积超过 30000m² 的在建工程，应设置临时室内消防给水系统。

（2）室内消防用水量的具体要求

在建工程的临时室内消防用水量不应小于表 7-6 所示的规定。

表 7-6 在建工程的临时室内消防用水量

建筑高度、在建工程体积（单体）	火灾延续时间 /h	消火栓用水量（L/s）	每支消防水枪最小流量（L/s）
24m ＜建筑高度≤ 50m 或 30000m³ ＜体积≤ 50000m³	1	10	5
建筑高度＞ 50m 或体积＞ 50000m³	1	15	5

（3）临时室内消防给水系统的设置要求

①管网设置要求如下：

a. 消防竖管的设置位置应便于消防人员操作，其数量不应少于两根，当结构封顶时，应将消防竖管设置成环状。

b. 消防竖管的管径应根据在建工程临时消防用水量、竖管内水流计算速度进行计算确定，且不应小于DN100。

②水泵接合器设置要求如下：

要求设置室内消防给水系统的在建工程，应设消防水泵接合器。消防水泵接合器应设置在室外便于消防车取水的部位，与室外消火栓或消防水池取水口的距离宜为15～40m。

③室内消火栓快速接口及消防软管接口应符合以下要求：

a. 在建工程的室内消火栓接口及软管接口应设置在位置明显且易于操作的部位。

b. 消火栓接口的前端应设置截止阀。

c. 消火栓接口或软管接口的间距，多层建筑不大于50m，高层建筑不大于30m。

d. 消防水带、水枪及软管的配置要求：

要求在建工程结构施工完毕的每层楼梯处，应设置消防水枪、水带及软管，且每个设置点不应少于两套。

④中转水池及加压水泵的配置要求如下：

a. 对于在建高层建筑来说，消防水源的给水压力一般不能满足灭火要求，而需要二次或多次加压来保证供水。为实现在建高层建筑的临时消防给水，可在其底层或首层设置储水池并配备加压水泵。

b. 对于建筑高度超过100m的在建工程，还须在楼层上增设楼层中转水池和加压水泵，其中转水池的有效容积不应少于$10m^3$。

c. 上下两个楼层中转水池的高差不宜超过100m。

4. 其他设置要求

（1）临时消防给水系统的给水压力应满足消防水枪充实水柱长度不小于10m的要求；当给水压力不能满足要求时，应设置消火栓泵，消火栓泵不应少于两台，且应互为备用；消火栓泵宜设置自动启动装置。

（2）对于建筑高度超过10m，但小于24m且体积不足$30000m^3$的在建工程，可不设置室内临时消防给水系统。

（3）当外部消防水源不能满足施工现场的临时消防用水量要求时，应在施工现场设置临时储水池。

（4）施工现场临时消防给水系统应与施工现场生产、生活给水系统合并设置，但应设置将生产、生活用水转为消防用水的应急阀门。应急阀门不应超过两个，且应设置在易于操作的场所，并设置明显标志。

（5）严寒和寒冷地区的现场临时消防给水系统，应采取防冻措施。

（四）临时应急照明防火要求

1. 设置场所

施工现场的下列场所应配备临时应急照明：

①自备发电机房及变、配电房；②水泵房；③无天然采光的作业场所及疏散通道；④高度超过100m的在建工程的室内疏散通道；⑤发生火灾时仍须坚持工作的其他场所。

2. 设置要求

临时应急照明设置要求如下：

（1）作业场所应急照明的照度不应低于正常工作所需照度的90%，疏散通道的照度值不应小于0.5lx。

（2）临时消防应急照明灯具宜选用自备电源的应急照明灯具，自备电源的连续供电时间不应小于60min。

（五）临时消防用电防火要求

施工现场的消火栓泵应采用专用消防配电线路。专用配电线路应自施工现场总配电箱的总断路器上端接入，并应保持连续不间断供电。

五、施工现场的消防安全管理内容与要求

（一）施工现场消防安全管理内容

1. 消防安全管理制度的主要内容

施工单位应针对施工现场可能导致火灾发生的施工作业及其他活动，制定消防安全管理制度。消防安全管理制度应包括下列主要内容：

（1）消防安全教育与培训制度。

（2）可燃及易燃易爆危险品管理制度。

（3）用火、用电、用气管理制度。

（4）消防安全检查制度。

（5）应急预案演练制度。

2. 防火技术方案的主要内容

防火技术方案应包括以下主要内容：

（1）施工现场重大火灾危险源辨识。

（2）施工现场防火技术措施，即施工人员在具有火灾危险的场所进行施工作业或实施具有火灾危险的工序时，在"人、机、料、环、法"等方面应采取的防火技术措施。

（3）临时消防设施、临时疏散设施配备。

（4）临时消防设施和消防警示标志布置图。

3. 灭火及应急疏散预案的主要内容

施工现场灭火及应急疏散预案应包括下列主要内容：

（1）应急灭火处置机构及各级人员应急处置职责。

（2）报警、接警处置的程序和通信联络的方式。

（3）扑救初起火灾的程序和措施。

（4）应急疏散及救援的程序和措施。

4. 消防安全教育与培训的主要内容

防火安全教育和培训应包括下列内容：

（1）施工现场临时消防设施的性能及使用、维护方法。

（2）施工现场消防安全管理制度、防火技术方案、灭火及应急疏散预案的主要内容。

（3）扑灭初起火灾及自救逃生的知识和技能。

（4）报火警、接警的程序和方法。

5. 消防安全技术交底的主要内容

消防安全技术交底应包括下列主要内容：

（1）施工过程中可能发生火灾的部位或环节。

（2）施工过程应采取的防火措施及应配备的临时消防设施。

（3）初起火灾的扑救方法及注意事项。

（4）逃生方法及路线。

6. 消防安全检查的主要内容

消防安全检查应包括下列主要内容：

（1）可燃物及易燃易爆危险品的管理是否落实。

（2）动火作业的防火措施是否落实。

（3）用火、用电、用气是否存在违章操作，电、气焊及保温防水施工是否执行操作规程。

（4）临时消防设施是否完好有效。

（5）临时消防车通道及临时疏散设施是否畅通。

7. 消防管理档案的主要内容

施工单位应做好并保存施工现场防火安全管理的相关文件和记录，建立现场防火安全管理档案。

（二）可燃物及易燃物危险品管理要求

可燃材料及易燃易爆危险品应按计划限量进场。进场后，可燃材料宜存放于库房内，如露天存放时，应分类成垛堆放，垛高不应超过 2m，单垛体积不应超过 50m³，垛与垛之间的最小间距不应小于 2m，且应采用不燃或难燃材料覆盖；易燃易爆危险品应分类专库储存，库房内通风良好，并设置禁火标志。室内使用油漆及其有机溶剂、乙二胺、冷底子油或其他可燃、易燃易爆危险品的物资作业时，这些易燃易爆危险品如果在空气中达到一定浓度，极易遇明火发生爆炸，因此，应保持良好通风，作业场所严禁明火，并应避免产生静电。

（三）用火、用电、用气管理要求

1. 用火管理具体要求

（1）动火作业管理要求

①动火作业应办理动火许可证，动火许可证的签发人收到动火申请后，应前往现场查验并确认动火作业的防火措施落实后，再签发动火许可证。

②动火操作人员应具有相应资质。

③焊接、切割、烘烤或加热等动火作业前，应对作业现场的可燃物进行清理；作业现场及其附近无法移走的可燃物应采用不燃材料覆盖或隔离。

④施工作业安排时，宜将动火作业安排在使用可燃建筑材料施工作业之前进行。确须在可燃建筑材料施工作业之后进行动火作业的，应采取可靠的防火保护措施。

⑤裸露的可燃材料上严禁直接进行动火作业。

⑥焊接、切割、烘烤或加热等动火作业应配备灭火器材，并应设置动火监护人进行现场监护，每个动火作业点均应设置一个监护人。

⑦五级（含五级）以上风力时，应停止焊接、切割等室外动火作业，确须动火作业时，应采取可靠的挡风措施。

⑧动火作业后，应对现场进行检查，并应在确认无火灾危险后，动火操作人员再离开。

（2）其他用火管理要求

①施工现场存放和使用易燃易爆物品的场所（如油漆间、液化气间等），严禁明火。

②冬季风大物燥，施工现场采用明火取暖极易引起火灾，因此，施工现场不应采用明火取暖。

③厨房操作间炉灶使用完毕后，应将炉火熄灭，排油烟机及油烟管道应定期清理油垢。

2. 用电管理具体要求

为保证施工现场消防安全，避免上述用电原因引发施工现场火灾，施工现场用电，应符合下列要求：

（1）施工现场供用电设施的设计、施工、运行、维护应符合现行国家标准《建设工程施工现场用电安全规范》（GB 50194-2014）的有关规定。

（2）电气设备与可燃、易燃易爆和腐蚀性物品应保持一定的安全距离。

（3）电气线路应具有相应的绝缘强度和机械强度，严禁使用绝缘老化或失去绝缘性能的电气线路，严禁在电气线路上悬挂物品。破损、烧焦的插座、插头应及时更换。

（4）电气设备不应超负荷运行或带故障使用。

（5）有爆炸和火灾危险的场所，按危险场所等级选用相应的电气设备。

（6）配电屏上每个电气回路应设置漏电保护器、过载保护器，距配电屏 2m 范围内不应堆放可燃物，5m 范围内不应设置可能产生较多易燃、易爆气体、粉尘的作业区。

（7）可燃材料库房不应使用高热灯具，易燃易爆危险品库房内应使用防爆灯具。

（8）普通灯具与易燃物距离不宜小于 300mm；聚光灯、碘钨灯等高热灯具与易燃物距离不宜小于 500mm。

（9）严禁私自改装现场供用电设施。

（10）应定期对电气设备和线路的运行及维护情况进行检查。

3. 用气管理具体要求

施工现场用气，应符合以下要求：

（1）储装气体的罐瓶及其附件应合格、完好和有效；严禁使用减压器及其他附件缺损的氧气瓶，严禁使用乙炔专用减压器、回火防止器及其他附件缺损的乙炔瓶。

（2）气瓶运输、存放、使用时，应符合下列规定：

①燃气储装瓶罐应设置防静电装置。

②严禁碰撞、敲打、抛掷、滚动气瓶。

③气瓶应保持直立状态，并采取防倾倒措施，乙炔瓶严禁横躺卧放。

④气瓶应远离火源，与火源距离不应小于 10m，并应采取避免高温和防止暴晒的措施。

（3）气瓶应分类储存，库房内通风良好；空瓶和实瓶同库存放时，应分开放置，两者间距不应小于 1.5m。

（4）气瓶使用时，应符合以下规定：

①使用前，应检查气瓶及气瓶附件的完好性，检查连接气路的气密性，并采取避免气体泄漏的措施，严禁使用已老化的橡皮气管。

②氧气瓶与乙炔瓶的工作间距不应小于 5m，气瓶与明火作业点的距离不应小于 10m。

③氧气瓶内剩余气体的压力不应小于 0.1MPa。

④冬季使用气瓶，如气瓶的瓶阀、减压器等发生冻结，严禁用火烘烤或用铁器敲击瓶阀，禁止猛拧减压器的调节螺丝。

⑤气瓶用后，应及时归库。

（四）其他施工管理要求

1.设置防火标志

施工现场的临时发电机房、变配电房、易燃易爆危险品存放库房和使用场所、可燃材料堆场及其加工场、宿舍等重点防火部位或区域，应在醒目位置设置防火警示标志。施工现场严禁吸烟，应设置禁烟标志。

2.维护临时消防设施

（1）临时消防车通道、临时疏散通道、安全出口应保持畅通，不得遮挡、挪动疏散指示标志，不得挪用消防设施。

（2）施工现场尚未完工时，临时消防设施及临时疏散设施不应被拆除，并应确保其有效使用。

（3）施工现场的临时消防设施受外部环境、交叉作业影响，易失效或损坏或丢失，施工单位应做好施工现场临时消防设施的日常维护工作，对已失效、损坏或丢失的消防设施，应及时更换、修复或补充。

第五节 大型群众性活动消防安全管理

一、概述

（一）大型群众性活动的主要特点

大型群众性活动具有规模大、临时性和协调难等特点。

（二）火灾因素

大型群众性活动的火灾因素有如下几点：

一是由电气引起火灾。

二是明火管理不严格引起火灾。

三是吸烟烟蒂引起火灾。

四是放烟花火花引起火灾。

二、大型群众性活动消防安全管理要求

（一）消防安全责任

大型群众性活动的承办者对其承办活动的安全负责，承办者的主要负责人为大型群众性活动的安全责任人。

（二）消防安全工作指导思想

大型群众性活动的举办应坚持"预防为主，防消结合"的方针，围绕"少发生，力争不发生大的火灾事故；一旦发生火灾，要全力将火灾损失降到最低，实现少死人，力争不死人"的目标，重点管控，整体防控，确保大型群众性活动现场不发生群死群伤火灾事故，为大型群众性活动的顺利举行和构建和谐社会创造良好的消防安全环境。

（三）消防安全管理工作原则

大型群众性活动消防安全保卫工作必须坚持五个原则，分别为：①以人为本，减少火灾；②居安思危，预防为主；③统一领导，分级负责；④依法申报，加强监管；⑤快速反应，协同应对。

（四）消防安全管理组织体系

举办大型群众性活动的单位，应结合本单位实际和活动需要，成立由单位消防安全责任人（法定代表人或主要领导）任组长、消防安全管理人及单位副职领导（专、兼职）为副组长、各部门领导为成员的消防安全保卫工作领导小组，统一指挥协调大型群众性活动的消防安全保卫工作。领导小组应设灭火行动组、通信保障组、疏散引导组、安全防护救护组和防火巡查组。

（五）消防安全管理工作职责

1. 承办单位消防安全责任人

单位的消防安全责任人应当履行下列消防安全职责：

（1）贯彻执行消防法规，保障单位消防安全符合规定，掌握本单位的消防安全情况。

（2）将消防工作与本单位的生产、科研、经营、管理等活动统筹安排，批准实施年度消防工作计划。

（3）为本单位的消防安全提供必要的经费和组织保障。

（4）确定逐级消防安全责任，批准实施消防安全制度和保障消防安全的操作规程。

（5）组织防火检查，督促落实火灾隐患整改，及时处理涉及消防安全的重大问题。

（6）根据消防法规的规定建立专职消防队、义务消防队。

（7）组织制订符合本单位实际的灭火和应急疏散预案，并实施演练。

2. 承办单位消防安全管理人

单位可以根据需要确定本单位的消防安全管理人。消防安全管理人对单位的消防安全责任人负责，实施和组织落实下列消防安全管理工作：

（1）拟订年度消防工作计划，组织实施日常消防安全管理工作。

（2）组织制定消防安全制度和保障消防安全的操作规程并检查督促其落实。

（3）拟订消防安全工作的资金投入和组织保障方案。

（4）组织实施防火检查和火灾隐患整改工作。

（5）组织实施对本单位消防设施、灭火器材和消防安全标志的维护保养，确保其完好有效，确保疏散通道和安全出口畅通。

（6）组织管理专职消防队和义务消防队。

（7）在员工中组织开展消防知识、技能的宣传教育和培训，组织灭火和应急疏散预案的实施和演练。

（8）单位消防安全责任人委托的其他消防安全管理工作。

消防安全管理人应当定期向消防安全责任人报告消防安全情况，及时报告涉及消防安全的重大问题。未确定消防安全管理人的单位，消防安全管理工作由单位消防安全责任人负责实施。

3. 灭火行动组

灭火行动组履行以下工作职责：

（1）进行消防安全检查，督促有关部门对火灾隐患进行整改，确保活动举办安全。

（2）制订灭火和应急疏散预案，并报请领导小组审批后实施。

（3）通过实施灭火和应急疏散预案的演练，不断优化预案。

（4）能够在第一时间处置火灾事故或其他突发性事件。

（5）发生火灾事故时，组织人员对现场进行保护，协助当地公安机关进行事故调查。

（6）对发生的火灾事故进行分析，吸取教训，积累经验，为今后的活动举办提供强有力的安全保障。

4. 活动场地产权单位

实行承包、租赁或者委托经营、管理时，产权单位应当提供符合消防安全要求的建筑物，当事人在订立的合同中依照有关规定明确各方的消防安全责任；消防车通道、涉及公共消防安全的疏散设施和其他建筑消防设施应当由产权单位或者委托管理的单位统一管理。

承包、承租或者受委托经营、管理的单位应当遵守本规定，在其使用、管理范围内履行消防安全职责。

对于有两个以上产权单位和使用单位的建筑物，各产权单位、使用单位对消防车通道、涉及公共消防安全的疏散设施和其他建筑消防设施应当明确管理责任，可以委托统一管理。

5. 通信保障组

通信保障组履行以下工作职责：

（1）建立通信联络平台。

（2）能够第一时间将领导小组长的各项指令传达到每一个参战单位和人员，实现上下通信畅通无阻。

（3）若发生火灾，能够第一时间向公安消防机构报警，争取灭火救援时间，最大限度地减少人员伤亡和财产损失。

6. 疏散引导组

疏散引导组履行以下工作职责：

（1）掌握活动举办场所各安全通道、出口的位置和畅通情况。

（2）在关键部位，设置工作人员，确保通道、出口畅通。

（3）若发生火灾，能够第一时间引导参加活动的人员从最近的安全通道、安全出口疏散，确保参加活动人员生命安全。

7. 安全防护救护组

组长由一名副职领导担任，成员由相关部门及全体人员组成，履行以下工作职责：

（1）做好可能发生的事件的前期预防，做到心中有数。

（2）聘请医疗机构的专业人员备齐相应的医疗设备和急救药品到活动现场，做好应对突发事件的准备工作。

（3）一旦发生突发事件，确保第一时间到场处置，确保人身安全。

8.防火巡查组

组长由一名副职领导担任，成员由组织具有专业消防知识和技能的巡查人员组成，履行以下工作职责：

（1）及时纠正用火、用电等违章情况。

（2）妥善处置火灾危险，无法当场处置的，应当立即报告。

（3）发现初起火灾应当立即报警并及时扑救。

（六）消防安全管理的档案管理

1.消防安全基本情况

（1）活动基本概况和消防安全重点部位情况。

（2）活动前的消防设计审核、消防验收以及消防安全检查的文件、资料。

（3）消防管理组织机构和各级消防安全责任人。

（4）消防安全制度。

（5）消防设施、灭火器材情况。

（6）专职消防队、义务消防队人员及其消防装备配备情况。

（7）与消防安全有关的重点工种人员情况。

（8）新增消防产品、防火材料的合格证明材料。

（9）灭火和应急疏散预案。

2.消防安全管理情况

（1）公安消防机构填发的各种法律文书。

（2）消防设施定期检查记录、自动消防设施全面检查测试的报告以及维修保养的记录。

（3）火灾隐患及其整改情况记录。

（4）防火检查、巡查记录。

（5）有关燃气、电气设备检测（包括防雷、防静电）等记录资料。

（6）消防安全培训记录。

（7）灭火和应急疏散预案的演练记录。

（8）火灾情况记录。

（9）消防奖惩情况记录。

三、大型群众性活动消防工作的内容与实施

（一）消防安全管理工作的内容

1. 防火巡查的主要内容

防火巡查的内容应该包括以下几点：

（1）用火、用电有无违章情况。

（2）安全出口、疏散通道是否畅通，安全疏散指示标志、应急照明是否完好。

（3）消防设施、器材和消防安全标志是否在位、完整。

（4）常闭式防火门是否处于关闭状态，防火卷帘下是否堆放物品影响使用。

（5）消防安全重点部位的人员在岗情况。

（6）其他消防安全情况。

防火巡查应当填写巡查记录，巡查人员及其主管人员应当在巡查记录上签名。

2. 防火检查的主要内容

（1）火灾隐患的排查整治及防范措施的落实情况。

（2）易燃易爆危险物品和场所防火防爆措施的落实情况以及其他重要物资的防火安全情况。

（3）消防车通道及消防水源的设置情况。

（4）用电、用火有无违章情况。

（5）安全疏散通道、疏散指示标志、应急照明和安全出口情况。

（6）灭火器材配置状况及有效情况。

（7）消防安全重点部位的管理及保卫情况。

（8）消防安全标志的设置情况及完好、有效、保护情况。

（9）重点工种人员及其他员工消防教育的培训情况和员工消防知识的掌握情况。

（10）防火巡查工作的进行及管理情况。

（11）消防（控制室）值班情况和相关设施运行、记录情况。

（12）其他需要进行防火检查的内容。

防火检查应当填写检查记录，检查人员和被检查部门负责人应当在检查记录上签名。

3. 灭火和应急疏散预案的主要内容

大型群众性活动的承办单位制订的灭火和应急疏散预案应当包括下列内容：

（1）组织机构，包括：灭火行动组、通信联络组、疏散引导组、安全防护救护组。

（2）报警和接警处置程序。

（3）应急疏散的组织程序和措施。

（4）扑救初起火灾的程序和措施。

（5）通信联络、安全防护救护的程序和措施。

（二）消防安全管理工作的实施

1. 前期筹备阶段

（1）编制大型群众性活动消防工作方案。

（2）室内场所主要检查活动场所固定消防设施及其运行情况、消防安全通道、安全出口设置情况。

（3）室外场所了解消防设施的配置情况及消防安全通道预留情况。

（4）设计符合消防安全要求的舞台等为活动搭建的临时设施。

2. 集中审批阶段

（1）领导小组对各项消防安全工作方案以及各小组的组成人员进行全面复核，确保工作方案贴合现场保卫工作实际、各职能小组结构合理，形成最强的战斗集体。

（2）对制订的灭火和应急疏散预案进行审定，确保灭火和应急疏散预案合理有效。

（3）对灭火和应急疏散预案组织实施实战演练，及时调整预案，确保预案更切合实际。

（4）对活动搭建的临时设施进行全面检查，强化过程管理，确保施工期间的消防安全。

（5）在活动举办前，对活动所需的用电线路进行全电力负荷测试，确保用电安全。

现场保卫阶段根据先期制订的预案，现场保卫主要分为活动现场保卫和外围流动保卫两个方面，其中现场保卫包括现场防火监督保卫和现场灭火保卫两种。

第六节　消防安全重点管理

消防安全重点单位是指发生火灾可能性较大以及发生火灾可能造成重大的人身伤亡或者财产损失的单位。公安机关消防机构受理本行政区域内消防安全重点单位的申报，被确定为消防安全重点的单位，由公安机关报本级人民政府备案。

一、消防安全重点单位的消防安全职责

机关、团体、企业、事业等单位以及对照以上标准确定的消防安全重点单位应当自我约束、自我管理，严格、自觉地履行《消防法》第十六条、第十七条规定的消防安全职责。

（一）单位的消防安全职责

1. 落实消防安全责任制，制定本单位的消防安全制度、消防安全操作规程，制订灭火和应急疏散预案；

2. 按照国家标准、行业标准配置消防设施、器材，设置消防安全标志，并定期组织检验、维修，确保完好有效；

3. 对建筑消防设施每年至少进行一次全面检测，确保完好有效，检测记录应当完整准确，存档备查；

4. 保障疏散通道、安全出口、消防车通道畅通，保证防火防烟分区、防火间距符合消防技术标准；

5. 组织防火检查，及时消除火灾隐患；

6. 组织进行有针对性的消防演练；

7. 法律、法规规定的其他消防安全职责。

（二）消防安全重点单位的消防安全职责

消防安全重点单位除应当履行以上职责外，还应当履行下列消防安全职责：

1. 确定消防安全管理人，组织实施本单位的消防安全管理工作；

2. 建立消防档案，确定消防安全重点部位，设置防火标志，实行严格管理；

3. 实行每日防火巡查，并建立巡查记录；

4. 对职工进行岗前消防安全培训，定期组织消防安全培训和消防演练。

二、消防安全重点单位管理的基本措施

（一）落实消防安全责任制度

任何一项工作目标的实现，都不能缺少具体负责人和负责部门，否则，该项工作将无从落实。消防安全重点单位的管理工作也不例外。目前许多单位消防安全管理分工不明、职责不清，使得各项消防安全制度和措施难以真正落实。因此，消防安全重点单位应当按照公安部令第61号《机关、团体、企业、事业单位消防安全管理规定》成立消防安全组织机构，明确逐级和岗位消防安全职责，确定各级各岗位的消防安全责任人，做到分工明确、责任到人、各尽其职、各负其责，形成一种科学、合理的消防安全管理机制，确保消防安全责任、消防安全制度和措施落到实处。

为了让符合《消防安全重点单位界定标准》的单位自觉"对号入座"，保障当地消防机关及时掌握本辖区内消防安全重点单位的基本情况，消防安全重点单位还必须将已明确的本单位的消防安全责任人、消防安全管理人报当地公安机关消防机构备案，以便按照消防安全重点单位的要求进行严格管理。

(二) 制定并落实消防安全管理制度

单位管理制度是要求单位员工共同遵守的行为准则、办事规则或安全操作规程。为加强消防安全管理，各单位应当依据《消防法》的有关规定，从本单位的特点出发，结合单位的实际情况，制定并落实符合单位实际的消防安全管理制度，规范本单位员工的消防安全行为。消防安全重点单位须重点制定并落实以下消防安全管理制度。

1. 消防安全教育培训制度

为普及消防安全知识，增强员工的法制观念，提高其消防安全意识和素质，单位应根据国家有关法律法规和省、市消防安全管理的有关规定，制定消防安全教育培训制度，对单位新职工、重点岗位职工、普通职工接受消防安全宣传教育和培训的形式、频次、要求等进行规定，并按规定逐一落实。

2. 防火检查、巡查制度

防火检查、巡查是做好单位消防安全管理工作的重要环节，要想使防火检查和巡查成为单位消防安全管理的一种常态管理，并能够起到预防火灾、消除隐患的作用，就必须有制度的约束。制度的基本内容应当包括：单位逐级防火检查制度；规定检查的内容、依据、标准、形式、频次等；明确对检查部门和被检查部门的要求。

3. 火灾隐患整改制度

明确规定对当场整改和限期整改的火灾隐患的整改要求，对特大火灾隐患的整改程序和要求以及整改记录、存档要求等。

4. 消防设施、器材维护管理制度

重点单位应当根据国家及省市相关规定制定消防设施、器材维护管理制度并组织落实。制度应明确消防器材的配置标准、管理要求、维护维修、定期检测等方面的内容，加强对消防设施、器材的管理，确保其完好有效。

5. 用火、用电安全管理制度

确定用火管理范围；划分动火作业级别及其动火审批权限和手续；明确用火、用电的要求和禁止的行为。

6. 消防控制室值班制度

明确规定消防控制室值班人员的岗位职责及能力要求；明确规定24小时值班、换班要求、火警处置、值班记录及自动消防设施设备系统运行情况登记等事项。

7. 重点要害部位消防安全制度

根据单位的具体情况，明确本单位的重点要害部位，制定各重点部位的防火制度、应急处理措施及要求。

8. 易燃易爆危险品管理制度

制度的基本内容包括：易燃易爆危险品的范围；物品储存的具体防火要求；领取物品的手续；使用物品单位和岗位，定人、定点、定容器、定量的要求和防火措施；使用地点明显醒目的防火标志；使用结束剩余物品的收回要求等。

9. 灭火和应急疏散预案演练制度

明确规定灭火和应急疏散预案演练的组织机构，演练参与的人员、演练的频次和要求，演练中出现问题的处理及预案的修正完善等事项。

10. 消防安全工作考评与奖惩制度

规定在消防工作中有突出成绩的单位和个人的表彰、奖励的条件和标准；明确实施表彰和奖励的部门，表彰、奖励的程序；规定违反消防安全管理规定应受到惩罚的各种行为及具体罚则等。奖惩要与个人发展和经济利益挂钩。

（三）建立消防安全管理档案并及时更新

消防档案是消防安全重点单位在消防安全管理工作中建立起来的具有保存价值的文字、图标、音像等形态资料，是单位管理档案的重要组成部分。建立健全消防安全管理档案，是消防安全重点单位做好消防安全管理工作的一项重要措施，是保障单位消防安全管理及各项消防安全措施落实的基础，在单位消防安全管理工作中发挥着重要作用。公安部根据《消防法》的有关规定，在《机关、团体、企业、事业单位消防安全管理规定》中专门把消防档案作为独立的一章，要求"消防安全重点单位要建立健全消防档案"，由此可以看出消防档案在消防安全管理工作中的重要性。

1. 单位建立消防安全管理档案的作用

（1）便于单位领导、有关部门、公安机关消防机构及单位消防安全管理工作有关的人员熟悉单位消防安全情况，为领导决策和日常工作服务。

（2）消防档案反映单位对消防安全管理的重视程度，可以作为上级主管部门、公安机关消防机构考核单位开展消防安全管理工作的重要依据。发生火灾时，可以为调查火灾原因、分析事故责任、处理责任者提供佐证材料。

（3）消防档案是对单位各项消防安全工作情况的记载，可以检查单位相关岗位人员履行消防安全职责的情况，评判单位消防安全管理人员的业务水平和工作能力，有利于强化单位消防安全管理工作的责任意识,推动单位的消防安全管理工作朝着规范化方向发展。

2.消防档案应当包括的主要内容

公安部根据《消防法》的有关规定,在《机关、团体、企业、事业单位消防安全管理规定》中专门把消防档案作为独立的一章,要求"消防安全重点单位要建立健全消防档案",并明确规定了消防档案的内容主要应当包括消防安全基本情况和消防安全管理情况两个方面:

(1)消防安全基本情况

消防安全重点单位的消防安全基本情况主要包括以下几个方面:

①单位概况。主要包括:单位名称、地址、电话号码、邮政编码、防火责任人,保卫、消防或安全技术部门的人员情况和上级主管机关、经济性质、固定资产、生产和储存物品的火灾危险性类别及数量,总平面图、消防设备和器材情况,水源情况等。

②消防安全重点部位情况。主要包括:火灾危险性类别、占地和建筑面积、主要建筑的耐火等级及重点要害部位的平面图等。

③建筑物或者场所施工、使用或者开业前的消防设计审核、消防验收以及消防安全检查的文件、资料。

④消防管理组织机构和各级消防安全责任人。

⑤消防安全管理制度。

⑥消防设施、灭火器材情况。

⑦专职消防队、志愿消防队人员及其消防装备配备情况。

⑧与消防安全有关的重点工种人员情况。

⑨新增消防产品、防火材料的合格证明材料。

⑩灭火和应急疏散预案等。

(2)消防安全管理情况

消防安全重点单位的消防安全管理情况主要包括以下几个方面:

①消防机关填发的各种法律文书。

②消防设施定期检查记录、自动消防设施全面检查测试的报告以及维修保养记录。

③历次防火检查、巡查记录。主要包括:检查的人员、时间、部位、内容,发现的火灾隐患(特别是重大火灾隐患情况)以及处理措施等。

④有关燃气、电气设备检测情况。主要包括防雷、防静电等记录资料。

⑤消防安全培训记录。应当记明培训的时间、参加人员、内容等。

⑥灭火和应急疏散预案的演练记录。应当记明演练的时间、地点、内容、参加部门以及人员等。

⑦火灾情况记录。包括历次发生火灾的损失、原因及处理情况等。

⑧消防工作奖惩情况记录。

3. 建立消防档案的要求

（1）凡是消防安全重点单位都应当建立健全消防档案。

（2）消防档案的内容应当全面、翔实，全面而真实地反映单位消防工作的基本情况，并附有必要的图表。

（3）单位应根据发展变化的实际情况经常充实、变更档案内容，使防火档案及时、正确地反映单位的客观情况。

（4）位应当对消防档案统一保管、备查。

（5）消防安全管理人员应当熟悉掌握本单位防火档案情况。

（6）非消防安全重点单位亦应当将本单位的基本概况、公安机关消防机构填发的各种法律文书、与消防工作有关的材料和记录等统一保管备查。

（四）实行每日防火巡查

防火巡查就是指定专门人员负责防火巡视检查，以便及时发现火灾苗头，扑救初期火灾。《消防法》第十七条规定，消防安全重点单位应实行每日防火巡查，并建立巡查记录。

1. 防火巡查的主要内容

（1）用火、用电有无违章情况；

（2）安全出口、疏散通道是否畅通，安全疏散指示标志、应急照明是否完好；

（3）消防设施、器材和消防安全标志是否在位、完整；

（4）常闭式防火门是否处于关闭状态，防火卷帘下是否堆放物品影响使用；

（5）消防安全重点部位的人员在岗情况；

（6）其他消防安全情况。

2. 防火巡查的要求

（1）公众聚集场所在营业期间的防火巡查应当至少每2小时一次。营业结束时应当对营业现场进行检查，消除遗留火种。

（2）医院、养老院、寄宿制学校、托儿所、幼儿园应当加强夜间防火巡查（其他消防安全重点单位可以结合实际组织夜间防火巡查）。

（3）防火巡查人员应当及时纠正违章行为，妥善处置火灾危险，无法当场处置的，应当立即报告。发现初起火灾应当立即报警并及时扑救。

（4）防火巡查应当填写巡查记录，巡查人员及其主管人员应当在巡查记录上签名。

（五）定期开展消防安全检查，消除火灾隐患

消防安全重点单位除了接受公安机关消防机构及上级主管部门的消防安全检查外，还要根据单位消防安全检查制度的规定，进行消防安全自查，以日常检查、防火巡查、定期检查和专项检查等多种形式对单位消防安全进行检查，及时发现并整改火灾隐患，做到防患于未然。

（六）定期对员工进行消防安全培训

消防安全重点单位应当定期对全体员工进行消防安全培训。其中公众聚集场所对员工的消防安全培训应当至少每年进行一次。新上岗和进入新岗位的员工应进行三级培训，重点岗位的职工上岗前还应再进行消防安全培训。消防安全责任人或管理人应当到由公安机关消防机构指定的培训机构进行培训，并取得培训证书，单位重点工种人员要经过专门的消防安全培训并获得相应岗位的资格证书。

通过教育和训练，使每个职工达到"四懂""四会"要求，即懂得本岗位生产过程中的火灾危险性，懂得预防火灾的措施，懂得扑救火灾的方法，懂得逃生的方法；会报警，会使用消防器材，会扑救初期火灾，会自救。

（七）制定灭火和应急疏散预案并定期演练

为切实保证消防安全重点单位的安全，在抓好防火工作的同时，还应做好灭火准备，制订周密的灭火和应急疏散预案。

成立火灾应急预案组织机构，明确各级各岗位的职责分工，明确报警和接警处置程序、应急疏散的组织程序、人员疏散引导路线、通信联络和安全防护救护的程序以及其他特定的防火灭火措施和应急措施等。应当按照灭火和应急疏散预案定期进行实际的操作演练，消防安全重点单位通常至少每半年进行一次演练，并结合实际，不断完善预案。其他单位应当结合本单位实际，参照制订相应的应急方案，至少每年组织一次演练。

三、消防安全重点部位与重点工种管理

（一）消防安全重点部位管理

消防安全管理工作的重点，不仅是消防安全重点单位的管理。在单位内部的管理上，同样也要遵循"抓重点，带一般"的原则，单位的重点管理要从重点部位着手。抓好重点部位的管理就抓住了工作的重点。不管是消防安全重点单位还是一般单位，都要加强对重点部位的防火管理。

1. 消防安全重点部位的确定

确定消防安全重点部位应根据其火灾危险性大小、发生火灾后扑救的难易程度以及造成的损失和影响大小来确定。一般来说，下列部位应确定为消防安全重点部位：

（1）容易发生火灾的部位

单位容易发生火灾的部位主要是指：生产企业的油罐区；易燃易爆物品的生产、使用、贮存部位；生产工艺流程中火灾危险性较大的部位。如：生产易燃易爆危险品的车间，储存易燃易爆危险品的仓库，化工生产设备间，化验室、油库、化学危险品库，可燃液体、气体和氧化性气体的钢瓶、贮罐库，液化石油气贮配站、供应站，氧气站、乙炔站、煤气站，油漆、喷漆、烘烤、电气焊操作间、木工间、汽车库等。

（2）一旦发生火灾，局部受损会影响全局的部位

单位内部与火灾扑救密切相关的部位。如变配电所（室）、生产总控制室、消防控制室、信息数据中心、燃气（油）锅炉房、档案资料室、贵重仪器设备间等。

（3）物资集中场所

物资集中场所是指储存各种物资的场所。如各种库房、露天堆场，使用或存放先进技术设备的实验室、精密仪器室、贵重物品室、生产车间、储藏室等。

（4）人员密集场所

人员聚集的厅、室，弱势群体聚集的区域，一旦发生火灾，人疏散不利的场所。如礼堂（俱乐部、文化宫、歌舞厅）、托儿所、幼儿园、养老院、医院病房等。

2. 消防安全重点部位的管理措施

各单位要根据自身的具体情况，将具备上述特征的部位确定为消防安全的重点部位，并采取严格的措施加强管理，确保重点部位的消防安全。

（1）建立消防安全重点部位档案

单位领导要组织安全保卫部门及有关技术人员，共同研究和确定单位的消防安全重点部位，填写重点部位情况登记表，存入消防档案，并报上级主管部门备案。

（2）落实重点部位防火责任制

重点部位应有防火责任人，并有明确的职责。建立必要的消防安全规章制度，任用责任心强、业务技术熟练、懂得消防安全知识的人员负责消防安全工作。

（3）设置"消防安全重点部位"的标志

消防安全重点部位应当设置"消防安全重点部位"的标志，根据需要设置"禁烟""禁火"的标志，在醒目位置设置消防安全管理责任标牌，明确消防安全管理的责任部门和责任人。

（4）加强对重点部位工作人员的培训

定期对重点部位的工作人员进行消防安全知识的"应知应会"教育和防火安全技术培训。对重点部位的重点工种人员，应加强岗位操作技能及火灾事故应急处理的培训。

（5）设置必要的消防设施并定期维护

对消防安全重点部位的管理，要做到定点、定人、定措施，根据场所的危险程度，采用自动报警、自动灭火、自动监控等消防技术设施，并确定专人进行维护和管理。

（6）加强对重点部位的防火巡查

单位消防安全管理部门在工作期间应加强对重点部位的防火巡查，做好巡查记录，并及时归档。

（7）及时调整和补充重点部位，防止失控漏管

随着企业的改革与技术革新和工艺条件、原料、产品的变更等客观情况的变化，重点部位的火灾危险程度和对全局的影响也会随之发生变化，所以，对重点部位也应及时进行调整和补充，防止失控漏管。

（二）消防安全重点工种管理

消防安全重点工种是指若生产操作不当，就可能造成严重火灾危害的生产工种。一般是指电工、电焊工、气焊工、油漆工、热处理工、熬炼工等。这些工种的操作人员工作中如果麻痹大意或缺乏必要的消防安全知识，特别是在生产、储存操作中使用燃烧性能不同的物质和产生可导致火灾的各种着火源等，一旦违反了安全操作规程或不掌握安全防火防事故的措施，就可能导致火灾事故的发生。所以，加强对此类岗位操作人员的消防安全管理，是防止和减少火灾的重要措施。

1. 消防安全重点工种的分类和火灾危险性特点

（1）消防安全重点工种的分类

根据不同岗位的火灾危险性程度和岗位的火灾危险特点，消防安全重点工种可大致分为以下三级：

①A级工种

A级工种是指引起火灾的危险性极大，在操作中稍有不慎或违反操作规程极易引起火灾事故的岗位。如：可燃气体、液体设备的焊接、切割，超过液体自燃点的熬炼，使用易燃溶剂的机件清洗、油漆喷涂，液化石油气、乙炔气的灌藏，高温、高压、真空等易燃易爆设备的操作人员等。

②B级工种

B级工种是指引起火灾的危险性较大，在操作过程中不慎或违反操作规程容易引起火灾事故的岗位。如：从事烘烤、熬炼、热处理，氧气、压缩空气等乙类危险品仓库保管等

岗位的操作人员等。

③C级工种

C级工种是指在操作过程中不慎或违反操作规程有可能造成火灾事故的岗位操作人员。如电工、木工、丙类仓库保管等岗位的操作人员。

（2）消防安全重点工种的火灾危险性特点

消防安全重点工种的火灾危险性主要有以下特点：

①所使用的原料或产品具有较大的火灾危险性

消防安全中重点工种在生产中所使用的原料或产品具有较大的火灾危险性，安全技术复杂，操作规程要求严格，一旦出现事故，将会造成不堪设想的后果。如乙炔、氢气生产，盐酸的合成，硝酸的氧化制取，乙烯、氯乙烯、丙烯的聚合等。

②工作岗位分散，流动性大，时间不规律，不便管理

一些工种，如电工、焊工、切割工、木工等都属于操作时间、地点不定、灵活性较大的工种。他们的工作时间和地点都是根据需要而定的，这种灵活性给管理工作带来了难度。

③生产、工作的环境和条件较差，技术比较复杂，安全工作难度大

对A级和B级工种来说，这种特点尤其明显。如在沥青的熬炼和稀释过程中，温度超过允许的温度、沥青中含水过多或加料过多过快以及稀释过程违反操作规程，都有发生火灾的危险。

④操作实践岗位人员少，发生火灾时不利于迅速扑救

有些岗位分散、流动性大的工种，如电工、电焊工、气焊工，在操作过程中一般人员都很少，有时甚至只有一个人进行操作，一旦发生火灾，可能会因扑救缓慢而贻误扑救时机。

2.消防安全重点工种的管理

由于重点工种岗位具有较大的火灾危险性，重点工种人员的工作态度、防火意识、操作技能和应急处理能力是决定其岗位消防安全的重要因素。因此，重点工种人员既是消防安全管理的重点对象，也是消防安全工作的依靠力量，对其管理应侧重以下几个方面：

（1）制定和落实岗位消防安全责任制度

建立重点工种岗位责任制是企业消防安全管理的一项重要内容，也是企业责任制度的重要组成部分。建立岗位责任制的目的是使每个重点工种岗位的人员都有明确的职责，做到各司其职、各负其责。建立起合理、有效、文明、安全的生产和工作秩序，消除无人负责的现象。重点工种岗位责任制要同经济责任制相结合，并与奖惩制度挂钩，有奖有惩，赏罚分明，以使重点工种人员更加自觉地担负起岗位消防安全的责任。

（2）严格持证上岗制度，无证人员严禁上岗

严格持证上岗制度，是做好重点工种管理的重要措施，重点工种人员上岗前，要对其

进行专业培训，使其全面地熟悉岗位操作规程，系统地掌握消防安全知识，通晓岗位消防安全的"应知应会"内容。对操作复杂、技术要求高、火灾危险性大的岗位作业人员，企业生产和技术部门应组织他们实习和进行技术培训，经考试合格后方能上岗。电气焊工、炉工、热处理等工种，要经考试合格取得操作合格证后才能上岗。平时对重点工种人员要进行定期考核、抽查或复试，对持证上岗的人员可建立发证与吊销证件相结合的制度。

（3）建立重点工种人员工作档案

为加强重点工种队伍的建设，提高重点工种人员的安全作业水平，应建立重点工种人员的工作档案，对重点工种人员的人事概况、培训经历以及工作情况进行记载，工作情况主要对重点工种人员的作业时间、作业地点、工作完成情况、作业过程是否安全、有无违章现象等情况进行详细的记录。这种档案有助于对重点工种的评价、选用和有针对性地再培训，有利于不断提高他们的业务素质。所以，要充分发挥档案的作用，将档案作为考察、评价、选用、撤换重点工种人员的基本依据；档案记载的内容，必须有严格手续。安全管理人员可通过档案分析和研究重点工种人员的状况，为改进管理工作提供依据。

（4）抓好重点工种人员的日常管理

要制订切实可行的学习、训练和考核计划，定期组织重点工种人员进行技术培训和消防知识学习；研究和掌握重点工种人员的心理状态和不良行为，帮助他们克服吸烟、酗酒、上班串岗、闲聊等不良习惯，养成良好的工作习惯；不断改善重点工种人员的工作环境和条件，做好重点工种人员的劳动保护工作；合理安排其工作时间和劳动强度。

3. 常见重点工种岗位防火要求

重点工种岗位都必须制定严格的岗位操作规程或防火要求，操作人员必须严格按照操作规程进行操作，以下简单介绍几种常见重点工种的防火要求。

（1）电焊工

①电焊工须经专业知识和技能培训，考核合格，持证上岗，无操作证，不能进行焊接和焊割作业。

②电焊工在禁火区进行电、气焊操作，必须按动火审批制度的规定办理动火许可证。

③各种焊机应在规定的电压下使用，电焊前应检查焊机的电源线的绝缘是否良好，焊机应放置在干燥处，避开雨雪和潮湿的环境。

④焊机、导线、焊钳等接点应采用螺栓或螺母拧接牢固；焊机二次线路及外壳须接地良好，接地电阻不小于 $1m\Omega$。

⑤开启电开关时要一次推到位，然后开启电焊机；停机时先关焊机再关电源；移动焊机时应先停机断电。焊接中突然停电，应立即关好电焊机；焊条头不得乱扔，应放在指定的安全地点。

⑥电弧切割或焊接有色金属及表面涂有油品等物件时，作业区环境应良好，人要在上风处。

⑦作业中注意检查电焊机及调节器，温度超过 60℃时应冷却。发现故障，如电线破损、熔丝烧断等现象应停机维修，电焊时的二次电压不得偏离 60 ～ 80V。

⑧盛装过易燃液体或气体的设备，未经彻底清洗和分析，不得动焊；有压的管道、气瓶（罐、槽）不得带压进行焊接作业；焊接管道和设备时，必须采取防火安全措施。

⑨对靠近天棚、木板墙、木地板以及通过板条抹灰墙时的管道等金属构件，不得在没有采取防火安全措施的情况下进行焊割和焊接作业。

⑩电气焊作业现场周围的可燃物以及高空作业时地面上的可燃物必须清理干净；或者施行防火保护；在有火灾危险的场所进行焊接作业时，现场应有专人监护，并配备一定数量的应急灭火器材。

⑪需要焊接输送汽油、原油等易燃液体的管道时，通常必须拆卸下来，经过清洗处理后才可进行作业；没有绝对安全措施，不得带液焊接。

⑫焊接作业完毕，应检查现场，确认没有遗留火种后，方可离开。

（2）电工

电工是指从事电气、防雷、防静电设施的设计、安装、施工、维护、测试等人员。电气从业人员素质的高低与电气火灾密切相关，故该工种人员必须是经过消防安全培训合格后持证上岗的正式人员，无证不得上岗操作。工作中必须严格按照电气操作规程进行操作。

①定期和不定期地对电源部分、线路部分、用电部分及防雷和防静电情况等进行检查，发现问题及时处理，防止各种电气火源的形成。

②增设电气设备、架设临时线路时，必须经有关部门批准；各种电气设备和线路不许超过安全负荷，发现异常应及时处理。

③敷设线路时，不准用钉子代替绝缘子，通过木质房梁、木柱或铁架子时要用磁套管，通过地下或砖墙时要用铁管保护，改装或移装工程时要彻底拆除线路。

④电开关箱要用铁皮包镶，其周围及箱内要保持清洁，附近和下面不准堆放可燃物品。

⑤保险装置要根据电气设备容量大小选用，不得使用不合格的保险装置或保险丝（片）。

⑥要经常检查变配电所（室）和电源线路，做好设备运行记录，变电室内不得堆放可燃杂物。

⑦电气线路和设备着火时，应先切断电源，然后用干粉或二氧化碳等不导电的灭火器扑救。

⑧工作时间不准脱离岗位，不准从事与本岗位无关的工作，并严格交接班手续。

（3）气焊工

①气焊作业前，应将施焊场地周围的可燃物清理干净，或进行覆盖隔离；气焊工人应穿戴好防护用品，检查乙炔、氧气瓶、橡胶软管接头、阀门等可能泄漏的部位是否良好，焊炬上有无油垢，焊（割）炬的射吸能力如何。

②乙炔发生器不得放置在电线的正下方，与氧气瓶不得同放一处，与易燃易爆物品和明火的距离不得少于10m，氧气瓶、乙炔气瓶应分开放置，间距不得少于5m。作业点宜备清水，以备及时冷却焊嘴。

③使用的胶管应为经耐压实验合格的产品，不得使用代用品、变质、老化、脆裂、漏气和沾有油污的胶管，发生回火倒燃应更换胶管，可燃气体和氧气胶管不得混用。

④焊（割）炬点火前，应用氧气吹风，检查有无风压及堵塞、漏气现象，检验是否漏气要用肥皂水，严禁用明火。

⑤作业中当乙炔管发生脱落、破裂、着火时，应先将焊机或割炬的火焰熄灭，然后停止供气。

⑥当气焊（割）炬由于高温发生炸鸣时，必须立即关闭乙炔供气阀，将焊（割）炬放入水中冷却，同时也应关闭氧气阀。

⑦对于射吸式焊割炬，点火时应先微开焊炬上的氧气阀，再开启乙炔气阀，然后点燃调节火焰。

⑧使用乙炔切割机时，应先开乙炔气，再开氧气；使用氢气切割机时，应先开氢气，后开氧气，此顺序不可颠倒。

⑨当氧气管着火时，应立即关闭氧气瓶阀，停止供氧。禁止用弯折的方法断气灭火。

⑩当发生回火，胶管或回火防止器上喷火，应迅速关闭焊炬或割炬上的氧气阀和乙炔气阀，再关上一级氧气阀和乙炔气阀门，然后采取灭火措施。

⑪进入容器内焊割时，点火和熄灭均应在容器外进行。

⑫熄灭火焰、焊炬，应先关乙炔气阀，再关氧气阀；割炬应先关氧气阀、再关乙炔及氧气阀门。

⑬橡胶软管应和高热管道、高热体及电源线隔离，不得重压。气管和电焊用的电源导线不得敷设、缠绕在一起。

⑭工作完毕，应将氧气瓶气阀关好，拧上安全罩。乙炔浮桶提出时，头部应避开浮桶上升方向，拔出后要卧放，禁止扣放在地上，检查操作场地，确认无着火危险方可离开。

（4）仓库保管员

①仓库保管员要牢记《仓库防火安全管理规则》，坚守岗位，尽职尽责，严格遵守仓库的入库、保管、出库、交接班等各项制度，不得在库房内吸烟和使用明火。

②对外来人员要严格监督，防止将火种和易燃品带入库内；提醒进入储存易燃易爆危

险品库房的人员不得穿带钉鞋和化纤衣服，搬动物品时要防止摩擦和碰撞，不得使用能产生火星的工具。

③应熟悉和掌握所存物品的性质，并根据物资的性质进行储存和操作；不准超量储存；堆垛应留有主要通道和检查堆垛的通道，垛与垛和垛与墙、柱、屋架之间的距离应符合公安部《仓库防火安全管理规定》中所要求的防火间距。

④易燃易爆危险品要按类、项标准和特性分类存放，贵重物品要与其他材料隔离存放，遇水或受潮能发生化学反应的物品，不得露天存放或存放在低洼易受潮的地方；遇热易分解自燃的物品，应储存在阴凉通风的库房内。

⑤对爆炸品、剧毒品的管理，要严格落实双人保管、双本账册、双把门锁、双人领发、双人使用的"五双"制度。

⑥经常检查物品堆垛、包装，发现撒漏、包装损坏等情况时应及时处理，并按时打开门窗或通风设备进行通风。

⑦掌握仓库内灭火器材、设施的使用方法，并注意维护保养，使其完整好用。

⑧仓库保管员在每日下班之前，应对经管的库房巡查一遍，确认无火灾隐患后，拉闸断电，关好门窗，上好门锁。

（5）消防控制室操作人员

①值班要求

消防控制室的日常管理应符合《建筑消防设施的维护管理》（GA587）的有关要求，确保火灾自动报警系统和灭火系统处于正常工作状态。消防控制室必须实行每日24h专人值班制度，每班不应少于两人。

②知识和技能要求

熟知本单位火灾自动报警和联动灭火系统的工作原理，各主要部件、设备的性能、参数及各种控制设备的组成和功能；熟知各种报警信号的作用，熟悉各主要设备的位置，能够熟练操作消防控制设备，遇有火情能正确使用火灾自动报警及灭火联动系统。

③认真执行交接班制度

当班人员交班时，应向接班人员讲明当班时的各种情况，对存在的问题要认真向接班人员交代并及时处置，难以处理的问题要及时报告领导解决。接班人员每次接班都要对各系统进行巡检，看有无故障或问题存在，并及时排除；值班期间必须坚守岗位，不得擅离职守，不准饮酒，不准睡觉。

④确保消防设施、系统完好有效

应确保火灾自动报警系统和灭火系统处于正常工作状态，确保高位消防水箱、消防水池、气压水罐等消防储水设施水量充足；确保消防泵出水管阀门、自喷水灭火系统管道上的阀门常开；确保消防水泵、防排烟风机、防火卷帘等消防用电设备的配电柜开关处于自动（接通）位置。

⑤火警处置

接到火灾警报后，必须立即以最快方式确认。火灾确认后，必须立即将火灾报警联动控制开关转入自动状态（处于自动状态的除外），同时拨打"119"火警电话报警。并立即启动单位内部灭火和应急疏散预案，同时报告单位负责人。

四、火源管理

着火源是使可燃物与氧化剂发生燃烧反应的激发能源，是燃烧得以发生的条件之一。由于在人们的生产和生活中，可燃物和氧化剂（空气中的氧气）两要素往往是难以分离和消除的，故加强对火源的管理是消防安全管理的重要措施。

（一）生产和生活中常见的火源

1. 明火

明火是指敞开的火焰，如火炉、油灯、电焊、气焊、火柴与烟火等。绝大多数明火火焰的温度都超过700℃，而绝大多数可燃物的自燃点都低于700℃。在一般情况下，只要明火焰与可燃物接触（有助燃物存在），可燃物经过一定的延迟时间便会被点燃。当明火焰与爆炸性混合气体接触时，气体分子会因火焰中的自由基和离子的碰撞和火焰的高温而引发连锁反应，瞬间导致燃烧或爆炸。

2. 高温物体

高温物体是最常见的火源之一，作为火源的高温物体很多，比如铁皮烟囱表面、电炉子、电烙铁、白炽灯、碘钨灯泡表面、汽车排气管等。另外，微小体积的高温物体有烟头、发动机排气管排出的火星、焊割作业的金属熔渣等。当可燃物接触到高温物体足够时间，聚集足够热量，温度达到自燃点以上就会引起燃烧。对于不同的物质类型在不同条件下，火源具有不同的引燃能力。

3. 静电放电火花

如在物料输送过程中，因物料摩擦产生的静电放电，操作人员或其他人员穿戴化纤衣服产生的静电放电等，这种静电聚积起来可达到很高的电压。静电放电时产生的火花能点燃可燃气体、蒸汽或粉尘与空气的混合物，也能引爆火药。

4. 撞击摩擦产生火花

钢铁、玻璃、瓷砖、花岗石、混凝土等一类材料，在相互摩擦撞击时能产生温度很高的火花，如装卸机械打火，机械设备的冲击、摩擦打火，转动机械进入石子、钉子等杂物打火等。在易燃易爆场合应避免这种现象发生。

5. 电气火花

如电气线路、设备的漏电、短路、过负荷、接触电阻过大等引起的电火花、电弧、电缆燃烧等。电气动力设备要选用防爆型或封闭式的；启动和配电设备要安装在另一房间；引入易燃易爆场所的电线应绝缘良好，并敷设在铁管内。

6. 雷电火花

雷电产生的火花温度之高可以熔化金属，是引起燃烧爆炸事故的祸源之一。雷电对建筑物的危害也很大，必须采取排除措施，即在建筑物上或易燃易爆场所周围安装足够数量的避雷针，并经常检查，保持其有效。

（二）火源的管理

1. 生产和生活中常见火源的管理

（1）严格管理生产用火

禁止在具有火灾、爆炸危险的场所使用明火，因特殊情况需要使用明火作业的，应当按照规定事先办理审批手续。作业人员应当遵守消防安全规定，并采取相应的消防安全措施。甲、乙、丙类生产车间，仓库及厂区和库区内严禁动用明火，若因生产需要必须动火时，应经单位的安全保卫部门或防火责任人批准，并办理动火许可证，落实各项防范措施。对于烘烤、熬炼、锅炉、燃烧炉、加热炉、电炉等固定用火地点，必须远离甲、乙、丙类生产车间和仓库，满足防火间距要求，并办理动火许可证。

（2）加强对高温物体的防火管理

①照明灯

60W 的灯泡，温度可达 137～180℃，100W 的灯泡，温度可达 170～216℃，400W 高压汞灯玻璃壳表面温度可达 180～250℃，在有易燃物品的场所，照明灯下不得堆放易燃物品。在散发可燃气体和可燃蒸汽的场所，应选用防爆照明灯具。

②焊割作业金属熔渣

在动火焊接检修设备时，应办理动火证，动火前应撤除或遮盖焊接点下方和周围的可燃物品及设备，以防焊接飞散出去的熔渣点燃可燃物。

③烟头

在生产、储存易燃易爆物品的场所，应采取有效的管理措施，设置"禁止吸烟"的标志，严禁吸烟和乱扔烟头的行为。

④无焰燃烧的火星

煤炉烟囱、汽车和拖拉机排气管飞出的火星，一般处于无焰燃烧状态，温度可达350℃以上，应禁止与易燃的棉、麻、纸张及可燃气体、蒸汽、粉尘等接触，汽车进入具有火灾爆炸危险的场所时，排气管上应安装火星熄灭器。

（3）采取防静电措施

运输或输送易燃物料的设备、容器、管道，都必须有良好的接地措施，防止静电聚积放电。在具有爆炸危险的场所，可向地面洒水或喷水蒸气等，使该场所相对湿度大于65%，通过增湿法防止电介质物料带静电。场所中的设备和工具，应尽量选用导电材料制成。进入甲、乙类场所的人员，不准穿戴化纤衣服。

（4）控制各种机械打火

生产过程中的各种转动的机械设备、装卸机械、搬运工具应有可靠的防止冲击、摩擦打火的措施，有可靠的防止石子、金属杂物进入设备的措施。对提升、码垛等机械设备易产生火花的部位，应设置防护罩。进入甲、乙类和易燃原材料的厂区、库区的汽车、拖拉机等机动车辆，排气管必须加戴防火罩。

（5）防止电气火花

①经常检查绝缘层，保证其良好的绝缘性。

②防止裸体电线与金属体相接处，以防短路。

③在有易燃易爆液体和气体的房间内，要安装防爆或密闭隔离式的照明灯具、开关及保险装置。如确无这种防爆设备，也可将开关、保险装置、照明灯具安装在屋外或单独安装在一个房间内；禁止在带电情况下更换灯泡或修理电器。

（6）采取防雷和防太阳光聚焦措施

甲、乙类生产车间和仓库以及易燃原材料露天堆场、贮罐等，都应安设符合要求的避雷装置，引导雷电进入大地，使建筑物、设备、物资及人员免遭雷击，预防火灾爆炸事故的发生。甲、乙类车间和库房的门窗玻璃应为毛玻璃或普通玻璃涂以白色漆，以防止太阳光聚焦。

2. 生产动火的管理

（1）动火、用火的定义

所谓动火，是指在生产中动用明火或可能产生火种的作业。如熬沥青、烘砂、烤板等明火作业和打墙眼、电气设备的耐压试验、电烙铁锡焊等易产生火花或高温的作业等都属于动火的范围。

所谓用火，是指持续时间比较长，甚至是长期使用明火或赤热表面的作业，一般为正常生产或与生产密切相关的辅助性使用明火的作业。如生产或工作中经常使用酒精炉、茶炉、煤气炉、电热器具等都属于用火作业。

（2）固定动火区和禁火区

工业企业，应当根据本企业的火灾危险程度和生产、维修、建设等工作的需要，经使用单位提出申请，企业的消防安全管理部门审批登记，划定出固定的动火区和禁火区。

①固定动火区

固定动火区是指允许正常使用电气焊（割）、砂轮、喷灯及其他动火工具从事检修、加工设备及零部件的区域。单位应根据动火区应满足的条件划定固定动火区。在固定动火区域内进行的动火作业，可不办理动火许可证。

②禁火区

在易燃易爆工厂、仓库区内固定动火区之外的区域一律为禁火区。各类动火区、禁火区均应在厂区示意图上标示清楚。

根据国家有关规定，凡是在禁火区域内因检修、试验及正常的生产动火、用火等，均要办理动火或用火许可证，落实各项安全措施。

（3）动火的分级

动火作业根据作业区域火灾危险性的大小分为特级、一级、二级三个级别。

①特级动火

特级动火是指在处于运行状态的易燃易爆生产装置和罐区等重要部位的具有特殊危险的动火作业。一般是指在装置区、厂房内包括设备、管道上的作业。所谓特殊危险是相对的，而不是绝对的。如果有绝对危险，必须坚持生产服从安全的原则，绝对不能动火。凡是在特级动火区域内的动火必须办理特级动火证。

②一级动火

一级动火是指在甲、乙类火灾危险区域内的动火。如在甲、乙类生产厂房、生产装置区、储罐区、库房等与明火或散发火花地点规定的防火间距内的动火均为一级动火。其区域为30m 半径的范围，所以，凡是在这 30m 范围内的动火，均应办理一级动火证。

③二级动火

二级动火是指特级动火及一级动火以外的动火作业。即指化工厂区内除一级和特级动火区域外的动火和其他单位的丙类火灾危险场所范围内的动火。凡是在二级动火区域内的动火作业均应办理二级动火许可证。

以上分级方法可随企业生产环境变化而变化，根据动火区域火灾危险性的大小，其动火的管理级别亦应做相应的变化。原来为一级动火管理的，若动火区域火灾危险性减小，可降为二级动火管理；若遇节假日或在生产不正常的情况下动火，应在原动火级别上做升级动火管理，如将一级升为特级、二级升为一级等。

（4）用火、动火许可证的审核与签发

①用火许可证的签发

凡是在禁火区域内进行的用火作业，均须办理用火许可证。用火许可证上应明确负责人、有效期、用火区及防火安全措施等内容。用火许可证一律由企业防火安全管理部门审批，有效期最多一年。在用火时，应将用火许可证悬挂在用火点附近。

②动火许可证的签发

a. 动火许可证的主要内容。凡是在禁火区域内进行的动火作业，均须办理动火许可证。动火许可证应清楚地标明动火级别、动火有效期、申请办证单位、动火详细位置、作业内容、动火手段、防火安全措施和动火分析的取样时间、地点、分析结果，每次开始动火时间以及各项责任人和各级审批人的签名及意见。

b. 动火许可证的有效期。动火许可证的有效期根据动火级别而确定。特级动火和一级动火，许可证的有效期不应超过1天（24小时）；二级动火，许可证的有效期可为6天（144小时）。时间均应从火灾危险动火分析后不超过30min的动火时算起。

c. 动火许可证的审批程序。为严格对动火作业的管理，明确不同动火级别的管理责任，对动火许可证的审批应按以下程序进行。

特级动火：由动火部门（车间）申请，厂防火安全管理部门复查后报主管厂长或总工程师终审批准。

一级动火：由动火部位的车间主任复查后，报厂防火安全管理部门终审批准。

二级动火：由动火部位所属基层单位报主管车间主任终审批准。

（5）动火管理中各级责任人的职责

从动火申请，到终审批准，各有关人员不是签字了事，而应负有一定的责任，必须按各级的职责认真落实各项措施和规程，确保动火作业的安全。

①动火项目负责人

动火项目负责人对执行动火作业负全责，必须在动火之前详细了解作业内容、动火部位及其周围的情况，参与动火安全措施的制定，并向作业人员交代任务和防火安全注意事项。

②动火执行人

动火执行人在接到动火许可证后，要详细核对各项内容是否落实、审批手续是否完备。若发现不具备动火条件时，有权拒绝动火，并向单位防火安全管理部门报告。动火执行人要随身携带动火许可证，严禁无证作业及审批手续不完备作业。

③动火监护人

动火监护人一般由动火作业所在部位（岗位）的操作人员担任，但必须是责任心强、有经验、熟悉现场、掌握灭火方法的操作工。动火监护人负责动火现场的防火安全检查和监护工作，检查合格，应当在动火许可证上签字认可。动火监护人在动火作业过程中不准离开现场，当发现异常情况时，应立即下令停止作业，及时联系有关人员采取措施。作业完成后，要会同动火项目负责人、动火执行人进行现场检查，消除残火，确定无遗留火种后方可离开现场。

④动火分析人

动火分析人要对分析结果负责，根据动火许可证的要求及现场情况亲自取样分析，在动火许可证上如实填写取样时间和分析结果，并签字认可。

⑤各级审查批准人

各级审查批准人，必须对动火作业的审批负全责，必须亲自到现场详细了解动火部位及周围情况，审查并确定动火级别、防火安全措施等，在确认符合安全条件后，方可签字批准动火。

⑥两个以上单位共同使用建筑物局部施工的责任

公众聚集场所或者两个以上单位共同使用的建筑物局部施工需要使用明火时，施工单位和使用单位应当共同采取措施，将施工区和使用区进行防火分隔，清除动火区域内所有可以燃烧的物质，配置消防器材，专人监护，保证施工及使用范围的消防安全。

（6）执行动火的操作要求

①动火操作及监护人员应由经安全考试合格的人员担任，压力容器的焊补工作应由经考试合格的锅炉压力容器焊工担任，无合格证者不得独自从事焊补工作。

②动火作业时要注意火星的飞溅方向，可采用不燃或难燃材料做成的挡板控制火星的飞溅，防止火星落入火灾危险区域。

③在动火作业中遇到生产装置紧急排空或设备、管道突然破裂、可燃物质外泄时，监护人员应立即指令停止动火，待恢复正常，重新分析合格，并经原批准部门批准，才可重新动火。

④高处动火应遵守高处作业的安全规定，五级以上大风不准安排室外动火，已进行动火作业时，应立即停止。

⑤进行气焊作业时，氧气瓶和乙炔瓶不得有泄漏，放置地点应距明火地点 10m 以上，氧气瓶和乙炔瓶的间距不应小于 5m。

⑥在进行电焊作业时，电焊机应放于指定地点，火线和接地线应完整无损，禁止用铁棒等物代替接地线和固定接地点，电焊机的接地线应接在被焊设备上，接地点应靠近焊接处，不准采用远距离接地回路。

五、易燃易爆物品防火管理

（一）易燃易爆设备的管理

易燃易爆设备的管理，主要包括设备的选购、进厂验收、安装调试、使用维护、改造更新等，其基本要求是合理地选择、正确地使用、安全地操作、经常维护保养、及时维修和更新，通过设备管理制度和技术、经济、组织等措施的落实，达到经济合理和安全生产的目的。

1. 易燃易爆设备的分类

易燃易爆设备按其使用性能分为以下四类：

（1）化工反应设备。如反应釜、反应罐、反应塔及其管线等。

（2）可燃、氧化性气体的储罐、钢瓶及其管线。如氢气罐、氧气罐、液化石油气储罐及其钢瓶、乙炔瓶、氧气瓶、煤气柜等。

（3）可燃的、强氧化性的液体储罐及其管线。如油罐、酒精罐、苯罐、二硫化碳罐、过氧化氢罐、硝酸罐、过氧化二苯甲酰罐等。

（4）易燃易爆物料的化工单元设备。如易燃易爆物料的输送、蒸馏、加热、干燥、冷却、冷凝、粉碎、混合、熔融、筛分、过滤、热处理设备等。

2. 易燃易爆设备的火灾危险特点

（1）生产装置、设备日趋大型化

为获得更好的经济效益，工业企业的生产装置、设备正朝着大型化的方向发展。如生产聚乙烯的聚合釜已由普遍采用的 $7 \sim 13.5 m^3 /$ 台发展到了 $100 m^3 /$ 台；而且已经制造出了直径 12m 以上的精馏塔和直径 15m 的填料吸收塔，塔高达 100 余米；生产设备的处理量增大也使储存设备的规模相应加大，我国 50000t 以上的油罐已有 10 余座。由于这些设备所加工储存的都是易燃易爆的物料，所以规模的大型化使得设备的火灾危险性大大增加。

（2）生产和储存过程中承受高温高压

为了提高设备的单机效率和产品回收率，获得更佳的经济效益，许多生产工艺过程都采用了高温、高压、高真空等手段，使设备的质量及操作要求更为严格、困难，增大了火灾危险性。如以石脑油为原料的乙烯装置，其高温稀释蒸汽裂解法的蒸汽温度高达 1000℃，加氢裂化的温度也在 800℃ 以上；以轻油为原料的大型合成氨装置，其一段、二段转化炉的管壁温度在 900℃ 以上；普通的氨合成塔的压力有 32MPa，合成酒精、尿素的压力都在 10MPa 以上，高压聚乙烯装置的反应压力达 275MPa 等。生产工艺过程中的高温高压，使物料的自燃点降低，爆炸范围变宽，且对设备的强度提出了更高的要求，操作过程中稍有失误，就可能对全厂造成毁灭性破坏。

（3）生产和储存过程中易产生跑冒滴漏

由于易燃易爆设备在生产和储存过程中承受高温、高压，很容易造成设备疲劳、强度降低，加之多与管线连接，连接处很容易发生跑冒滴漏；而且由于有些操作温度超过了物料的自燃点，一旦跑漏便会着火；还由于有的物料具有腐蚀性，设备易被腐蚀而使强度降低，造成跑冒滴漏，这些又增加了设备的火灾危险性。

3.易燃易爆设备使用的消防安全要求

（1）合理配备设备，把好质量关

要根据企业生产的特点、工艺过程和消防安全要求，选配安全性能符合规定要求的设备，设备的材质、耐腐蚀性、焊接工艺及其强度等，应能保证其整体强度，设备的消防安全附件，如压力表、温度计、安全阀、阻火器、紧急切断阀、过流阀等应齐全合格。

（2）严格试车程序，把好试车关

易燃易爆设备启动时，要严格试车程序，详细观察设备运行情况并记录各项试车数据，保证各项安全性能达到规定指标。试车启用过程要有安全技术和消防管理部门的人员共同参加。

（3）加强操作人员的教育培训，提高其安全意识和操作技能

对易燃易爆设备应安排具有一定专业技能的人员操作。操作人员在上岗前要进行严格的消防安全教育和操作技能训练，经考试合格才能独立操作。并应做到"三好、四会"，即管好设备、用好设备、修好设备和会保养、会检查、会排除故障、会应急灭火和逃生。

（4）涂以明显的颜色标记，给人以醒目的警示

易燃易爆设备应当有明显的颜色标记，给人以醒目的警示。并在适当的位置粘贴醒目的易燃易爆设备等级标签，悬挂易燃易爆设备管理责任标牌，明确管理责任人和管理职责，便于检查管理。

（5）为设备创造良好的工作环境

易燃易爆设备的工作环境，对其能否安全工作有较大的影响。如环境温度较高，会影响设备内气、液物料的蒸汽压；如环境潮湿，会加快设备的腐蚀，甚至影响设备的机械强度。因此，对使用易燃易爆设备的场所，要严格控制温度、湿度、灰尘、震动、腐蚀等条件。

（6）严格操作规程，确保正确使用

严格操作规程，是易燃易爆设备消防安全管理的一个重要环节。在工业生产中，如果不按照设备操作规程进行操作，如颠倒了投料次序，错开了一个开关或阀门，都可能酿成大祸。所以，操作人员必须严格按照操作规程进行操作，严格把握投料和开关程序，每一阀门和开关都应有醒目的标记、编号和高压、中压或低压的说明。

(7)保证双路供电，备有手动操作机构

对易燃易爆设备，要有保证其安全运行的双路供电措施。对自动化程度较高的设备，还应备有手动操作机构。设备上的各种安全仪表，都必须反应灵敏、动作准确无误。

(8)严格交接班制度

为保证设备安全使用，操作人员下班时要把当班的设备运转情况全面、准确地向接班人员交代清楚，并认真填写交接班记录。接班的人员要做上岗前的全面检查，并认真填写检查记录，以使在班的操作人员对设备的运行情况有比较清楚的了解，对设备状况做到心中有数。

(9)切实落实设备维护保养与检查维修制度

设备操作人员每天要对设备进行维护保养，其主要内容包括：班前、班后检查，设备各个部位的擦拭，班中认真观察听诊设备运转情况，及时排除故障等，定期对设备进行安全检查，对检查出的故障设备及时维修，不得使设备带病运行。

(10)建立设备档案

加强对易燃易爆设备的管理，建立设备档案，及时掌握设备的运行情况。易燃易爆设备档案的内容主要包括性能、生产厂家、使用范围、使用时间、事故记录、维修记录、维护人、操作人、操作要求、应急方法等。

4.易燃易爆设备的安全检查、维修与更新

(1)易燃易爆设备的安全检查

易燃易爆设备的安全检查，是指对设备的运行情况、密封情况、受压情况、仪表灵敏度、各零部件的磨损情况和开关、阀门的完好情况等进行检查。该检查可针对单位生产的具体情况确定检查的频次，按时间可以分为日检查、周检查、月检查、年检查等几种；从技术上来讲，还可以分为机能性检查和规程性检查两种。

①日检查是指操作人员在交接班时进行的检查。此种检查一般都由操作人员自己进行。

②周检查和月检查是指班组或车间、工段的负责人按周或月的安排进行的检查。

③年检查是指由厂部组织的对全厂或全公司的易燃易爆设备进行的检查。年检查应成立由设备、技术、安全保卫部门联合组成的检查小组，时间一般安排在本厂、公司生产或经营的淡季。在年检时，要编制检查标准书，确定检查项目。

(2)易燃易爆设备的检修

易燃易爆设备在使用一定时间后，会因物料的腐蚀性和膨胀性而使设备出现裂纹、变形或焊缝、受压元件、安全附件等出现泄漏现象，如果不及时检查修复，就有可能发生着火或爆炸事故。所以，对易燃易爆设备要定期进行检修，及时发现和消除事故隐患。设备检修按每次检修内容的多少和时间的长短，分为小修、中修和大修三种。

①小修

小修是指只对设备的外观表面进行的检修。一般设备的小修一年进行一次。检修的主要内容包括：设备的外表面有无裂纹、变形、局部过热等现象，防腐层、保温层及设备的铭牌是否完好，设备的焊缝、连接管、受压元件等有无泄漏，紧固螺栓是否完好，基础有无下沉、倾斜等异常现象和设备的各种安全附件是否齐全、灵敏、可靠等。

②中修

中修是指设备的中、外部检修。中修一般三年进行一次，但对使用期已达15年的设备应每隔两年中修一次，对使用期超过20年的设备每隔一年中修一次。中修的内容除外部检修的全部内容外，还应对设备的外表面、开孔接管处有无介质腐蚀或冲刷磨损等现象和对设备的所有焊缝、封头过渡区和其他应力集中的部位有无断裂或裂纹等进行检查。

③大修

大修是指对设备的内外进行全面的检修。大修应由技术总负责人批准，并报上级主管部门备案。大修至少六年进行一次。大修的内容，除进行中修的全部内容外，还应对设备的主要焊缝（或壳体）进行无损探伤抽查。抽查长度为设备（或壳体面积）焊缝总长的20%。易燃易爆设备大修合格后，应严格进行水压试验和气密性试验。在正式投入使用之前，还应进行惰性气体置换或抽真空处理。

（3）易燃易爆设备的更新

衡量易燃易爆设备是否需要更新，主要看两个性能：一是机械性能；二是安全可靠性能。机械性能和安全可靠性能是不可分割的，安全性能的好坏依赖机械性能。易燃易爆设备的机械性能和安全可靠性能低于消防安全规定的要求时，应立即更新。如当易燃易爆设备的壁厚小于最小允许壁厚，强度核算不能满足最高许用压力时，就应考虑设备的更新问题。更新设备应考虑两个问题：一是经济性，就是在保证消防安全的基础上花最少的钱；二是先进性，就是替换的新设备防火防爆安全性能应当先进、可靠。

（二）易燃易爆危险品的消防安全管理

易燃易爆危险品是指具有强还原性，参与空气或其他氧化剂遇火源能够发生着火或爆炸；或具有强氧化性，遇可燃物可着火或爆炸的危险品。如易燃气体、氧化性气体、易燃液体、易燃固体、自燃物品、遇湿易燃物品、氧化剂和有机过氧化物等。由于易燃易爆危险品火灾危险性极大，且一旦发生火灾往往带来巨大的人员伤亡和财产损失，故《消防法》第二十三条规定"生产、储存、运输、销售、使用、销毁易燃易爆危险品，必须执行消防技术标准和管理规定"。

1. 易燃易爆危险品生产、储存、使用的消防安全管理

由于易燃易爆危险品在生产和使用过程中都是散状存在于生产工艺设备、装置和管线

之中，处于运动状态，跑、冒、滴、漏的机会很多，加之生产、使用中的危险因素也很多，因而危险性很大；而易燃易爆危险品在储存过程中，量大而集中，是重要的危险源，一旦发生事故，后果不堪设想，因此，加强对易燃易爆危险品生产、储存和使用的安全管理是非常重要的。

（1）易燃易爆危险品生产、储存企业应当具备的消防安全条件

国家对易燃易爆危险品的生产和储存实行统一规划、合理布局和严格控制的原则，并实行审批制度。在编制总体规划时，设区的城市人民政府应当根据当地经济发展的实际需要，按照确保安全的原则，规划出专门用于易燃易爆危险品生产和储存的适当区域。生产、储存易燃易爆危险品时应当满足下列条件：

①生产工艺、设备或设施、存储方式符合国家相关标准；

②企业周边的防护距离符合国家标准或者国家有关规定；

③生产、使用易燃易爆危险品的建筑和场所必须符合建筑设计防火规范和有关专业防火规范；

④生产、使用易燃易爆危险品的场所必须按照有关规范安装防雷保护设施；

⑤生产、使用易燃易爆危险品场所的电气设备，必须符合国家电气防爆标准；

⑥生产设备与装置必须按国家有关规定设置消防安全设施，定期保养、校验；

⑦易产生静电的生产设备与装置，必须按规定设置静电导除设施，并定期进行检查；

⑧从事生产易燃易爆危险品的人员必须经主管部门进行消防安全培训，经考试取得合格证，方准上岗；

⑨消防安全管理制度健全；

⑩符合国家法律法规规定和国家标准要求的其他条件。

（2）易燃易爆危险品生产、储存企业设立的申报和审批要求

为了严格管理，易燃易爆危险品生产、储存企业在设立时，应当向设区的市级人民政府安全监督综合管理部门提出申请；剧毒性易燃易爆危险品还应当向省、自治区、直辖市人民政府经济贸易管理部门提出申请，但无论哪一级申请，都应当提交下列文件：

①企业设立的可行性研究报告；

②原料、中间产品、最终产品或者储存易燃易爆危险品的自燃点、闪点、爆炸极限、氧化性、毒害性等理化性能指标；

③包装、储存、运输的技术要求；

④安全评价报告；

⑤事故应急救援措施；

⑥符合易燃易爆危险品生产、储存企业必须具备条件的证明文件。

省、自治区、直辖市人民政府经济贸易管理部门或设区的市级人民政府安全监督综合

管理部门，在收到申请和提交的文件后，应当组织有关专家进行审查，提出审查意见，并报本级人民政府批准。本级人民政府予以批准的，由省、自治区、直辖市人民政府经济贸易管理部门或设区的市级人民政府安全监督综合管理部门颁发批准书，申请人凭批准书向工商行政管理部门办理登记注册手续；不予批准的，应当书面通知申请人。

（3）易燃易爆危险品包装的消防安全管理要求

易燃易爆危险品包装符合要求，对保证易燃易爆危险品的安全非常重要，如果不能满足运输储存的要求，就有可能在运输、储存和使用过程中发生事故。因此，易燃易爆危险品在包装上应符合下列安全要求：

①易燃易爆危险品的包装应符合国家法律、法规、规章的规定和国家标准的要求。包装的材质、形式、规格、方法和单件质量（重量），应当与所包装易燃易爆危险品的性质和用途相适应，并便于装卸、运输和储存。

②易燃易爆危险品的包装物、容器，应当由省级人民政府经济贸易管理部门审查合格的专业生产企业定点生产，并经国务院质检部门的专业检测、检验机构检测、检验合格，方可使用。

③重复使用的易燃易爆危险品包装物（含容器）在使用前，应当进行检查，并做记录；检查记录至少应保存两年。质监部门应当对易燃易爆危险品的包装物（含容器）的产品质量进行定期或不定期的检查。

（4）易燃易爆危险品储存的消防安全管理要求

储存易燃易爆危险品仓库通常都是重大危险源，一旦发生事故往往带来重大损失和危害，所以，对易燃易爆危险品的储存管理应更加严格。易燃易爆化学物品的储存应当遵守《仓库防火安全管理规则》，同时还应当符合下列条件：

①易燃易爆危险品必须储存在专用仓库或储存室。储存方式、方法、数量必须符合国家标准。并由专人管理，出入库应当进行核查登记。

②易燃易爆危险品应当分类、分项储存，性质相互抵触、灭火方法不同的易燃易爆危险品不得混存，垛与垛、垛与墙、垛与柱、垛与顶以及垛与灯之间的距离应符合要求，要定期对仓库进行检查、保养，注意防热和通风散潮。

③剧毒品、爆炸品以及储存数量构成重大危险源的其他易燃易爆危险品必须在专用仓库内单独存放，实行双人收发、双人保管制度。储存单位应当将剧毒品以及构成重大危险源的易燃易爆危险品的数量、地点以及管理人员的情况报当地公安部门和负责易燃易爆危险品安全监督综合管理工作部门备案。

④易燃易爆危险品专用仓库，应当符合国家标准中对安全、消防的要求，设置明显标志。应当定期对易燃易爆危险品专用仓库的储存设备和安全设施进行检查。

⑤对废弃易燃易爆危险品处置时，应当严格按照固体废物污染环境防治法和国家有关

规定进行。

2.易燃易爆危险品经销的消防安全管理

易燃易爆危险品在采购、调拨和销售等经销活动中，受外界因素的影响最多，因而事故隐患也最多，所以应加强易燃易爆危险品经销的安全管理。

（1）经销易燃易爆危险品必须具备的条件

国家对易燃易爆危险品的经销实行许可制度。未经许可，任何单位和个人都不能经销易燃易爆危险品。经销易燃易爆危险品的企业必须具备下列条件：

①经销场所和储存设施符合国家标准；

②主管人员和业务人员经过专业培训，并取得上岗资格；

③有健全的安全管理制度；

④符合法律、法规规定和国家标准要求的其他条件。

（2）易燃易爆危险品经销许可证的申办

①经销剧毒性易燃易爆危险品的企业，应当分别向省、自治区、直辖市人民政府的经济贸易管理部门或者设区的市级人民政府的负责易燃易爆危险品安全监督综合管理工作的部门提出申请，并附送易燃易爆危险品经销企业条件的相关证明材料。

②省、自治区、直辖市人民政府的经济贸易管理部门或者设区的市级人民政府的负责易燃易爆危险品安全监督综合管理工作的部门接到申请后，应当依照规定对申请人提交的证明材料和经销场所进行审查。

③经审查，符合条件的，颁发危险品经销（营）许可证，并将颁发危险品经销（营）许可证的情况通报同级公安部门和环境保护部门，申请人凭危险品经销（营）许可证向工商行政管理部门办理登记注册手续。不符合条件的，书面通知申请人并说明理由。

（3）易燃易爆危险品经销的消防安全管理要求

①企业在采购易燃易爆危险品时，不得从未取得易燃易爆危险品生产或经销许可证的企业采购；生产易燃易爆危险品的企业也不得向未取得易燃易爆危险品经销许可证的单位或个人销售易燃易爆危险品。

②经销易燃易爆危险品的企业不得经销国家明令禁止的易燃易爆危险品；也不得经销没有安全技术说明书和安全标签的易燃易爆危险品。

③经销易燃易爆危险品的企业储存易燃易爆危险品时，应遵守国家易燃易爆危险品储存的有关规定。经销商店内只能存放民用小包装的易燃易爆危险品，其总量不得超过国家规定的限量。

3.易燃易爆危险品运输的消防安全管理

国家对易燃易爆危险品的运输实施资质认定制度，未经资质认定，不得运输易燃易爆危险品。易燃易爆危险品的运输必须符合相关管理要求。

（1）易燃易爆危险品运输消防安全管理的基本要求

①运输、装卸易燃易爆危险品，应当依照有关法律、法规、规章的规定和国家标准的要求，按照易燃易爆危险品的危险特性，采取必要的安全防护措施。

②用于易燃易爆危险品运输的槽、罐及其他容器，应当由符合规定条件的专业生产企业定点生产，并经检测、检验合格方可使用。质检部门对定点生产的槽、罐及其他容器的产品质量进行定期或不定期检查。

③易燃易爆危险品运输企业，应当对其驾驶员、船员、装卸管理员、押运员进行有关安全知识培训，使其掌握易燃易爆危险品运输的安全知识并经所在地设区的市级人民政府交通部门（船员经海事管理机构）考核合格，取得上岗资格证方可上岗作业。

④运输易燃易爆危险品的驾驶员、船员、装卸管理员、押运员应当了解所运载易燃易爆危险品的性质、危险、危害特性，包装容器的使用特性和发生意外时的应急措施。在运输易燃易爆危险品时，应当配备必要的应急处理器材和防护用品。

⑤托运易燃易爆危险品时，托运人应当向承运人说明所托运易燃易爆危险品的品名、数量、危害、应急措施等情况。所托运的易燃易爆危险品需要添加抑制剂或稳定剂的，托运人交付托运时应当将抑制剂或稳定剂添加充足，并告知承运人。托运人不得在托运的普通货物中夹带易燃易爆危险品，也不得将易燃易爆危险品匿报或谎报为普通货物托运。

⑥运输易燃易爆危险品的槽罐以及其他容器必须封口严密，能够承受正常运输条件下产生的内部压力和外部压力，保证易燃易爆危险品在运输中不因温度、湿度或压力的变化而发生任何渗漏。

⑦任何单位和个人不得邮寄或者在邮件内夹带易燃易爆危险品，也不得将易燃易爆危险品匿报或者谎报为普通物品邮寄。

⑧通过铁路、航空运输易燃易爆危险品的，应符合国务院铁路、民航部门的有关专门规定。

（2）易燃易爆危险品公路运输的消防安全管理要求

易燃易爆危险品公路运输时，由于受驾驶技术、道路状况、车辆状况、天气情况的影响很大，因而所带来的危险因素也很多，且一旦发生事故救援难度较大，往往会造成重大经济损失和人员伤亡，所以，应当严格管理要求。

①通过公路运输易燃易爆危险品时，必须配备押运人员，并且所运输的易燃易爆危险品随时处于押运人员的监管之下。不得超装、超载，不得进入易燃易爆危险品运输车辆禁止通行的区域；确须进入禁止通行区域的，应当事先向当地公安部门报告，并由公安部门为其指定行车时间和路线，且运输车辆必须遵守公安部门为其指定的行车时间和路线。

②通过公路运输易燃易爆危险品的，托运人只能委托有易燃易爆危险品运输资质的运

输企业承运。

③剧毒性易燃易爆危险品在公路运输途中发生被盗、丢失、流散、泄漏等情况时，承运人及押运人员应当立即向当地公安部门报告，并采取一切可能的警示措施。公安部门接到报告后，应当立即向其他有关部门通报情况；有关部门应当采取必要的安全措施。

④易燃易爆危险品运输车辆禁止通行的区域，由设区的市级人民政府公安部门划定，并设置明显的标志。运输烈性易燃易爆危险品途中需要停车住宿或者遇有无法正常运输的情况时，应当向当地公安部门报告。

（3）易燃易爆危险品水路运输的消防安全管理要求

易燃易爆危险品在水上运输时，一旦发生事故往往会造成水道的阻塞或对水域形成污染，给人民的生命财产带来更大的危害，且往往扑救比较困难。故水上运输易燃易爆危险品时应当有比陆地更加严格的要求。

①禁止利用内河以及其他封闭水域等航运渠道运输剧毒性易燃易爆危险品。

②利用内河以及其他封闭水域等航运渠道运输禁运以外的易燃易爆危险品时，只能委托有易燃易爆危险品运输资质的水运企业承运，并按照国务院交通部门的规定办理手续，接受有关交通港口部门、海事管理机构的监督管理。

③运输易燃易爆危险品的船舶及其配载的容器应当按照国家关于船舶检验的规范进行生产，并经海事管理机构认可的船舶检验机构检验合格，方可投入使用。

4.易燃易爆危险品销毁的消防安全管理

易燃易爆危险品如因质量不合格，或因失效、变态废弃时，要及时进行销毁处理，以防止管理不善而引发火灾、中毒等灾害事故的发生。为了保证安全，禁止随便弃置堆放和排入地面、地下及任何水系。

（1）销毁易燃易爆危险品应具备的消防安全条件

由于废弃的易燃易爆危险品稳定性差、危险性大，故销毁处理时必须有可靠的安全措施，并须经当地公安和环保部门同意才可进行销毁，其基本条件如下：

①销毁场地的四周和防护措施，均应符合安全要求；

②销毁方法选择正确，适合所要销毁物品的特性，安全、易操作、不会污染环境；

③销毁方案无误，防范措施周密、落实；

④销毁人员经过安全培训合格，有法定许可的证件。

（2）严格消防安全管理

根据《消防法》的有关规定，消防机关应当加强对易燃易爆危险品的监督管理。销毁易燃易爆危险品的单位应当严格遵守有关消防安全的规定，认真落实具体的消防安全措施，当大量销毁时应当认真研究，做出具体方案（包括一旦引发火灾时的应急灭火预案）。并向公安机关消防机构申报，经审查并经现场检查合格方可进行，必要时，公安机关消防机构应当派出消防队现场执勤保护，确保销毁安全。

第八章　特殊场所的消防安全管理

第一节　医院、院校消防安全

一、医院的消防安全管理

（一）医院消防安全重点部位

一是容易发生火灾的部位，主要有危险品仓库、理化试验室、中心供氧站、高压氧舱、胶片室、锅炉房、木工间等。

二是发生火灾时会严重危及人身和财产安全的部位，主要有病房楼、手术室、宿舍楼、贵重设备工作室、档案室、微机中心、病案室、财会室等。

三是对消防安全有重大影响的部位，主要有消防控制室、配电间、消防水泵房等。

消防安全重点部位应设置明显的防火标志，标明"消防重点部位"和"防火责任人"，落实相应管理规定，实行严格管理。

（二）电气防火

一是电气设备应由具有电工资格的专业人员负责安装和维修，严格执行安全操作规程。

二是在要求防爆、防尘、防潮的部位安装电气设备，应符合有关安全技术要求。

三是每年应对电气线路和设备进行安全性能检查，必要时应委托专业机构进行电气消防安全监测。

（三）火源控制

一是严格执行内部动火审批制度，及时落实动火现场防范措施及监护人。

二是固定用火场所、设施和大型医疗设备应有专人负责，安全制度和操作规程应公布上墙。

三是宿舍内严禁使用蜡烛等明火用具，病房内非医疗不得使用明火。

四是病区内禁止烧纸，除吸烟室外，不得在任何区域吸烟。

（四）易燃易爆化学危险物品管理

一是严格规范易燃易爆化学危险物品使用审批制度。

二是加强易燃易爆化学危险物品储存管理。

三是易燃易爆化学危险物品应根据物化特性分类存放，严禁混存。

四是高温季节，易燃易爆化学危险物品储存场所应加强通风，室内温度应控制在28℃以下。

（五）安全疏散设施管理

一是防火门、防火卷帘、疏散指示标志、火灾应急照明、火灾应急广播等设施应设置齐全、完好有效。

二是医疗用房应在明显位置设置安全疏散图。

三是常闭式防火门应向疏散方向开启，并设有警示文字和符号，因工作必须常开的防火门应具备联动关闭功能。

四保持疏散通道、安全出口畅通，禁止占用疏散通道，不应遮挡、覆盖疏散指示标志。

五是禁止将安全出口上锁，禁止在安全出口、疏散通道上安装栅栏等影响疏散的障碍物；疏散通道、疏散楼梯、安全出口处以及房间的外窗不应设置影响安全疏散和应急救援的固定栅栏。

六是病房楼、门诊楼的疏散走道、疏散楼梯、安全出口应保持畅通，公共疏散门不应锁闭，宜设置推闩式外开门。

七是防火卷帘下方严禁堆放物品，消防电梯前室的防火卷帘应具备停滞功能。

（六）消防设施、器材日常管理

医院应加强建筑消防设施、灭火器材的日常管理，并确定本单位专职人员或委托具有消防设施维护保养资格的组织或单位进行消防设施维护保养，保证建筑消防设施、灭火器材配置齐全、正常工作。

医院可以组织经消防机构培训合格、具有维护能力的专职人员，定期对消防设施进行维护保养，并保留记录；或委托具有消防设施维护保养资格的组织或单位，定期对消防设施进行维护保养，并保留维护保养报告。

二、院校消防安全管理

（一）幼儿园消防管理

1. 健全消防安全组织，加强对幼儿的消防安全意识教育

（1）幼儿园管理、教育着大量无自理能力的幼儿，保证他们安全健康地成长是幼儿园领导和教职员工的神圣职责。应让每一位教师、保育员和员工都懂得日常的防火知识和发生火灾后的处置方法，达到会使用灭火器材、会扑救初期火灾、会组织幼儿疏散和逃生

的要求。

（2）将消防安全教育纳入幼儿园的教育大纲。

（3）根据幼儿的身心特点，利用多种形式进行消防安全知识教育。可以根据幼儿的这些特点将消防知识编写成幼儿故事、儿歌、歌曲等，运用听、说、唱的形式对幼儿传授消防安全知识。

2. 园内建筑应当满足耐火和安全疏散的防火要求

（1）幼儿园的建筑宜单独布置，应当与甲、乙类火灾危险生产厂房、库房至少保持50m的距离，并应远离散发有害气体的部位。建筑面积不宜过大，耐火等级不应低于三级。

（2）附设在居住等建筑物内的幼儿园，应用耐火极限不低于1h的不燃体墙与其他部分隔开。设在幼儿园主体建筑内的厨房，应用耐火极限不低于1.5h的不燃体墙与其他部分隔开。

（3）幼儿园的安全疏散出口不应少于两个，每班活动室必须有单独的出入口。活动室或卧室门至外部出口或封闭楼梯间的最大距离：位于两个外部出口或楼梯间之间的房间，一、二级耐火等级为25m，三级为20m；位于袋形走道的房间，一、二级建筑为20m，三级建筑为15m。

（4）活动室、卧室的门应向外开，不宜使用落地或玻璃门；疏散楼梯的最小宽度不宜小于1.1m，坡度不宜过大；楼梯栏杆上应加设儿童扶手，疏散通道的地面材料不宜太光滑。楼梯间应采用天然采光，其内部不得设置影响疏散的凸出物及易燃易爆危险品（如燃气）管道。

（5）为了便于安全疏散，幼儿园为多层建筑时，应将年龄较大的班级布置在上层，年龄较小的布置在下层，不准设置在地下室内。

（6）幼儿园的院内要保持道路通畅，其道路、院门的宽度不应小于3.5m。院内应留出幼儿活动场地和绿地，以便火灾时用作灭火展开和人员疏散用地。

（二）中小学消防管理

1. 加强行政领导，落实防范措施

为了保证中、小学生安全健康地成长和学校教学工作的正常进行，中、小学应建立以主管行政工作的校长为组长，各班主任、总务管理人员为成员的防火安全领导机构，并配备一名防火兼职干部，具体负责学校的防火安全工作。防火安全领导机构应定期召开会议，研究解决学校防火安全方面的问题；要对教职员工进行消防安全知识教育，达到会使用灭火器材，会扑救初期火灾，会报警，会组织学生安全疏散、逃生的要求。要定期进行防火安全检查，对检查发现的不安全因素，要组织整改，消除火灾隐患，要落实各项防火措施。

要配备质量合格、数量足够的灭火器材，并经常检查维修，保证完整好用。要做好实验室、图书室、校办工厂等重点部位的防火安全工作，严格管理措施，切实防止火灾事故的发生。

2. 加强对学生的防火安全教育

中、小学应切实加强对学生的防火安全教育，这是从根本上提高全民消防安全素质的主要途径，也是促进社会精神文明和物质文明发展的一个重要方面。

（1）小学消防安全教育的着眼点应放在增强学生的消防安全意识上，可通过团队活动日、主题班会、演讲会、故事会、知识竞赛、书画比赛、征文等形式进行。

（2）对中学生的消防安全教育最好采用渗透教育的方法。所谓渗透教育，就是指在进行主课教育的同时将相关的副课知识渗透在主课中讲解。此种方法既不需要增加课程内容，也不需要增加课时即可达到消防安全教育的目的。

3. 提高建筑物的耐火等级，保证安全疏散

（1）中、小学的教学楼应采用一、二级耐火等级的建筑，若采用三级耐火等级，则不能超过三层，且在地下室内不准设置教室。

（2）容纳50人以上的教室，其安全出口不应少于两个。音乐教室、大型教室的出入口，其门的开启方向应与人流疏散方向一致。教室门至外部出口或封闭楼梯间的距离：当位于两个外部出口或楼梯间之间时，一、二级耐火等级为35m，三级为30m；位于袋形走道两侧或尽端的房间，一、二级为22m，三级为20m。

（3）教学楼疏散楼梯的最小宽度不应小于1.1m，疏散通道的地面材料不宜太光滑，楼梯间应采用自然采光，不得采用旋转楼梯、高形踏步，燃气管道不得设在楼梯间内。中、小学应开设消防车可以通行的大门或院内消防车道，以满足安全疏散和扑救火灾的需要。

（4）图书馆、教学楼、实验楼和集体宿舍的公共疏散走道、疏散楼梯间不应设置卷帘门、栅栏等影响安全疏散的设施。

（5）学生集体宿舍严禁使用蜡烛、电炉等明火；当需要使用炉火采暖时，应设专人负责，夜间应定时进行防火巡查。每间集体宿舍均应设置用电超载保护装置。集体宿舍应设置醒目的消防设施、器材、出口等消防安全标志。

（三）高等院校消防管理

1. 普通教室及教学楼

（1）作为教室的建筑，其防火设计应满足《建筑设计防火规范》（GB 50016-2014）的要求，耐火等级不应低于三级，如由于条件限制设在低于三级耐火等级时，其层数不应超过一层，建筑面积不应超过600m³。普通教学楼建筑的耐火等级、层数、面积和其他民

用建筑的防火间距等，应满足具体的规定。

（2）作为教学使用的建筑，尤其是教学楼，距离甲、乙类的生产厂房，甲、乙类的物品仓库以及具有火灾爆炸危险性比较大的独立实验室的防火间距不应小于25m。

（3）课堂上用于实验及演示的危险化学品应严格控制用量。

（4）容纳人数超过50人的教室，其安全出口不应少于两个；安全疏散门应向疏散方向开启，并且不得设置门槛。

（5）教学楼的建筑高度超过24m或者10层以上的应严格执行《建筑设计防火规范》（GB 50016-2014）中的有关规定。

（6）高等院校和中等专业技术学校的教学楼体积大于5000m³时，应设室内消火栓。

（7）教学楼内的配电线路应满足电气安装规程的要求，其中消防用电设备的配电线路应采取穿金属管保护。暗敷时，应敷设在非燃烧体结构内，保护厚度不小于3cm；当明敷时，应在金属管上采取防火保护措施。

当教室内的照明灯具表面的高温部位靠近可燃物时应采取隔热、散热措施进行防火保护；隔热保护材料通常选用瓷管、石棉、玻璃丝等非燃烧材料。

2. 电化教室及电教中心

（1）演播室的建筑耐火等级不应低于一、二级，室内的装饰材料与吸声材料应采用非燃材料或者难燃材料，室内的安全门应向外开启。

（2）电影放映室及其附近的卷片室及影片贮藏室等，应用耐火极限不低于1h的非燃烧体与其他建筑部分隔开，房门应用防火门，放映孔与瞭望孔应设阻火闸门。

（3）电教楼或电教中心的耐火等级应是一、二级，其设置应同周围建筑保持足够的安全距离，当电教楼为多层建筑时，其占地面积宜控制在2500m²内，其中电视收看室、听音室单间面积超过50m²，并且人数超过50人时，应设在三层以下，应设两个以上安全出口；门必须向外开启，门宽应不小于1.4m。

3. 实验室及实验楼防火

（1）高等院校或者中等技术学校的实验室，耐火等级应不低于三级。

（2）一般实验室的底层疏散门、楼梯以及走道的各自总宽度应按具体的指标计算确定，其安全疏散出口不应少于两个，而安全疏散门向疏散方向开启。

（3）当实验楼超过五层时，宜设置封闭式楼梯间。

（4）实验室与一般实验室的配电线路应符合电气安装规程的要求，消防设备的配电线路须穿金属管保护，暗敷时非燃烧体的保护厚度不少于3cm，当明敷时金属管上采取防火保护措施。

（5）实验室内使用的电炉必须确定位置，定点使用，专人管理，周围禁止堆放可燃物。

（6）一般实验室内的通风管道应是非燃材料，其保温材料应为非燃或难燃材料。

4.学生宿舍的防火要求

学生宿舍的安全防火工作应从管理职能部门、班主任、校卫队以及联防队这几个方面着手，加强管理。

（1）管理职能部门的安全防火工作职责

①学生宿舍的安全防火管理职能部门（包括保卫处、学生处以及宿管办等）应经常对学生进行消防安全教育，如举行消防安全知识讲座、开展消防警示教育以及平时行为规范教育等，使学生明白火灾的严重性和防火的重要性，掌握防火的基本知识及灭火的基本技能，做到防患于未然。

②经常对学生宿舍进行检查督促，查找并且整改存在的消防安全隐患。发现大功率电器与劣质电器应没收代管；发现抽烟或者点蜡烛的学生应及时制止和教育，晓之以理，使其不再犯同样的错误。

③加强对学生的纪律约束。不仅要对引起火灾、火情的学生进行纪律处分，对多次被查出违章用电、点蜡烛以及抽烟并屡教不改的学生也应予以纪律处分。

（2）班主任的安全防火工作职责

①班主任应接受消防安全教育，了解防火的重要性，从而将防火列为对学生日常管理内容之一，经常对学生进行教育、提醒以及突击检查。

②班主任应当将防火工作纳入对学生操行等级考核内容，比如学生被查出有违章使用大功率电器、抽烟、点蜡烛等行为，可以对其操行等级降级处理。

（3）校卫队与联防队的安全防火工作职责

①校卫队和联防队应加强对学生宿舍的巡逻，尤其是在晚上，发现学生有使用大功率电器、点蜡烛、抽烟等行为，要及时制止，并且报学生处或宿舍管理办公室记录在案。

②加强学生的自我管理和自我保护教育。学生安全员为学生宿舍加强安全管理的重要力量，在经过培训的基础上，他们可担负发现、处理以及报告火灾隐患及初起火险的任务。

第二节　商场、集贸市场消防安全

一、集贸市场的防火要求

（一）必须建立消防管理机构

在消防监督机构的指导下集贸市场主办单位应建立消防管理机构，健全防火安全制度，强化管理，组建义务消防组织，并确定专（兼）职防火人员，制订灭火、疏散应急预案并开展演练。做到平时预防工作有人抓、有人管、有人落实；在发生火灾时有领导、有组织、有秩序地进行扑救。对于多家合办的应成立有关单位负责人参加的防火领导机构，统一管理消防安全工作。

（二）安全检查、隐患整改必须到位

集贸市场主办单位应组织防火人员进行经常性的消防安全检查，针对检查把整改工作做到领导到位、措施到位、行动到位以及检查验收到位，决不走过场、图形式；对整改不彻底的单位，要责令重新进行整改，决不留下新的隐患。要充分发挥消防部门的监督职能作用，经常深入市场检查指导，发现问题，及时指出，将检查中发现的火灾隐患整改彻底。

（三）确保消防通道畅通

安全通道畅通是集贸市场发生火灾后，保证人员生命财产安全的有效措施，市场主办单位应认真落实"谁主管，谁负责"，按照商品的种类和火灾危险性划分若干区域，区域之间应保持相应的防火距离及安全疏散通道，对堵塞消防通道的商品应依法取缔，保证安全疏散通道畅通。

（四）完善固定消防设施

针对集贸市场内未设置消防设施、无消防水源的现状，主办单位应立即筹集资金，按照规范要求增设室内外消火栓、火灾自动报警系统及消防水池、自动喷水灭火系统、水泵房等固定消防设施，配置足量的移动式灭火器、疏散指示标志，尽快提高市场自身的防火及灭火能力，使市场在安全的情况下正常经营。

二、商场、集贸市场的消防安全管理

目前，中国的一些大型商场为了满足人民群众的需求，大多集购物、餐饮、娱乐为一体，所以商场、集贸市场的火灾风险较高，一旦发生火灾，容易造成重大的经济损失和人员伤亡，所以商场、集贸市场的防火要求要严于一般场所。

（一）建筑防火要求

商场的建筑首先在选址上应远离易燃易爆危险化学品生产及储存的场所，要同其他建筑保持一定防火间距。在商场周边要设置环形消防通道。商场内配套的锅炉房、变配电室、柴油发电机房、消防控制室、空调机房、消防水泵房等的设置应符合消防技术规范的要求。

商场建筑物的耐火等级不应低于二级，应严格按照《建筑设计防火规范》（GB 50016-2014）的要求划分防火分区。

对于电梯间、楼梯间、自动扶梯及贯通上下楼层的中庭，应安装防火门或者防火卷帘进行分隔，对于管道井、电缆井等，其每层检查口应安装丙级防火门，并且每隔2～3层

楼板处用相当于楼板耐火极限的材料分隔。

（二）室内装修

商场室内装修采用的装修材料的燃烧性能等级，应按楼梯间严于疏散走道、疏散走道严于其他场所、地下严于地上、高层严于多层的原则予以控制。应严格执行《建筑内部装修设计防火规范》（GB 50222-1995）与《建筑内部装修防火施工及验收规范》（GB 50354-2005）的规定，尽量采用不燃性材料和难燃性材料，避免使用在燃烧时产生大量浓烟或有毒气体的材料。

建筑内部装修不应遮挡安全出口、消防设施、疏散通道及疏散指示标志，不应减少安全出口、疏散出口和疏散走道的净宽度和数量，不应妨碍消防设施及疏散走道的正常使用。

（三）安全疏散设施

商场是人员集中的场所，安全疏散必须满足消防规范的要求。要按照规范设置相应的防烟楼梯间、封闭楼梯间或者室外疏散楼梯。商场要有足够数量的安全出口，并多方位地均匀布置，不应设置影响安全疏散的旋转门及侧拉门等。

安全出口的门禁系统必须具备从内向外开启并且发出声光报警信号的功能，以及断电门动停止锁闭的功能。禁止使用只能由控制中心遥控开启的门禁系统。

安全出口、疏散通道以及疏散楼梯等都应按要求设置应急照明灯和疏散指示标志，应急照明灯的照度不应低于 0.51x，连续供电时间不得少于 20min，疏散指示标志的间距不大于 20m。禁止在楼梯、安全出口和疏散通道上设置摊位、堆放货物。

（四）消防设施

商场的消防设施包括火灾自动报警系统、室内外消火栓系统、自动喷水灭火系统、防排烟系统、疏散指示标志、应急照明、事故广播、防火门、防火卷帘及灭火器材。

1. 火灾自动报警系统。商场中任一层建筑面积大于 $3000m^2$ 或者总建筑面积大于 $6000m^2$ 的多层商场，建筑面积大于 $500m^2$ 的地下、半地下商场以及一类高层商场，应设置火灾自动报警系统。火灾自动报警系统的设置应符合《火灾自动报警系统的设计规范》（GB 50116-2013）。营业厅等人员聚集场所宜设置漏电火灾报警系统。

2. 灭火设施。商场应设置室内外消火栓系统，并应满足有关消防技术规范要求。设有室内消防栓的商场应设置消防软管卷盘。建筑面积大于 $200m^2$ 的商业服务网点应设置消防软管卷盘或者轻便消防水龙。

任一楼层建筑面积超过 $1500m^2$ 或总建筑面积超过 $3000m^2$ 的多层商场和建筑面积大于 $500m^2$ 的地下商场以及高层商场均应设置自动喷水灭火系统。商场应按照《建筑灭火器配置设计规范》（GB 50140-2005）的要求配备灭火器。

第三节　公共娱乐场所消防安全

公共娱乐场所，是指经常聚集有大量人员的具有文化娱乐、健身休闲功能并向公众开放的室内场所。主要包括：影剧院、录像厅、礼堂等演出、放映场所；舞厅、卡拉 OK 厅、夜总会等歌舞娱乐场所；具有娱乐功能的餐馆、茶馆、酒吧和咖啡厅等餐饮场所；网吧、游戏场所；保龄球馆、旱冰场、洗浴等健身场所。

一、公共娱乐场所应具备的消防安全条件

（一）消防安全责任制健全、落实

公共娱乐场所的法定代表人或者主要负责人是场所的消防安全责任人，对公共娱乐场所的消防安全工作全面负责。应当明确一名单位领导为消防安全管理人，负责组织实施场所的日常消防安全管理工作；确定至少两名专职消防安全管理员，负责消防安全检查和营业期间的防火巡查。场所的房产所有者在与其他单位、个人发生租赁、承包等关系后，其消防安全责任由经营者负责。在举办现场有文艺表演活动时，演出举办单位应当明确消防安全责任，落实消防安全措施。

（二）建筑物应当符合耐火等级和防火分隔的要求

公共娱乐场所宜设置在耐火等级不低于二级的建筑物内；已经核准设置在三级耐火等级建筑内的公共娱乐场所，应当符合特定的防火安全要求。不得设置在文物古建筑和博物馆、图书馆建筑内，不得毗连重要仓库或者危险物品仓库，也不得在居民住宅楼内改建。当与其他建筑相毗连或者附设在其他建筑物内时，应当按照独立的防火分区设置。设置在商住楼内时，应与居民住宅的安全出口分开设置。

（三）建筑内部装修应当符合消防技术标准

新建、改建、扩建或者变更内部装修的，其消防设计和施工应当符合国家有关建筑消防技术标准的规定。建设单位或者经营单位应当依法将消防设计文件报公安机关消防机构审核、备案，未经依法审核或审核不合格不得施工，经备案抽查不合格的，应当停止施工。

建筑内部装修、装饰材料，应当使用不燃、难燃材料，禁止使用聚氨酯类，以及在燃烧后产生大量有毒烟气的材料。疏散通道、安全出口处不得采用反光或者反影材料。公共娱乐场所内使用的阻燃材料应当有燃烧性能标志。内部装修工程竣工后，还应当向公安机关消防机构申报验收或者备案，未经验收或验收不合格的不得投入使用，经抽查不合格的，应当停止使用。

（四）安全出口必须符合安全疏散要求

公共娱乐场所的安全出口数目、疏散宽度和距离，应当符合国家有关建筑设计防火规范的规定。安全出口处不得设置门槛、台阶，疏散门应向外开启，不得采用卷帘门、转门、吊门和侧拉门，门口不得设置门帘、屏风等影响疏散的遮挡物，门窗上不得设置影响人员逃生和灭火救援的障碍物。在营业时必须确保安全出口和疏散通道畅通无阻，严禁将安全出口上锁、阻塞。

公共娱乐场所的外墙上应在每层设置外窗（含阳台），其间隔不应大于 15.0m；每个外窗的面积不应小于 1.5m^2，且其短边不应小于 0.8m，窗口下沿距室内地坪不应大于 1.2m。使用人数超过 20 人的厅、室内应设置净宽度不小于 1.1m 的疏散走道，活动座椅应采用固定措施。休息厅、录像放映室、卡拉 OK 室内应设置声音或视像警报，保证在火灾发生初期，将其画面、音响切换到应急广播和应急疏散指示状态。

（五）疏散指示灯及照明设施必须符合国家标准要求

安全出口、疏散通道和楼梯口应当设置符合标准的灯光疏散指示标志。指示标志应当设在门的顶部、疏散通道和转角处距地面 1m 以下的墙面上。设在走道上的指示标志的间距不得大于 20m。还应当设置火灾事故应急照明灯，照明供电时间不得少于 20min；设有包间的，包间内应当配备一定数量的照明和人员逃生辅助设备。

（六）电器使用应当符合消防安全要求

公共娱乐场所内电器产品的安装、使用及其线路、管路的设计、敷设必须符合消防安全技术标准和管理规定，不得超负荷用电，不得擅自拉接临时电线和使用移动式电暖设备。为了保证使用安全，应当设置电器漏电火灾报警系统，每年至少对电气线路、设备进行一次检测。各种灯具距离周围窗帘、幕布、布景等可燃物不应小于 0.50m。

（七）地下建筑内设置公共娱乐场所的要求

公共娱乐场所一般不要设置在地下建筑内，必须设置时，除应符合其他有关要求外，只允许设在地下一层，通往地面的安全出口不应少于两个，安全出口、楼梯和走道的宽度应当符合有关建筑设计防火规范的规定；应当设置机械防烟排烟设施、火灾自动报警系统和自动喷水灭火系统，且严禁使用液化石油气等密度比空气大的燃气。

二、公共娱乐场所的消防安全管理要求

（一）日常消防安全管理要求

1. 不得设置员工宿舍；在非营业期间值班、值守人员不得超过两人。歌舞娱乐放映

场所及其包房内，应当设置声音或者视像警报，保证在火灾发生初期，消除视像画面、音响，播送火灾警报，引导人们安全疏散。

公共娱乐场所应当在厅室的醒目位置张贴消防安全疏散逃生示意图。厨房使用燃气时，应当采用管道方式供气，并设置可燃气体报警装置。

2. 应当按照《消防法》第十六条和第十七条的规定履行消防安全职责，建立消防安全制度，实行消防安全责任制，落实消防安全管理措施，并联入城市消防安全远程监测系统。

3. 应当落实消防安全培训制度，至少每半年对从业人员进行一次消防安全培训。新员工必须经过消防安全培训合格方能上岗。全体员工应当熟知必要的消防安全知识，会报火警，会使用灭火器材，会组织人员疏散。

4. 公共娱乐场所应当落实灭火和应急疏散预案演练制度，每半年组织开展一次演练。

5. 发生火灾时，应当立即启动应急广播或声音和视像警报系统，通知在场人员安全疏散。公共娱乐场所的现场工作人员应当履行职责，组织、引导在场人员安全疏散。

6. 公共娱乐场所应当每半年向消防机构报告一次消防安全管理情况。

（二）营业时间内的消防安全管理要求

1. 公共娱乐场所在营业时，不得超过额定人数；在进行营业性演出前，应当向观众告知场所的安全疏散通道、出口的位置，逃生自救方法和消防安全注意事项。

2. 严禁带入、存放和使用易燃易爆危险品；严禁在演出、放映场所的观众厅内吸烟和使用明火照明、燃放烟花爆竹或者使用其他产生烟火的制品。在营业期间不得进行设备检修、电气焊、油漆粉刷等施工和维修作业。

3. 公共娱乐场所营业期间应当每两小时开展一次防火巡查，对安全出口、疏散通道是否畅通，火灾事故应急照明和疏散指示标志是否完好；消防设施是否运行正常，消防器材是否在位；消防控制室值班、操作人员是否在位；电气设备和线路是否有异常现象；场所内是否有违规吸烟、使用明火和燃放烟花爆竹等内容进行防火巡查。

4. 防火巡查人员对巡查发现的问题，应当立即纠正。不能立即改正的，应当报告消防安全责任人或者消防安全管理人停止营业整改。营业结束后，应指定专人进行消防安全检查，清除烟蒂等火种。

5. 公共娱乐场所的消防设施应当每年进行一次检测，每月进行一次检查，保证完好有效。

第四节　宾馆、饭店消防安全

一、宾馆、饭店的火灾危险性

现代的宾馆、饭店，抛弃了以往那种以客房为主的单一经营方式，将客房、公寓、餐馆、商场和夜总会、会议中心等集于一体，向多功能方面发展，因而对建筑和其他设施的要求很高，并且追求舒适、豪华，以满足旅客的需要，提高竞争能力。这样，就潜伏着许多火灾危险，主要有以下几点：

（一）可燃物多

宾馆、饭店虽然大多采用钢筋混凝土结构或钢结构，但大量的装饰材料和陈设用具都采用木材、塑料和棉、麻、丝、毛以及其他纤维制品。这些都是有机可燃物质，增加了建筑内的火灾荷载。一旦发生火灾，这些材料就像架在炉膛里的柴火，燃烧猛烈、蔓延迅速，塑料制品在燃烧时还会产生有毒气体。这些不仅会给疏散和扑救带来困难，而且还会危及人身安全。

（二）建筑结构易产生烟囱效应

现代的宾馆和饭店，特别是大、中城市的宾馆、饭店，很多都是高层建筑，楼梯井、电梯井、管道井、电缆垃圾井、污水井等竖井林立，如同一座座大烟囱；还有通风管道，纵横交叉，延伸到建筑的各个角落，一旦发生火灾，竖井产生的烟囱效应，便会使火焰沿着竖井和通风管道迅速蔓延、扩大，进而危及全楼。

（三）疏散困难，易造成重大伤亡

宾馆、饭店是人员比较集中的地方，在这些人员中，多数是暂住的旅客，流动性很大。他们对建筑内的环境情况、疏散设施不熟悉，加之发生火灾时烟雾弥漫，心情紧张，极易迷失方向，拥塞在通道上，造成秩序混乱，给疏散和施救工作带来困难，因此往往造成重大伤亡。

（四）致灾因素多

宾馆、饭店发生火灾，在国外是常有的事，一般损失都极为严重。国内宾馆、饭店的火灾，也时有发生。如：旅客酒后躺在床上吸烟；乱丢烟蒂和火柴梗；厨房用火不慎和油锅过热起火；维修管道设备和进行可燃装修施工等动火违章；电器线路接触不良，电热器具使用不当，照明灯具温度过高，烤着可燃物，等等。宾馆、饭店容易引起火灾的可燃物主要有液体或气体燃料、化学涂料、油漆、家具、棉织品等。宾馆、饭店最有可能发生火灾的部位是客房。

二、宾馆、饭店的防火管理措施

宾馆、饭店的防火管理，除建筑应严格按照《建筑设计防火规范》和《高层民用建筑设计防火规范》等有关标准进行设计施工外，客房、厨房、公寓、写字间以及其他附属设施，应分别采取以下防火管理措施。

（一）客房、公寓、写字间

客房、公寓、写字间是现代宾馆、饭店的主要部分，它包括卧室、卫生间、办公室、小型厨房、客房、楼层服务间、小型库房等。

客房、公寓发生火灾的主要原因是烟头、火柴梗引燃可燃物或电热器具烤着可燃物，发生火灾的时间一般在夜间和节假日，尤以旅客酒后卧床吸烟，引燃被褥及其他棉织品等发生的事故最为常见。所以，客房内所有的装饰材料应采用不燃材料或难燃材料，窗帘一类的丝、棉织品应经过防火处理，客房内除允许旅客使用电吹风、电动剃须刀等日常生活的小型电器外，禁止使用其他电器设备，尤其是电热设备。

对旅客及来访人员，应明文规定：禁止将易燃易爆物品带入宾馆，凡携带进入宾馆者，要立即交服务员专门储存，妥善保管，并严禁在宾馆、饭店区域内燃放烟花爆竹。

客房内应配有禁止卧床吸烟的标志、应急疏散指示图、宾馆客人须知及宾馆、饭店内的消防安全指南。服务员应经常向旅客宣传：不要躺在床上吸烟，烟头和火柴梗不要乱扔乱放，应放在烟灰缸内；入睡前应将音响、电视机等关闭，人离开客房时，应将客房内照明灯关掉；服务员应保持高度警惕，在整理房间时要仔细检查，对烟灰缸内未熄灭的烟蒂不得倒入垃圾袋；平时应不断巡逻查看，发现火灾隐患应及时采取措施。对酒后的旅客尤其应该特别注意。

高层旅馆的客房内应配备应急手电筒、防烟面具等逃生器材及使用说明。客房层应按照有关建筑火灾逃生器材及配备标准设置辅助疏散、逃生设备，并应有明显的标志。

写字间出租时，出租方和承租方应签订租赁合同，并明确各自的防火责任。

（二）餐厅、厨房

餐厅是宾馆、饭店人员最集中的场所，一般有大小宴会厅、中西餐厅、咖啡厅、酒吧等。大型的宾馆、饭店通常还会有好几个风味餐厅，可以同时供几百人甚至几千人就餐和举行宴会。这些餐厅、宴会厅出于功能和装饰上的需要，其内部常有较多的装修，空花隔断，可燃物数量很大。厅内装有许多装饰灯，供电线路非常复杂，布线都在闷顶之内，又紧靠失火概率较大的厨房。

厨房内设有冷冻机、绞肉机、切菜机、烤箱等多种设备，油雾气、水汽较大，电器设备容易受潮和导致绝缘层老化，易导致漏电或短路起火；有的餐厅，为了增加地方风味，临时使用明火较多，如点蜡烛增加气氛、吃火锅使用各种火炉等，这方面的事故已屡有发生；厨房用火最多，若燃气管道漏气或油炸食品时不小心，也非常容易发生火灾。因此，必须引起高度重视。

1. 要控制客流量

餐厅应根据设计用餐的人数摆放餐桌，留出足够的通道。通道及出入口必须保持畅通，不得堵塞。举行宴会和酒会时，人员不应超出原设计的容量。

2. 加强用火管理

如餐厅内需要点蜡烛增加气氛时，必须把蜡烛固定在不燃材料制作的基座内，并不得靠近可燃物。供应火锅的风味餐厅，必须加强对火炉的管理，使用液化石油、气炉、酒精炉和木炭炉要慎用，由于酒精炉未熄灭就添加酒精很容易导致火灾事故的发生，所以操作时严禁在火焰熄火前添加酒精，酒精炉最好使用固体酒精燃料，但应加强对固体酒精存放的管理。餐厅内应在多处放置烟缸、痰盂，以方便宾客扔放烟头和火柴梗。

（三）电器设备

随着科学技术的发展，电气化、自动化在宾馆、饭店日益普及，电冰箱、电热器、电风扇、电视机，各类新型灯具，以及电动扶梯、电动窗帘、空调设备、吸尘器、电灶具等已被宾馆和饭店大量采用。为此，电器设备的安装、使用、维护必须做到以下几点：

1. 客房里的台灯、壁灯、落地灯和厨房内的电冰箱、绞肉机、切菜机等电器设备的金属外壳，应有可靠的接地保护。床台柜内设有音响、灯光、电视等控制设备的，应做好防火隔热处理。

2. 照明灯灯具表面高温部位不得靠近可燃物；碘钨灯、荧光灯、高压汞灯（包括日光灯镇流器），不应直接安装在可燃物上；深罩灯、吸顶灯等，如安装在可燃物附近时，应加垫石棉瓦和石棉板（布）隔热层；碘钨灯及功率大的白炽灯的灯头线，应采用耐高温线穿套管保护；厨房等潮湿地方应采用防潮灯具。

（四）维修施工

宾馆、饭店往往要对客房、餐厅等进行装饰、更新和修缮，因使用易燃液体稀释维修或使用易燃化学黏合剂粘贴地面和墙面装修物等，大都有易燃蒸汽产生，遇明火会发生着火或爆炸。在维修安装设备进行焊接或切割时，管道传热和火星溅落在可燃物上以及缝隙、夹层、垃圾井中也会导致阴燃而引起火灾。因此应注意以下几点：

1. 使用明火应严格控制。除餐厅、厨房、锅炉的日常用火外，维修施工中电气焊割、喷灯烤漆、搪锡熬炼等动火作业，均须报请安保部门批准，签发动火证，并清除周围的可燃物，派人监护，同时备好灭火器材。

2. 在防火墙、不燃体楼板等防火分隔物上，不得任意开凿孔洞，以免烟火通过孔洞造成蔓延。安装窗式空调器的电缆线穿过楼板开孔时，空隙应用不燃材料封堵；空调系统的风管在穿过防火墙和不燃体板墙时，应在穿过处设阻火阀。

3. 中央空调系统的冷却塔，一般都设在建筑物的顶层。目前普遍使用的是玻璃钢冷却塔，这是一种外壳为玻璃钢、内部填充大量聚丙烯塑料薄片的冷却设备。聚丙烯塑料片的片与片之间留有空隙，使水通过冷却散热。这种设备使用时，内部充满了水，并没有火灾危险。但是在施工安装或停用检查时，冷却塔却处于干燥状态下，由于塑料薄片非常易燃，而且片与片之间的空隙利于通风，起火后会立即扩大成灾，扑救也比较困难。因此，在用火管理上应列为重点，不准在冷却塔及附近任意动用明火。

4. 装饰墙面或铺设地面时，如采用油漆和易燃化学黏合剂，应严格控制用量，作业时应打开窗户，加强自然通风，并且切断作业点的电源，附近严禁使用明火。

（五）安全疏散设施

建筑内安全疏散设施除消防电梯外，还有封闭式疏散楼梯，主要用于发生火灾时扑救火灾和疏散人员、物资，必须绝对不在疏散楼梯间堆放物资，否则一旦发生火灾，后果不堪设想。为确保防火分隔，由走道进入楼梯间前室的门应为防火门，而且应向疏散方向开启。宾馆、饭店的每层楼面应挂平面图，楼梯间及通道应有事故照明灯具和疏散指示标志；装在墙面上的地脚灯最大距离不应超过 20m，距地面不应大于 1m，不准在楼内通道上增设床铺，以防影响紧急情况下的安全疏散。

宾馆、饭店内的宴会厅、歌舞厅等人员集中的场所，应符合公共娱乐场所的有关防火要求。

第五节　电信通信枢纽消防安全

一、邮政企业消防管理

邮政局除办理包裹、汇兑、信件、印刷品外，还办理储蓄、报刊发行、集邮以及电信业务。其中，邮件传递主要包括收寄、分拣、封发、转运以及投递等过程。

（一）邮件的收寄和投递

办理邮件收寄和投递的单位有邮政局、邮政所以及邮政代办所等。这些单位分布在各省、市、地区、县城、乡镇和农村，负责办理本辖区邮件的收寄及投递。邮政局一般都设有营业室、邮件、包裹寄存室、封发室以及投递室等；辖区范围较大的邮政局还设有车库，库内存放的机动车，从数辆到数十辆不等，这些都潜伏有一定的火灾危险性，因此，在收寄和投递邮件中应注意以下防火要求。

1. 严格生活用火的管理

在营业室的柜台内，邮件及包裹存放室以及邮件封发室等部位，要禁止吸烟；小型邮电所冬季如没有暖气采暖时，这些部位不得使用火盆、火缸，必要时可安装火炉，但在木地板上应垫砖，并加铁皮炉盘隔热及保护，炉体与周围可燃物保持不小于 1m 的距离，金属烟囱与可燃结构应保持 50cm 以上的距离，上班时要有专人看管，工作人员离开或者下班时，应将炉火封好。

2. 包裹收寄要注意防火安全检查

包裹收寄的安全检查工序，为邮政管理过程中的重要环节。为了避免邮件、包裹内夹带易燃、易爆危险化学品，负责收寄的工作人员，必须认真负责，严格检查。包裹、邮件要开包检查，有条件的邮政局，应采用防爆监测设备进行检查，防止混进的易燃、易爆危险品在运输、储存过程中引起着火或者爆炸。营业室内应悬挂宣传消防知识的标语、图片。

3. 机动邮运投递车辆应注意防火

机动邮运投递车辆除应遵守"汽车和汽车库、场"的有关防火要求外，还应要求司机及押运人员不准在驾驶室及邮件厢内吸烟；营业室及车库内不准存放汽油等易燃液体；车辆的修理及保养应在车库外指定的地点进行。

（二）邮件转运

各地邮政系统的邮件转运部门是将邮件集中、分拣、封发以及运输等集于一体的邮政枢纽。在邮政枢纽内的各工序中，应分别注意下列防火要求。

1. 信件分拣

信件分拣工作对邮件迅速、准确以及安全投递有着重要影响。信件分拣应在分拣车间（房）内进行，操作方法目前有人工与机械分拣两种。

手工分拣车间（房）的照明灯具和线路应固定安装，照明所需电源要设置室外总控开关与室内分控开关，以便停止工作时切断电源。照明线路布设应按照闷顶内的布线要求穿金属管保护，荧光灯的镇流器不能安装在可燃结构上。同时要求禁止在分拣车间（房）内吸烟和各种明火作业。

机械分拣车间分别设有信件分拣与包裹分拣设备，主要是信件分拣机和皮带输送设备等，除有照明用线路外，还有动力线路。机械分拣车间除在遵守信件分拣的有关防火要求之外，对电力线路、控制开关、电动机及传动设备等的安装使用，都应满足有关电气防火的要求。电器控制开关应安装在包铁片的开关箱内，并不使邮包靠近，电动机周围要加设铁护栏以避免可燃物靠近和人员受伤。机械设备要定期检查维护，传动部位要经常加油润滑，最好选用润滑胶皮带，避免机械摩擦发热引起着火。

2. 邮件待发场地

邮件待发场地是邮件转运过程中邮件集中的场所。此场所一旦发生火灾，会造成很大的影响，所以要把邮件待发场地划为禁火区域，并设置明显的禁火标志。要禁止吸烟和一切明火作业，严格控制外来人员及车辆的出入。邮件待发场地不应设于电力线下面，不准拉设临时电源线。

3. 邮件运输

邮件运输是邮件传递过程中的一个重要环节，是在确保邮件迅速、准确、安全传递的基础上，根据不同运输特点，组织运输。邮件运输的方式分铁路、船舶、航空以及汽车四种。铁路邮政车和船舶运输的邮件，由邮政部门派专人押运；航空邮件由交班机托运。此类邮件运输要遵守铁路、交通以及民航部门的各项防火安全规定。汽车运输邮件，除了长途汽车托运外，还有邮政部门本身组织的汽车运输。当邮政部门用汽车运输邮件时，运输邮件的汽车，应用金属材料改装车厢。如用一般卡车装运邮件时，必须用篷布严密封盖，并提防途中飞火或者烟头落到车厢内，引燃邮件起火。邮件车要专车专用。在装运邮件时，禁止与易燃易爆化学危险品以及其他物品混装、混运。邮件运输车辆要根据邮件的数量配备应急灭火器材并不少于两具。通常情况下，装有邮件的重车不能停放在车库内，以防不测。

（三）邮政枢纽建筑

在大、中城市，尤其是大城市，一般都兴建有现代化的邮政枢纽设施，集收、发于一体，它是邮政行业的重点防火单位。

邮政枢纽设施作为公共建筑，通常都采用多层或高层建筑，并建在交通方便的繁华地段。新建的邮政枢纽工程，在总体设计上应对建筑的耐火等级、防火分隔，安全疏散、消防给水和自动报警、自动灭火系统等防火措施认真考虑，并严格执行《建筑设计防火规范》（GB 50016-2014）的有关规定。对已经建成但以上防火措施不符合两个规范规定的，应采取措施逐步加以改善。

（四）邮票库房

邮票库房是邮政防火的重点部位，其库房的建筑不能低于一、二级耐火等级，并与其他建筑保持规定的防火间距或防火分隔，避免其他建筑物失火殃及邮票库房的安全。邮票库房的电器照明、线路敷设、开关的设置，都必须满足仓库电器规定的要求，并应做到人离电断。对邮票总额在 50 万元以上的邮票库房，还应安装火灾自动报警及自动灭火装置。对省级邮政楼的邮袋库，应当设置闭式自动喷水灭火系统。

二、电信企业消防管理

电信是利用电或者电子设施来传送语言、文字、图像等信息的一种过程。最近几十年内，随着空间技术的发展出现了卫星通信方式，电子计算机的发明开发了数据通信，光学与化学的进一步发展发明了光纤通信。这些都使电信成了现代最有力的通信方式。社会发展至今天，可以说，没有现代化的通信就不可能有现代化的人类社会。

电信，不论是根据其信号传输媒介，还是根据其传送信号形式，总体来讲，也就是电话与电报两种，而电话和电报又由信息的发送、传输以及接收三个部分的设备组成，其中电话是一种利用电信号相互沟通语言的通信方式，分为普通电话和长途电话两类。

电话通信设备使用的是直流电，均有一套独立的配电系统，把 220V 的交流电经整流变为 ±24V 或 ±60V 的直流电使用。同时还配有蓄电池组，以确保在停电情况下继续给设备供电。目前，多数通信设备使用的蓄电池组与整流设备并联在一起，一方面供给通信设备用电，另一方面可以供给蓄电池组充电。电话的配电系统，通常还设有柴油或者汽油发电机，当交流电长时间停电时，配电系统靠发电机发电供电。

电报是通信的重要组成部分，经收报、译电、处理、质查、分发、送对方局以及报底管理等，构成整个服务流程。电报通信的主要设备是电报传真机、载波机以及电报交换机等。

电信企业的内部联系是相当密切的，不论是有线电话、无线电话、传真以及电报都是密不可分的。加之电信机房的各种设备价值昂贵，通信事务又不允许中断，如若遭受火灾，不仅会造成生命、财产损失，而且会导致整个通信电路或大片通信网的瘫痪，使政府和整个国民经济遭受损失，因此，搞好电信企业防火非常重要。

（一）电信企业的火灾危险性

1. 电信建筑可燃物较多

电信建筑的火灾危险性主要在两个方面：一是原有老式建筑，耐火等级比较低，在许多方面很难满足防火的要求，导致火险隐患非常突出；二是在一些新建筑中，由于使用性能特殊，机房里敷管设线、开凿孔洞较多，尤其是机房建筑中的间壁、隔音板、地板、吊顶等装饰材料和通风管道的保温材料，以及木制机台、电报纸条、打字蜡纸以及窗帘等，都是可燃物，一旦起火会迅速蔓延成灾。

2. 设备带电易带来火种

安装有电话及电报通信设备的机房，不仅设备多、线路复杂，而且带电设备火险因素较多。这些带电设备，若发生短路或者接触不良等，都会造成设备上的电压变化，使导线的绝缘材料起火，并可引燃周围可燃物，扩大灾害；若遭受雷击或者架空的裸导线搭接在通信线路上，就会将高电压引到设备上发生火灾；避雷的引下线电缆、信号电缆距离过近也会给通信设备造成不安全因素；收、发信机的调压器是充油设备，若发生超负荷、短路、漏油、渗油或者遭雷击等，都有可能引起调压器起火或者爆炸；室内的照明、空调设备以及测试仪表等的电气线路，都有可能引起火灾；电信行业中经常用到电炉、电烙铁以及烘箱等电热器具，如果使用、管理不当，也会引燃附近的可燃物。动力输送设备、电气设备安装不合格，接地线不牢靠或者超负荷运行等，亦会造成火灾危险。

3. 设备维修、保养时使用易燃液体并有动火作业

电信设备经常需要进行维修及保养，但在维修保养中，经常要使用汽油、煤油以及酒精等易燃液体清洗机件。这类易燃液体在清洗机件、设备时极易挥发，遇火花就会引起着火、爆炸，同时在设备维修中，除常用电烙铁焊接插头和接头外，有时还要使用喷灯和进行焊接、气割作业，此类明火作业随时都有导致火灾的危险。

（二）电信企业的消防安全管理措施

1. 电信建筑

电信建筑的防火，除必须严格执行《建筑设计防火规范》（GB 50016-2014）外，还应在总平面布置上适当分组、分区。通常将主机房、柴油机房、变电室等组成生产区；将食堂、宿舍以及住宅等组成生活区。生产区同生活区要用围墙分隔开。尤其贵重的通信设备、仪表等，必须设在一级耐火等级的建筑内。在设有机房及报房的建筑内，不应设礼堂、歌舞厅、清洗间以及机修室。收发信机的调压设备（油浸式），不宜设在机房内，如由于条件所限必须设在同一层时，应以防火墙分隔成小间做调压器室，每间设的调压器的总容量不得大于 400kV。调压器室通向机房的各种孔洞、缝隙都应用不燃材料密封填塞，门窗不应开向人员集中的方向，并应设有通风、泄压和防尘、防小动物入内的网罩等设施。清洗间应为一、二级耐火等级的单独建筑，由于室内常用易燃液体清洗机件，其电气设备应符合防爆要求，易燃液体的储量不应大于当天的用量，盛装容器应为金属制作，室内严禁一切明火。

各种通风管道的隔热材料，应使用硅酸铝、石棉等不燃材料。通风管道内要设置自动阻火闸门。通风管道不宜穿越防火墙，必须穿越时，应用不燃材料把缝隙紧密填塞。建筑内的装饰材料，如吊顶、隔墙以及门窗等，均应采用不燃材料制作，建筑内层与表层之间

的电缆及信号电缆穿过的孔洞、缝隙亦应用不燃材料堵塞。竖向风道、电缆（含信号电缆）的竖井，不能采用可燃材料装修，检修门的耐火极限不应低于 0.6h。

2. 电信电器设备

（1）电源线与信号线不应混在一起敷设，若必须在一起敷设时，电源线应穿金属管或采用铠装线。移动式测试仪表线、照明灯具的电线应采用橡胶护套线或者塑料线穿塑料套管。机房采用日光灯照明时，应有防止镇流器发热起火的措施。照明、报警以及电铃线路在穿越吊顶或者其他隐蔽地方时，均应穿金属管敷设，接头处要安装接线盒。

（2）机房、报房内禁止任意安装临时灯具和活动接线板，并不得使用电炉等电加热设备，若生产上必须使用时，则要经本单位保卫、安全部门审批。机房、报房内的输送带等使用的电动机，应安装在不燃材料的基础上，并且加护栏保护。

（3）避雷设备应在每年雷雨季节到来前进行一次测试，对于不合格的要及时改进。避雷的地下线与电源线和信号线的地下线的水平距离，不应小于 3m。应保持地下通信电缆与易燃易爆地下储罐、仓库之间规定的安全距离，通常地下油库与通信电缆的水平距离不应小于 10m，20t 以上的易燃液体储罐和爆炸危险性较大的地下仓库与通信电缆的安全距离还应按照专业规范要求相应增大。

（4）供电用的柴油机发电室应和机房分开，独立设在一、二级耐火等级的建筑内，如不能分开时，须用防火墙隔开。供发电用的燃料油，最多保持一天的用量。汽油或者柴油禁止存放在发电室内，而应存放在专门的危险品仓库内。配电室、变压器室、酸性蓄电池室以及电容器室等电源设施，必须确保安全。

3. 电信消防设施

电信建筑设施应安装室内消防给水系统，并且装置火灾自动报警和自动灭火系统。电信建筑内的机房和其他电信设备较集中的地方，应采用二氧化碳自动灭火系统或者"烟落尽"灭火系统，其余地方可以用自动喷水灭火系统。电信建筑的各种机房内，还应配备应急用的常规灭火器。

第六节 重要办公场所的消防安全

一、会议室防火管理

办公楼一般都设有各种会议室，小则容纳几十人，大则可容纳数百人。大型会议室人员集中，而且参加会议者往往对大楼的建筑设施、疏散路线并不了解。因此，一旦发生火灾，会出现各处逃生的混乱局面。因此，必须注意以下防火要求。

1. 办公楼的会议室,其耐火等级不应低于二级,单独建的中、小会议室,最好一、二级,不得低于三级。会议室的内部装修,尽量采用不燃材料。

2. 容纳 50 人以上的会议室,必须设置两个安全出口,其净宽度不小于 1.4m。门必须向外开,并不能设置门槛,靠近门口 1.4m 内不能设踏步。

3. 会议室内疏散走道宽度应按其通过人数每 100 人不小于 60cm 计算,边走道净宽不得小于 80cm,其他走道净宽不得小于 1m。

4. 会议室疏散门、室外走道的总宽度,分别应按平坡地面每通过 100 人不小于 55cm、阶梯地面每通过 100 人不小于 80cm 计算,室外疏散走道净宽不应小于 1.4m。

5. 大型会议室座位的布置,横走道之间的排数不宜超过 20 排,纵走道之间每排座位不宜超过 22 个。

6. 大型会议室应设置事故备用电源和事故照明灯具、疏散标志等。

7. 每天会议结束之后,要对会议室内的烟头、纸张等进行清理、扫除,防止遗留烟头等火种引起火灾。

二、图书馆、档案机要室防火管理

(一)高耐火等级、限制建筑面积,注意防火分隔

1. 图书馆、档案机要室要设在环境清静的安全地带,与周围易燃易爆单位,保持足够的安全距离,并应设在一、二级耐火等级的建筑物内。不超过三层的一般图书馆、档案机要室应设在不低于三级耐火等级的建筑物内,藏书库、档案库内部的装饰材料,均采用不燃材料制成,闷顶内不得用稻草、锯末等可燃材料保温。

2. 为防止一旦发生火灾造成大面积蔓延,减少火灾损失,对书库建筑的建筑面积应适当加以限制。一、二级耐火等级的单层书库建筑面积不应大于 $4000m^2$,防火墙隔间面积不应大于 $1000m^2$;二级耐火等级的多层书库建筑面积不应大于 $3000m^2$,防火墙隔间面积也不应大于 $1000m^2$;三级耐火等级的书库,最多允许建三层,单层的书库,建筑面积不应大于 $2100m^2$,防火墙隔间面积不应大于 $700m^2$;二、三层的书库,建筑面积不应大于 $1200m^2$,防火墙隔间面积不应大于 $400m^2$。

3. 图书馆、档案机要室内的复印、装订、照相、录放音像等部门,不要与书库、档案库、阅览室布置在同一层内,如必须在同一层内布置时,应采取防火分隔措施。

4. 过去遗留下来的硝酸纤维底片资料库房的耐火等级不应低于二级,一幢库房面积不应大于 $180m^2$。内部防火墙隔间面积不应超过 $60m^2$。

5. 图书馆、档案机要室馆的阅览室,其建筑面积应按容纳人数每人 $1.2m^2$ 计算。阅览室不宜设在很高的楼层,若建筑耐火等级为一、二级的,应设在四层以下;耐火等级为

三级的应设在三层以下。

6. 书库、档案库,应作为一个单独的防火分区处理,与其他部分的隔墙,均应为不燃体,耐火极限不得低于 4h。书库、档案库内部的分隔墙,若是防火单元的墙,应按防火墙的要求执行,如作为内部的一般分隔墙,也应采取不燃体,耐火极限不得低于 2h。书库、档案库与其他建筑直接相通的门,均应为防火门,其耐火极限不应小于 2h,内部分隔墙上开设的门也应采取防火措施,耐火极限要求不小于 1.2h。书库、档案库内楼板上不准随便开设洞孔,如需要开设垂直联系渠道时,应做成封闭式的吊井,其围墙应采用不燃材料制成,并保持密闭。书库、档案库内设置的电梯,应为封闭式的,不允许做成敞开式的。电梯门不准直接开设在书库、资料库、档案库内,可做成电梯前室,防止起火时火势向上、下层蔓延。

（二）注意安全疏散

图书馆、档案机要室的安全疏散出口不应少于两个,但是单层面积在 $100m^2$ 左右的,允许只设一个疏散出口,阅览室的面积超过 $60m^2$,人数超过 50 人的,应设两个安全出口,门必须向外开启,其宽度不小于 1.2m,不应设置门槛;装订修理图书的房间,面积超过 $150m^2$,且同一时间内工作人员数超过 15 人的,应设两个安全出口;通常书库的安全出口不少于两个,面积小的库房可设一个,库房的门应向外或靠墙的外侧推拉。

（三）书库、档案库的内部布置要求

重要书库、档案库的书架、资料架、档案架,应采用不燃材料制成。一般书库、资料库、档案库的书架、资料架也尽量不采用木架等可燃材料。单面书架可贴墙安放,双面书架可单放,两个书架之间的间距不得小于 0.8m,横穿书架的主干线通道不得小于 $1\sim1.2m$,贴墙通道可为 $0.5\sim0.6m$,通道与窗户尽量相对应。重要的书库、档案库内,不得设置复印、装订、音像等作业间,也不准设置办公、休息、更衣等生活用房。对硝酸纤维底片资料应储存在独立的危险品仓库,并应有良好的通风、降温措施,加强养护管理,注意防潮防霉,防止发生自燃事故。

（四）严格电器防火要求

1. 重要的图书馆（室）、档案机要室,电气线路应全部采用铜芯线,外加金属套管保护。书库、档案库内禁止设置配电盘,人离库时必须切断电源。

2. 书库、档案库内不准用碘钨灯照明,也不宜用荧光灯。采用一般白炽灯泡时,尽量不用吊灯,最好采用吸顶灯。灯座位置应在走道的上方,灯泡与图书、资料、档案等可燃物应保持 50cm 的距离。

3. 书库、档案库内不准使用电炉、电视机、交流收音机、电熨斗、电烙铁、电钟、电烘箱等用电设备，不准用可燃物做灯罩，不准随便乱拉电线，严禁超负荷用电。

4. 图书馆（室）、档案机要室的阅览室、办公室采用荧光灯照明时，必须选择优质产品，以防镇流器过热起火。在安装时切忌把灯架直接固定在可燃构件上，人离开时须切断电源。

5. 大型图书馆、档案机要室应设计、安装避雷装置。

（五）加强火源管理

1. 图书馆（室）、档案机要室应加强日常的防火管理，严格控制一切用火，并不准把火种带入书库和档案库，不准在阅览室、目录检索室等处吸烟和点蚊香。工作人员必须在每天闭馆前，对书馆、档案室和阅览室等处认真进行检查，防止留下火种或不切断电源而造成火灾。

2. 未经有关部门批准，防火措施不落实，严禁在馆（室）内进行电焊等明火作业。为保护图书、档案必须进行熏蒸杀虫时，因许多杀虫药剂都是易燃易爆的化学危险品，存在较大的火灾危险。所以应经有关领导批准，在技术人员的具体指导下，采取绝对可靠的安全措施。

（六）应有自动报警、自动灭火、自动控制措施

为了确保知识宝库永无火患，书林常在，做到万无一失，对藏书量超过100万册的大型图书馆、档案馆，应采用现代化的消防管理手段，装备现代化的消防设施，建立高技术的消防控制中心。其功能主要有：火灾自动报警系统，二氧化碳自动喷洒灭火系统，闭式自动喷水、自动排烟系统，火灾紧急电话通信，闭路电视监控，事故广播和防火门、卷帘门、空调机通风管等关键部位的遥控关闭等。

第七节　地铁运营消防安全

一、消防安全管理职责

（一）一般规定

1. 地铁运营单位为消防安全重点单位，应建立消防安全责任体系，明确逐级和岗位消防安全职责。

2. 地铁运营单位消防设计应有保障消防安全疏散的设施及通道，运营单位应保障消防安全疏散通道及设施完好、可用，落实消防安全措施。

3. 地铁运营单位应向有关部门及时反映单位消防安全管理工作情况。

（二）消防安全责任人

地铁运营单位的法人代表或主要负责人是单位的消防安全责任人，对本单位的消防安全工作全面负责，并应履行下列职责：

1. 贯彻执行消防法规，保证单位消防安全条例规定，掌握本单位消防安全情况。

2. 组织编制和审定本单位消防应急预案。

3. 组织审定与落实年度消防安全工作计划和消防安全资金预算方案。

4. 确定本单位逐级消防安全责任，任命消防安全管理人，批准实施消防安全制度和保证消防安全的操作规程。

5. 组织建立消防安全例会制度，每月至少召开一次消防安全工作会议。

6. 每月至少参加一次防火检查。

7. 组织火灾隐患整改工作，负责筹措整改资金。

8. 消防安全责任人应当报当地消防机构备案。

（三）消防安全管理人

城市轨道交通运营单位的消防安全管理人应由消防安全责任人任命，并应履行下列职责：

1. 拟订年度消防工作计划和消防资金预算方案。

2. 协助组织编制和审定本单位消防应急预案。

3. 组织制定消防安全制度和保障消防安全的操作规程。

4. 组织实施防火检查，每月至少一次。

5. 组织整改火灾隐患。

6. 组织建立消防组织，每半年至少组织一次消防宣传教育、灭火和应急疏散演练。

7. 消防安全责任人委托的其他消防安全管理工作。

8. 向消防安全责任人报告消防安全工作情况，每月至少一次。

9. 消防安全管理人应当报当地消防机构备案。

（四）部门主管人员

1. 车站站长（值班站长）

上岗前应经运营单位培训合格，并应履行下列消防职责：

（1）贯彻执行有关消防法规，保障车站安全符合规定，及时掌握车站消防安全情况。

（2）制订车站年度消防工作计划和消防资金预算方案并组织实施。

（3）协助组织制订、修改和完善车站消防应急预案。

（4）每月至少组织一次车站防火检查，及时消除能够整改的火灾隐患，对不能整改的，提出整改意见。

（5）每半年至少组织一次车站消防宣传教育、灭火和应急疏散演练。

（6）发生火灾时能够按照车站消防应急预案及时组织疏散乘客、扑救火灾并向有关部门报告火灾情况，协助灾后调查火灾原因。

（7）每月至少一次向消防安全责任人或消防安全管理人报告消防安全工作情况。

2. 控制中心主任（值班主任）

上岗前应经消防专业培训合格，并应履行下列消防职责：

（1）贯彻执行有关消防法规，保障调度系统安全符合规定，及时掌握车站消防安全情况。

（2）制订调度系统年度消防工作计划和消防资金预算方案并组织实施。

（3）协助组织制订、修改和完善控制中心消防应急预案。

（4）每月至少组织一次调度系统防火检查，消除火灾隐患。

（5）每半年至少组织一次调度系统消防宣传教育、灭火和应急疏散演练。

（6）发生火灾时能够按照控制中心消防应急预案及时组织各调度处理火灾事故、疏散乘客、扑救火灾并向有关部门报告火灾情况。

（7）每月至少一次向消防安全责任人或消防安全管理人报告消防安全工作情况。

（五）消防安全员

1. 一般规定

地铁运营单位应确定专、兼职消防安全员。消防安全员包括消防安全归口部分工作人员、环控调度人员、行车调度人员、电网调度人员、维修调度人员、自动消防系统操作人员以及地铁列车司机等。消防安全员应履行下列职责：

（1）分析研究本部门、岗位的消防安全工作，及时向上级报告。

（2）确定本部门、岗位的消防安全重点部位，实施日常防火检查、巡查。

（3）接受安排落实火灾隐患整改措施。

（4）管理、维护消防设施、灭火器材和消防安全标志。

（5）协助开展消防宣传和消防安全教育培训。

（6）协助编制消防应急疏散预案，组织演练。

（7）记录消防工作落实情况，完善消防档案。

（8）完成其他消防安全管理工作。

2. 环控调度人员

（1）负责对全线各车站消防等机电设备的全面监控，及时掌握各车站消防设备的运行状况。

（2）对火灾事故的报警，应认真确认、分析现场情况，及时通报行调、电调和值班主任。

（3）在发生火灾事故时，能够按照控制中心消防应急预案，通过调动环控设备执行合理的通风模式，引导乘客和工作人员进行安全疏散。

3. 行车调度人员

（1）负责对列车安全运行状况的监控。

（2）发生火灾时，能够按照控制中心消防应急预案及时指挥着火列车运行、灭火和乘客的安全疏散，并调整后续列车的运行。

（3）与车站值班站长和列车司机保持联系，随时掌握列车运行、灭火和乘客疏散情况。

（4）引导乘客和工作人员进行安全疏散，并尽量减少财产损失。

4. 电网调度人员

（1）负责轨道交通安全运行的电网保障。

（2）发生火灾时，能够按照控制中心消防应急预案及时切断相关电网的牵引电流和设备电流。

（3）通知变电所值班人员注意设备运行，保证排烟系统的电源供应。

（4）通知接触网专业工作人员配合灭火，检查设备和电缆情况，防止乘客触电。

5. 维修调度人员

（1）负责轨道交通安全运行的设备通信保障。

（2）发生火灾时，能够按照控制中心消防应急预案及时通知相关车间轮值工程师，必要时启动抢修程序，尽可能保障轨道交通设备和通信系统的正常运行。

6. 自动消防系统操作人员

自动消防系统的操作人员应经消防专业培训合格后持证上岗，并应履行下列职责：

（1）掌握自动消防系统的工作原理和操作规程，能够熟悉使用和操作各种系统。

（2）负责对消防设施的每日检查，认真填写各种消防设施值班和运行记录，并定期对各种消防设施进行检查，保证自动消防设施的完好有效。发现故障应及时排除，不能排除的应报告消防安全管理人。

（3）核实、确认报警信息。

（4）熟练掌握火灾和其他灾害事故紧急处理程序，发生火灾时，根据消防应急预案启动相关消防设施。

7. 地铁列车司机

地铁列车司机除熟练掌握列车驾驶知识外，还应经消防专业培训合格后持证上岗，并应履行下列职责：

（1）掌握列车火灾应急预案和应急处理办法。

（2）每日检查列车消防设施和报警通信设施功能，发现故障应及时排除，不能排除的应报告消防安全管理人、消防安全责任人。

（3）发生火灾时，用标准用语进行广播宣传和疏散引导，稳定乘客情绪，引导乘客使用车内灭火器灭火和进行紧急疏散。

（4）将列车着火情况及时报告控制中心域值班站长。

8. 其他人员

其他人员应严格执行消防安全制度和操作规程，参加消防安全培训及灭火和应急疏散演练，熟知本岗位火灾危险性和消防安全常识，发生火灾时及时引导乘客安全疏散。

二、消防档案与消防安全重点部位

（一）消防档案

地铁运营单位应建立健全消防档案，并制定消防档案保管制度。

1. 消防档案作用

建立消防档案是保障单位消防安全管理以及各项消防安全措施落实的基础工作，是本单位进行消防安全管理的重要措施。通过建立消防档案，可以检查单位相关人员履行消防安全职责的实施情况、本单位建筑消防设施运行情况、消防安全制度与措施落实情况，强化单位消防安全管理工作的责任意识，有利于推动单位的消防安全管理工作朝着规范化、制度化、科学化的方向发展。

2. 消防档案主要内容

消防档案应当包括消防安全基本情况和消防安全管理情况。

（1）消防安全基本情况应至少包括以下内容

①单位基本概况和消防安全重点部位情况。

②建筑物或者场所施工、使用前的消防设计审核、消防验收以及消防安全检查的文件、资料。

③消防安全管理组织机构和各级消防安全责任人。

④消防安全制度和消防安全操作规程。

⑤消防设施、灭火器材情况。

⑥专职消防队、义务消防队人员及其消防装备配备情况。

⑦与消防安全有关的重点工种人员情况。

⑧新增消防产品、防火材料的合格证明材料。

⑨消防安全疏散图示、灭火和应急疏散预案。

（2）消防安全管理情况应至少包括以下内容

①消防机构填发的各种法律文书。

②消防设施定期检查记录、自动消防设施全面检查测试报告以及维修保养记录。

③火灾隐患及其整改情况记录。

④防火检查、巡查记录。

⑤有关燃气、电气设备检测（包括防雷、防静电）等记录资料。

⑥消防安全教育、培训记录。

⑦对乘客进行消防宣传内容记录。

⑧灭火和应急疏散预案的演练记录。

⑨火灾情况记录。

⑩消防奖惩情况记录。

3. 消防档案建立要求

（1）地铁运营单位属于消防安全重点单位，首先应当建立健全消防档案。

（2）消防档案应当翔实、准确，全面反映单位消防工作的基本情况，并附有必要的图表，不应漏填、涂改，并根据情况变化及时更新。

（3）单位应当对消防档案统一保管、备查。

（4）消防安全归口部门应当熟悉掌握本单位防火档案情况，并将每次消防安全检查情况和发生火灾的情况记入档案。

（二）消防安全重点部位

1. 部位界定

（1）各车站（车站各区域、各房间）、主变电所、机场风井、区间（区间各类房间、风井）。

（2）各设备间、停车场、公共区、地下场所。

（3）各段场车库、仓库、锅炉房、食堂、集体宿舍、变电所、机房、对外租赁的场所、档案房间等部位均属消防安全重点部位。

2. 管理要求

（1）消防安全重点部位应确定消防安全负责人，组织实施重点部位的消防管理工作。

（2）重点部位管理须建立由消防安全责任人、消防安全管理人、消防管理人员以及下属各级消防安全责任人员、岗位员工构成的消防安全管理网络。

（3）重点部位应服从消防安全管理部门的消防安全管理，落实防火安全制度和必要的防火措施，做到明确职责、层层落实、各司其职，实行消防管理制度化。

（4）消防重点部位实行挂牌管理。重点部位必须设立"消防重点部位"指示牌、"禁止烟火"警告牌和消防安全管理牌，做到消防重点部位明确、禁止烟火明确、防火责任人落实、义务消防员落实、防火安全制度落实、消防器材落实、灭火预案落实。

（5）重点部位严禁堆放杂物、可燃物品。进入重点部位严禁携带火种，重点部位要进行防火巡查。

（6）应加强消防安全重点部位职工的消防教育，提高职工自防自救的能力。

（7）应重点加强消防重点部位火灾隐患检查工作。

（8）重点部位人员应结合实际开展灭火演练，做到"四熟练"（会熟练使用灭火器材；会熟练报告火警；会熟练扑灭初期火灾；会熟练疏散人员）。

三、防火巡查及消防宣传教育、培训

（一）防火巡查

地铁车站应当进行每日防火巡查，并确定巡查的人员、内容、部位和频次。

1. 防火巡查内容

（1）用火、用电有无违章情况。

（2）安全出口、疏散通道是否畅通，安全疏散指示标志、应急照明是否完好。

（3）消防设施、器材和消防安全标志是否在位、完整。

（4）常闭式防火门是否处于关闭状态，防火卷帘下是否堆放物品影响使用。

（5）消防安全重点部位人员在岗情况。

（6）其他消防安全情况。

2. 防火巡查要求

（1）防火巡查人员应当及时纠正违章行为，妥善处置火灾危险；无法当场处置的，应当立即报告。发现初起火灾应当立即报警并及时扑救。

（2）防火巡查应当填写巡查记录，巡查人员及其主管人员应当在巡查记录上签名。

（二）消防安全教育、培训

1. 一般规定

（1）地铁运营单位应明确消防安全教育、培训的责任部门、责任人和职责、频次、培训对象（包括特殊工种及新员工）、培训形式、培训内容、考核办法、情况记录等要点。

（2）地铁运营单位的消防安全责任人应将消防安全教育、培训工作列入年度消防工作计划，为消防安全教育、培训提供经费和组织保障。

（3）地铁运营单位的消防安全管理人应制订本单位年度消防安全教育、培训计划，确定培训内容及授课人，并严格按照年度消防安全教育、培训计划，组织全体员工参加消防教育、培训。

（4）对每名员工的集中消防培训至少每半年组织一次；新上岗员工或有关从业人员必须进行上岗前的消防培训，并将组织开展宣传教育培训的情况做好记录。

（5）通过张贴图画、消防刊物、视频、网络等多种方式宣传消防知识；春、冬季防火期间和重大节日、活动期间应开展有针对性的消防宣传、教育活动。

2. 宣传教育、培训内容

（1）有关消防法规、消防安全制度和保障消防安全的操作规程。

（2）本单位消防应急预案。

（3）本单位和本岗位火灾危险性及防火措施。

（4）有关消防设施的性能和使用、检查及维护方法。

（5）报告火警、扑救初起火灾及逃生自救的知识和技能。

（6）组织、引导乘客疏散的知识和技能。

（7）其他消防安全宣传教育内容。

3. 专门培训

下列人员每年应接受一次消防安全专门培训。消防控制室的值班、操作人员应持证上岗。

（1）单位的消防安全责任人（法人代表或主要负责人）。

（2）消防安全管理人。

（3）车辆、设备设施维修部门经理（车间主任）。

（4）专职消防安全员。

（5）消防控制室的值班、操作人员。

（6）控制中心主任（值班主任）、调度人员。

（7）车站站长（值班站长）。

（8）列车司机。

（9）特种作业人员。

（10）其他应当接受消防安全专门培训的人员。

参考文献

[1] 郭艳丽.中国消防救援学院规划教材化工消防安全基础 [M].北京：应急管理出版社，2022.

[2] 张奎杰，吴翔华，栗欣.企事业单位消防安全管理实务 [M].北京：北京理工大学出版社，2022.

[3] 徐晶.消防安全管理与监督 [M].延吉：延边大学出版社，2022.

[4] 陈铎淇，李莉，田宝新.消防监督管理理论与实务研究 [M].天津：天津科学技术出版社，2022.

[5] 王珏.供电企业非生产场所消防安全检查手册 [M].北京：中国电力出版社，2021.

[6] 季俊贤.消防安全与信息化文集 [M].上海：上海科学技术出版社，2021.

[7] 舒中俊，张兴辉.消防员必读.第 3 版 [M].北京：化学工业出版社，2021.

[8] 李庆杰，郝成名.油气储运安全和管理 [M].北京：中国石化出版社，2021.

[9] 肖磊.国外消防救援体制与体系研究 [M].北京：中国计划出版社，2021.

[10] 薛红.电网企业消防安全管理培训教材 [M].北京：中国电力出版社，2020.

[11] 赵吉祥.应急与消防安全管理 [M].长春：吉林教育出版社，2020.

[12] 罗静，仝艳民，谢波.消防安全案例分析 [M].徐州：中国矿业大学出版社，2020.

[13] 李润求，施式亮.建筑安全技术与管理 [M].徐州：中国矿业大学出版社，2020.

[14] 杨宗岳，杨文代.安全管理必备制度与表格典范 [M].北京：企业管理出版社，2020.

[15] 黄剑波.应急管理与安全生产监管简明读本 [M].长春：吉林人民出版社，2020.

[16] 方正.高等学校消防安全管理 [M].武汉：武汉大学出版社，2019.

[17] 戴明月.消防安全管理手册 [M].北京：化学工业出版社，2019.

[18] 宿吉南.消防安全案例分析 [M].北京：中国市场出版社，2019.

[19] 刘婷婷. 城市轨道交通安全管理 [M]. 北京：北京理工大学出版社，2019.

[20] 陈雄. 安全生产法规 [M]. 重庆：重庆大学出版社，2019.

[21] 杨伯忠. 消防安全案例分析专项突破 [M]. 成都：电子科技大学出版社，2019.

[22] 陈长坤. 消防工程导论 [M]. 北京：机械工业出版社，2019.

[23] 顾金龙. 大型物流仓储建筑消防安全关键技术研究 [M]. 上海：上海科学技术出版社，2019.

[24] 王永强，林德健，王建军. 油气田常用安全消防设施器材的使用与维护 [M]. 成都：西南交通大学出版社，2019.

[25] 杜桂潭. 城市应急安全通识 [M]. 上海：同济大学出版社，2019.

[26] 庞远智. 城市公交企业安全管理与事故处置 [M]. 重庆：重庆大学出版社，2019.

[27] 陈同刚. 地铁消防安全管理 [M]. 天津：天津科学技术出版社，2018.

[28] 戴明月. 消防安全管理 300 问 [M]. 北京：化学工业出版社，2018.

[29] 崔洪伟. 消防安全管理手册 [M]. 哈尔滨：黑龙江美术出版社，2018.

[30] 任清杰. 消防安全保卫 [M]. 西安：西北工业大学出版社，2018.

[31] 马加群，李日. 核电站安全文化 [M]. 杭州：浙江大学出版社，2018.

[32] 路长. 消防安全技术与管理 [M]. 北京：地质出版社，2017.

[33] 李永康，马国祝. 消防安全案例分析 [M]. 北京：机械工业出版社，2017.

[34] 李永康，马国祝. 消防安全技术综合能力 [M]. 北京：机械工业出版社，2017.